# Python

## 编程与应用实践

主编　冯伟森　王　建　杨　宁

Python BIANCHENG
YU YINGYONG SHIJIAN

四川大学出版社

责任编辑：毕　潜
责任校对：蒋　玙
封面设计：墨创文化
责任印制：王　炜

**图书在版编目(CIP)数据**

Python编程与应用实践 / 冯伟森，王建，杨宁主编．—成都：四川大学出版社，2019.3
ISBN 978-7-5690-2835-5

Ⅰ．①P…　Ⅱ．①冯…　②王…　③杨…　Ⅲ．①软件工具-程序设计　Ⅳ．①TP311.561

中国版本图书馆CIP数据核字（2019）第056249号

书名　**Python编程与应用实践**

| | |
|---|---|
| 主　　编 | 冯伟森　王　建　杨　宁 |
| 出　　版 | 四川大学出版社 |
| 地　　址 | 成都市一环路南一段24号（610065） |
| 发　　行 | 四川大学出版社 |
| 书　　号 | ISBN 978-7-5690-2835-5 |
| 印　　刷 | 郫县犀浦印刷厂 |
| 成品尺寸 | 185 mm×260 mm |
| 印　　张 | 18 |
| 字　　数 | 460千字 |
| 版　　次 | 2019年3月第1版 |
| 印　　次 | 2019年3月第1次印刷 |
| 定　　价 | 68.00元 |

◆读者邮购本书，请与本社发行科联系。
电话：(028)85408408/(028)85401670/
(028)85408023　邮政编码：610065
◆本社图书如有印装质量问题，请寄回出版社调换。
◆网址：http://press.scu.edu.cn

# 前　言

Python 语言是一门流行的开源编程语言，广泛应用于各个领域的独立程序与脚本化应用中。它不仅免费、可移植、功能强大、相对简单，而且使用起来充满乐趣，在人工智能、大数据分析、科学计算、大型网站服务搭建等领域发挥着不可替代的重要作用。特别是在以大数据和机器学习为应用背景的各种项目开发中，Python 语言已经是开发的首选语言，可以使用 Python 快速地编写人脸识别、机器翻译、语音合成、机器人、网络爬虫等各种有趣的应用软件。作者结合多年编程教学经验编写此书，力求通过通俗易懂的讲授、丰富的教学资源、便捷的互助工具，使编程学习变得简单有趣。

本书共分三个部分，第一部分主要对基础数据类型、字符串、序列、程序结构、函数、模块、类、文件等面向过程的内容进行了通俗易懂的讲解。第二部分对表、栈、树、图等常见数据结构进行了介绍，同时对查找、排序、文本处理等典型的实用算法进行了深入的阐述。第三部分通过一个有趣的游戏案例对所有内容进行了综合应用，使学习者能对 Python 的知识点有更深的理解和实际的应用体验。全书内容丰富，条理清晰，层次分明，逻辑性强，内容和方法前后贯通，阐述深入浅出，并配有大量的难易程度不同的练习题，可作为非计算机专业研究生、本科、专科程序设计课程教材，也可作为计算机专业本科、专科程序设计基础课程教材，还可作为 Python 爱好者自学用书。根据我们的经验，使用本书可在 80 学时内完成全部教学任务。

| 内容 | 章节 | 建议学时数 |
| --- | --- | --- |
| Python 基础知识 | 1、2、3、4、5、6、7、8、15 | 48 |
| 数据结构 | 9、10、11 | 24 |
| 数据结构与算法分析 | 12、13、14 | 16 |

本书的最大特点是为解决初学者在学习 Python 编程时所容易遇到的问题，配套提供了在线编程智能学习平台（http://www.dingdangcode.com），该平台提供了三大工具：一是提供了教学课件、视频、案例的动画演示、讲义、习题等丰富的教学资源，供用户更好地理解书中的内容；二是提供了在互联网中可以使用的在线编程环境，用户无须复杂和烦琐的安装和环境配置，直接打开浏览器即可编写代码并看到效果；三是用户在使用中如

果有任何编程问题无法解决时，可以通过平台在线提问，平台中会有许多爱好编程的伙伴为你提供准确的解答思路和参考答案，帮助学习者快速地入门并喜爱上 Python 编程。

本书的第 1～9 章由冯伟森编写，第 10～11 章由王建编写，第 12～14 章由杨宁编写，第 15 章由王建编写，全书由冯伟森统稿。在本书的编写过程中，我们参阅了大量的相关书籍和资料，在此向有关作者表示衷心的感谢。四川大学计算机学院的研究生赵丽娅、武蒙蒙、霍君慧、伍艺、万珂蓝、蒋仕艺、张文涛等参与了本书的编写，并对书中的全部代码进行了调试，在此向他们表示诚挚的感谢。

编　者

2019 年 2 月

# 目 录

## 第一部分 Python基础知识

## 第二部分 数据结构与算法分析

## 第三部分 Python 项目实战

# 第一部分　Python 基础知识

本书的第一部分主要介绍Python的基础知识，这些知识很多都适用于多门编程语言，因此它们将在编程学习中发挥很大的作用。

第1章主要介绍了Python是什么，如Python的发展历史、特点以及Python与其他编程语言的关系和对比。同时也介绍了Python的开发环境以及环境的配置，还有Python在这些环境下的具体使用示例。最后介绍了Python的一些实际应用场合，以及Python的未来发展方向。

第2章主要介绍了Python中什么是变量，怎么给变量赋值，以及几种常见的数据类型，这些基本的数据类型将会是我们今后编写程序代码的重要组成部分。

第3章主要论述了更复杂的Python组合方式（列表、元组、字典、集合），以及怎么用它们来解决更复杂的实际问题。

第4章介绍了Python中的程序结构，主要是对if条件语句和循环语句进行了介绍，Python中也支持for循环和while循环。本章还介绍了一些辅助语句，如continue和break，以及迭代器的使用。

第5章介绍了Python中的函数和模块，主要是关于函数的定义、创建、调用以及如何设置参数等方面，讨论了一些高级特性，如生成器的创建、使用、生成等，论述了Python中模块和包的概念以及如何在项目中对它们进行导入。函数是执行特定任务的被命名的代码块，用户可以根据需要随时运行它。

第6章主要介绍了什么是面向对象的编程，进一步学习面向对象中类、方法、继承、组合等相关知识，以便于在今后可以进行结构式、过程式的开发。

第7章主要介绍了字符编码与文件i/o，常见的字符编码以及什么是文件对象，对二进制文件的读写操作也进行了详细介绍并举例说明。

第8章主要介绍了异常的概念，以及如何检测和处理异常。

# 第 1 章　Python 概述

本章首先介绍了 Python 是什么，如 Python 的发展历史、特点以及 Python 与其他编程语言的关系和对比。其次介绍了 Python 的开发环境以及环境的配置，Python 在这些环境下的具体使用示例。最后介绍了 Python 的一些实际应用场合，以及 Python 的未来发展方向。

## 1.1　什么是 Python

本节从 Python 的发展历史、设计定位、特点，以及 Python 与其他语言的关系和对比等方面进行了介绍。

### 1.1.1　Python 的发展历史

Python 由荷兰人 Guido van Rossum（如图 1-1 所示）发明于 1989 年，第一个公开发行版发行于 1991 年。在 1989 年的圣诞节期间，Guido 为了打发在阿姆斯特丹无聊的时间，决心开发一个新的脚本解释程序，而 Python 这个名字，则是取自 Guido 挚爱的英国六人喜剧团体——巨蟒剧团（Monty Python)。

Python 的诞生，其实也伴随着一定的时代背景。在 20 世纪 80 年代，由于个人电脑的配置低，可供存储和计算的空间十分有限，所以程序员们必须绞尽脑汁最大化利用空间。这让 Guido 感到苦恼，因为这样编写程序太耗费时间，而且效果也不一定好，所以他想到了 shell——一种调用命令的程序设计语言，用 C 需要写上百行的程序在 shell 下只用几行就能实现，但其缺点是并不能全面调动计算机的功能。如果有一种语言能结合 C 和 shell 的优点是最好不过的了。后来，Guido 进入了 CWI（Centrum Wiskunde & Informatica）工作，并参与了 ABC 语言的开发。ABC 语言的初衷就是为了使程序变得易读、易懂、易学习，但其缺点也十分显著，首先就是需要配置较高的电脑才能运行，所以可扩展性差，而且也不能直接进行 I/O 操作等。而 Python 就是在 ABC 语言的基础上做了优化和扩展而最终成形的。

图 1−1 Guido van Rossum

Python 改进了 ABC 语言的缺陷，并且结合了 C 与 shell 的优点，既能全面调用计算机功能接口，又能快速轻松地编写程序，简单易学，可读性强。Python 的第一个编译器是用 C 语言实现的，故从 Python 一诞生，就能调用 C 库（.so 文件）。不仅如此，Python 还包含了类（Class）、函数（Function）、异常处理（Exception），核心数据类型除了常见的以外，还有列表（List）和字典（Dictionary），以及以模块（Module）为基础的扩展系统。Python 沿用了大部分 C 语言的语法习惯，并且注意了可扩展性，再加上它出现在个人计算机开始普及的年代，因此得到了一定程度的传播。

Python 易于扩展和改造的特点，使得 Python 集中了不同领域的优点。刚开始的时候，对于 Python 的不同需求，用户可以将改动发给 Guido，Guido 最后来决定是否将改动加入 Python 或其标准库中。随着 Python 的不断发展，到 Python 2.0 时，已经是完全开源的开发方式了，故 Python 又再次得到了更为广泛的传播。

Python 发展至今，其框架已经确立，有了稳定的标准库体系。现在的 Python 功能比以前更加强大。Python 以对象为核心来组织代码，比起 C 的面向过程，面向对象使得系统更灵活、更易于维护。Python 还支持各种编程范式（命令式编程、声明式编程、函数式编程等），能自动进行内存回收，支持解释运行等。Python 有强大的标准库作为支撑，并且随着各种第三方扩展包运用于其上，使得它越来越多地用于独立的、大型的项目开发中。图 1−2 为 2002 年至 2018 年 TIOBE 编程语言世界排行榜。

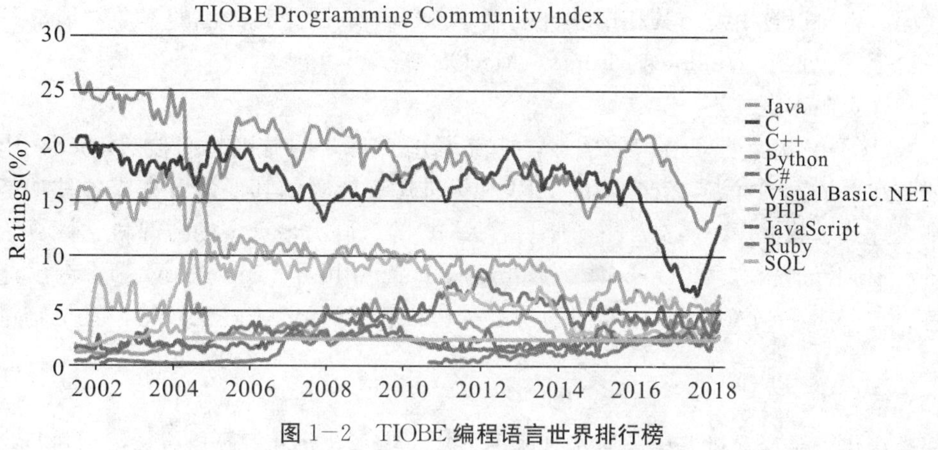


图 1−2　TIOBE 编程语言世界排行榜

### 1.1.2　Python 的特点

Python 的设计理念是“优雅”“明确”“简单”。Python 是一种面向对象的编程语言，延续了 C 语言能调用计算机各种功能接口的优点，以及 C 语言编程上书写的一部分习惯，同时又实现了 shell 一类的“胶水语言”的作用，使得编程方便简洁且快速有效，最后还改进了 ABC 语言电脑配置要求高以及扩展性低的缺点，使得 Python 拥有了强大的生命力。作为一款功能强大的面向对象编程语言，Python 主要具有以下特点：

（1）明确简单。

在设计 Python 语言时，开发者就尽量选择了明确的、歧义较少的语法，故 Python 的可读性很强。由于明确简单、结构清晰，极大地减少了学习成本，所以初学者能快速上手操作。因为不用过于担心程序编写时在形式上的诸多细节问题，所以总体而言 Python 的编程是较为自由和简单的。在形式上注意的问题少意味着可以专注程序本身的逻辑，事实上也确实如此，因为编写规则简单，使用 Python 时更能将注意力集中在程序本身的逻辑和算法之上。

（2）面向对象。

Python 是一种面向对象的编程语言。Python 自诞生开始就拥有了“类”的概念。对象包括了函数、模块、数字等，而“类”的封装就是面向对象最直接的体现。Python 还支持继承（包括多重继承）、重载和派生。面向对象程序设计的优点也同样在 Python 中得到体现：因为封装从而形成了许多“模块”，这样的机制不仅提高了程序的可读性，而且在每次维护的时候都不用进行全局维护，局部维护相较于全局维护更加方便和低成本；继承、重载、派生这些概念使得程序代码的可重用性和可扩展性得到提升，在开发时运用面向对象的抽象化思想则能提高效率和质量；封装也使得程序编写时是专注于局部效果实现的，所以在用 Python 语言编写程序时无须考虑硬件和内存等底层问题，这也使得 Python 更加简单有效。

（3）开源免费。

Python 是自由/开源软件（FLOSS）之一。开源即开放源代码，是一种软件发布模式，在共享软件的同时开放其源代码以供阅读和修改。Python 亦是如此，可以阅读和改进源代码，也可以自由发布其相应软件的副本。Python 因为其开源的本质，能够移植到许多平台上，包括了 Windows、Linux、MacOS 等。

（4）库资源丰富。

Python 不仅继承了 C 语言的优点，能够调用 C 库，同时因为修改自 shell，Python 也有"胶水"语言的优点，有丰富的 API 和标准库。能联结其他语言完成各种功能，包括正则表达式、数据库、网页、电子邮件、XML 等。同时，众多的开源科学计算软件包都提供了 Python 接口，如 OpenCV、NumPy、matplotlib、TensorFlow 等，有了这些库的支持，很多能在 MATLAB 中实现的功能都可以用 Pyhton 来轻松代替，且更轻量、更易维护。

（5）解释型语言。

将高级语言翻译为机器语言通常有两种方式：编译执行和解释执行。编译执行指源代码由编译器编译为可执行的机器码后再执行，通常执行效率高；解释执行指源代码被解释器直接读取执行，可以灵活地跨平台。Python 语言写的程序不用编译成二进制代码，而是通过解释器将源代码转换成"字节码"这种中间形式，由虚拟机负责运行，即从源代码直接运行程序，所以 Python 是一类解释型语言，便于移植到不同平台。除此之外，Python 还能以交互模式运行，即直接在命令模式中下达操作指令即可运行。

### 1.1.3 Python 与其他语言

Python 是一种面向对象的编程语言，在 C 语言的基础上有了扩展和提高。下面介绍 Python 与目前比较流行的几种编程语言的关系与区别。

#### 1.1.3.1 Python 与 C 语言

Python 是在 C 语言的基础上发展而来的，但是与 C 语言又有诸多区别：

（1）C 语言采用编译执行方式，执行效率高，不能跨平台，通常用作底层开发；Python 采用解释执行方式，执行速度慢，但易于跨平台。

（2）C 语言是静态编译语言，变量使用前必须先定义，类型不能变化；Python 是动态编译语言，变量的使用只需要赋值即可。

（3）C 语言中数据类型与 Python 中数据类型稍有区别，如 Python 中有 String（字符串）、List（列表）、Sets（集合）、Dictionary（词典）等类型，而 C 语言中是没有这些数据类型的。

（4）C 语言是面向过程的语言，许多功能需要手动编程实现；Python 是面向对象的语言，数据的封装性很好且代码的可重用性很高。

（5）C 语言中使用 {} 来表示语句体；Python 中使用缩进表示语句体。细节上还有 C 语言中 for 的使用与 Python 中 for 的使用的不同。

#### 1.1.3.2 Python 与 C++

Python 与 C++同为面向对象的编程语言，也都是在 C 语言的基础上发展而来的，而且 C++和 Python 都支持多范式编程，但它们之间仍然存在区别：

（1）C++采用编译执行的方式，执行效率较高，常用于开发对效率要求高的软件；

而 Python 采用解释执行，常用于开发小工具、网站和小游戏。

（2）C++中也使用 {} 来表示语句体，且需要声明定义数据类型（与 C 语言类似）；Python 使用缩进来表示语句体，并且 Python 的语法比 C++更简单、更易于使用。

（3）在垃圾回收方面，C++需要程序员手动回收，而 Python 有自己的垃圾回收机制。

#### 1.1.3.3　Python 与 Java

Python 与 Java 都支持面向对象编程，Java 采用严格面向对象编程方法，同时有很多大型的开发框架，比较适合企业级应用。Java 和 Python 都具有自己的垃圾回收机制，且它们都适合程序员协同开发。但 Python 和 Java 还是有些微的不同：

（1）Java 是静态编译语言，变量使用前必须定义；Python 是动态编译语言，使用变量赋值即可。并且 Java 需要编译之后才能运行，但是 Python 可以直接运行。

（2）Java 运行效率要高于 Python，且 Java 的稳定性更高。

（3）Java 中使用 {} 来表示语句体，Python 使用缩进来表示语句体。Java 中要使用分号来表示语句结束，Python 中可以不使用。

## 1.2　Python 的开发环境

“工欲善其事，必先利其器”。本节介绍如何配置 Python 的开发环境，并介绍一些常用的编辑器以供选择使用。

### 1.2.1　在 Windows 系统下安装 Python

在 Windows 系统下安装 Python 的步骤如下：

Step 1：从官网上下载最新的 Python 的安装包进行安装。

在浏览器中输入 https://www.python.org/进入官网，从下载页中下载最新的 Python 版本。图 1-3 为下载页，目前最新的版本为 Python 3.7.2。进入相应下载页之后，选择电脑适合的 executable installer 版本进行下载，如图 1-4 所示。

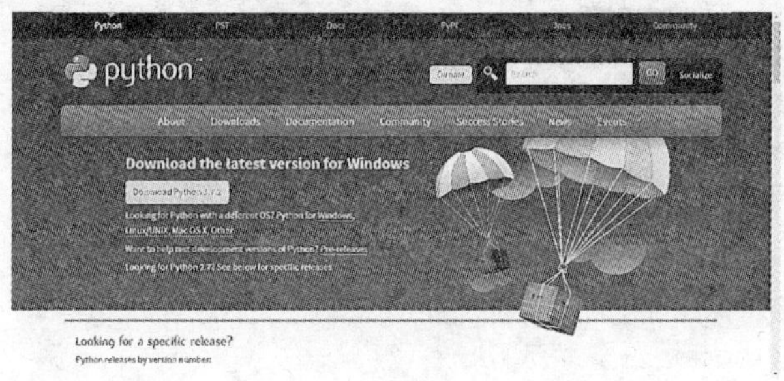


图 1-3　Python 官网的下载页

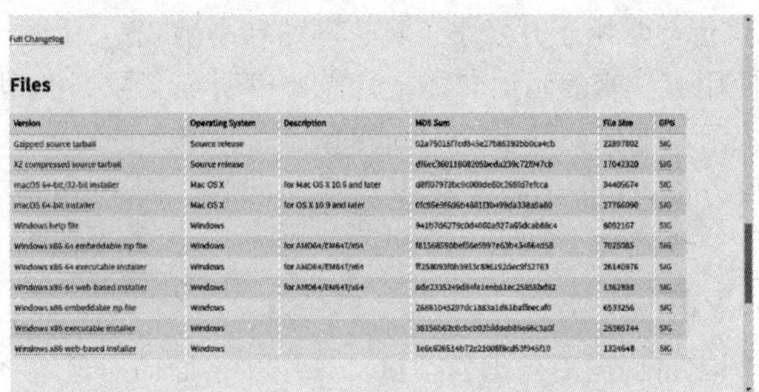


图 1－4　Python 3.7.2 版本下载选择

Step 2：添加 Python 到环境变量中。

点击 exe 文件进行安装，在安装界面选择添加路径到 Path，在安装时会自动将 Python 路径添加到环境变量中去。安装选择如图 1－5 所示。

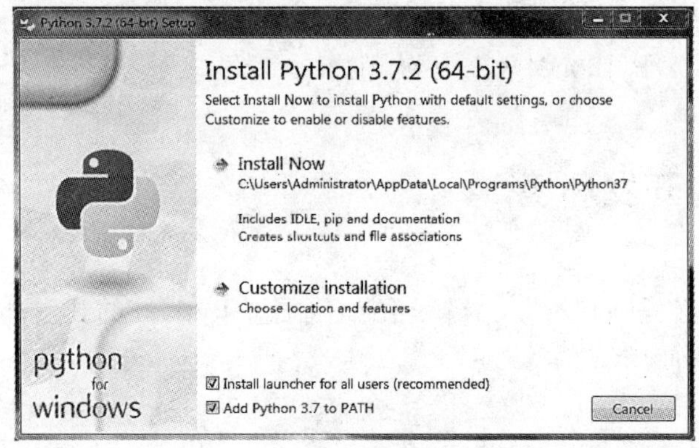


图 1－5　安装 Python 3.7.2

当然也可以手动添加 Python 路径。按照默认路径安装是可以自动添加到环境变量中的，但是如果不按照默认路径安装，就需要手动配置环境变量了。首先找到安装路径，然后右键"我的电脑"→属性→高级系统设置→环境变量→找到系统变量中的 Path→编辑 Path，将 Python 路径添加进去→确认即可。添加路径如图 1－6 所示，这里的 Python 路径为 C 盘的 Python37 文件夹，注意不同路径之间使用英文分号间隔。

图 1－6　添加 Python 到环境变量

Step 3：测试 Python 是否安装成功。

键盘上按下 Win+R，在输入框中输入 cmd 打开命令行，再输入 Python 命令，如果出现 Python 的相应版本号，则表示安装成功，如图 1－7 所示。

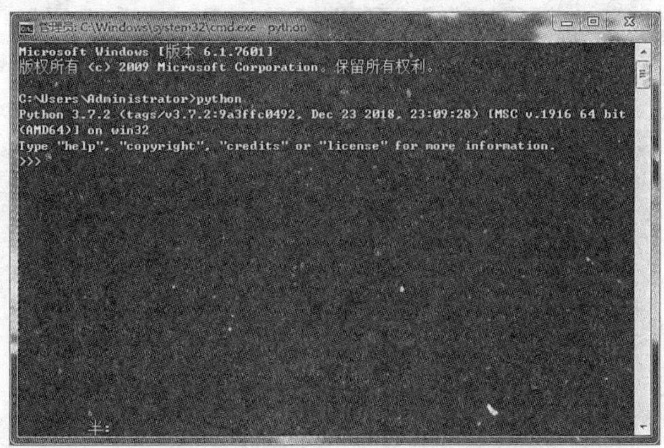


图 1−7　测试 Python 3.7.2 安装成功

### 1.2.2　在 Mac OS X 下安装 Python

在 Mac 系统下已经有自带的 Python 了，但是自带的版本为 Python 2.X。如果需要启动 Python 2.X，则在终端输入 Python 命令即可启动操作。如果想要使用 Python 3.X 版本，则需要手动安装。

Step 1：从官网上下载需要的 Python 版本的安装文件。

同样的，进入 Python 官网之后再进入相应下载页，选择需要的 Python 版本，然后下载其对应的 Mac OS X 文件。

Step 2：安装文件，一直点击继续安装完成即可，如果想确认是否安装成功，则使用终端输入 python3−V 命令来查看版本即可。

Step 3：在终端输入 python3 命令即可启动使用 Python 3.X。

### 1.2.3　Python 编辑器

Python 发展至今，支持 Python 编辑的编辑器也是数不胜数，Python 除了可以直接在命令行执行之外，还自带有 IDLE 编辑器，另外还有许多功能强大的第三方编辑器，如 PyCharm、Notepad++等。

（1）命令行和 IDLE。

Python 可以直接使用命令行进行编辑，但需要注意的是，使用命令行只能逐条输入语句，且不能重复执行。所以使用命令行编辑只适合测试少量简单的代码，不适合复杂程序的编写设计。

使用命令行完成第一行代码的编写：

print(“Hello World!”)

图 1−8 为最终测试结果。

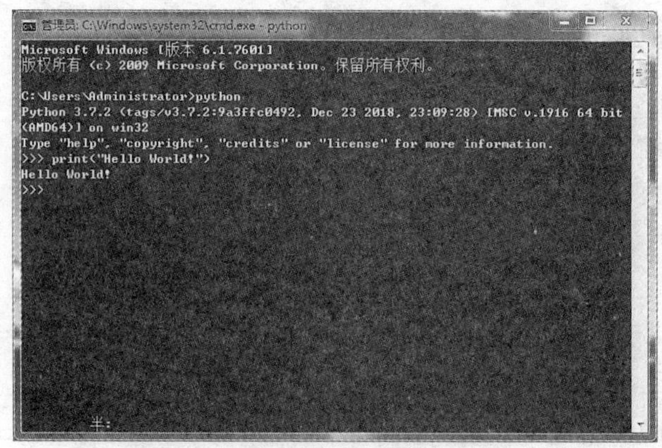


图 1-8 **使用命令行完成** Hello World **打印**

Python 还有一款自带的 IDLE 编辑器，其实也是在命令行的基础上完成的，但是在视觉上比命令行更突出，有颜色的区别，能突出语法。但是同样的，IDLE 也只能逐条输入，不能重复执行，所以也只适用于测试简单代码，不适用于复杂代码的设计。

要启动 IDLE 编辑器，需要运行 Python 安装文件夹下的 IDLE 文件。可以在菜单列表中找到相应的 IDLE 编辑器文件。图 1-9 是使用 IDLE 编辑器实现的第一行代码的编写和打印（使用的 Python 3.5 版本）。

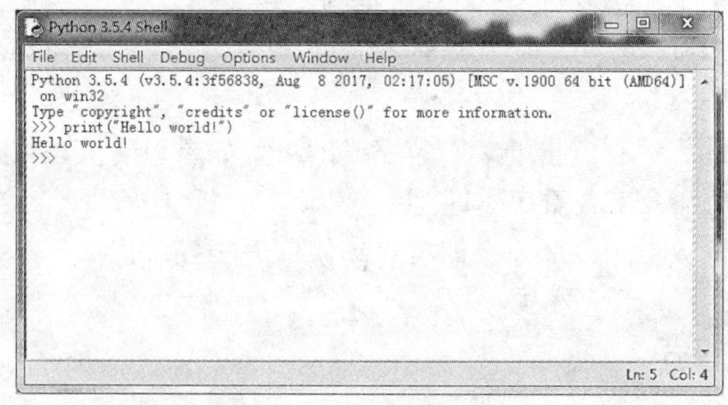


图 1-9 **使用** IDLE **完成** Hello World **打印**

（2）PyCharm。

PyCharm 是一款由 JetBrains 打造的 Python IDE，带有一整套帮助用户提高 Python 开发效率的工具，支持语法高亮并且可以重复执行，适合进行较大型的 Python 项目开发。PyCharm 可以到其官网上下载并安装，PyCharm 专业版需要支付一定的费用。安装文件时一直点击继续默认安装即可。

使用 PyCharm 新建一个项目，然后新建一个 Python 文件（. py 文件），在编辑区编写代码，按下 Shift+F10 键运行调试。图 1-10 是使用 PyCharm 执行第一行代码的编写和调试的示例。

图 1－10 使用 PyCharm 完成 Hello World 打印

（3）Notepad＋＋。

Notepad＋＋是 Windows 系统下一套文本编辑器，是完全免费的文本编辑器，不仅可以完全取代记事本，还可以进行代码编写，其中内置了几十种语言的语法，可以自动检测文件类型，还有语法折叠功能。一般对 Python 的测试运行显示在新打开的命令行窗口中。

从官网上下载 Notepad＋＋之后进行安装，Notepad＋＋支持中文模式，安装好之后打开 Notepad＋＋，这个时候需要配置运行环境才可以进行 Python 的测试。按下 F5，输入以下语句到输入框：cmd/k C：\ Python37 \ python. exe “$(FULL _ CURRENT _ PATH)”& PAUSE & EXIT，其中，C：\ Python37 \ python. exe 是 Python 文件所在的位置，如图 1－11 所示。然后点击保存，按自己的偏好设置快捷键，如图 1－12 所示。最后新建文件编写第一行程序，并保存为. p 文件，按下快捷键测试运行，如图 1－13 所示。

图 1－11 设置宏定义

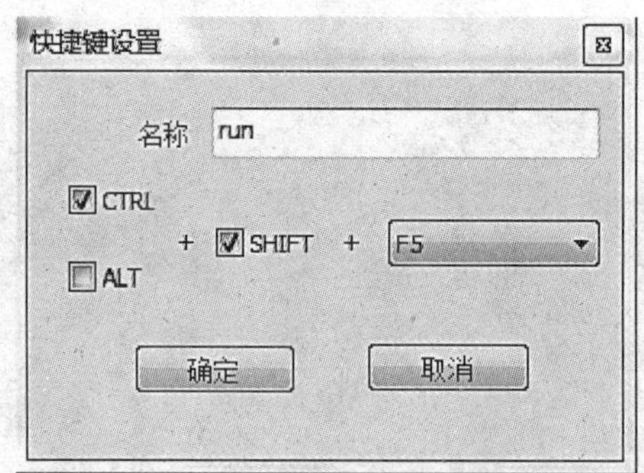


图 1－12　设置运行快捷键

图 1－13　使用 Notepad++完成 Hello World 打印

(4) 叮当码平台在线编程。

叮当码平台支持在线代码编辑调试，可以省略对 Python 环境的配置以及 Python 编辑工具的安装。只要能上网，就可以进行代码编辑，不占用电脑存储资源。在线调试的好处还在于不仅能实现和本地调试一样的功能，还能随时随地和别人交流分享。

通过叮当码平台开发的小工具，不仅能调试代码、运行代码，还能看到具体代码的执行过程，比本地调试工具更加直观简洁。

具体使用方法详见附录Ⅰ（叮当码智能学习平台）和附录Ⅱ（叮当码智能教学平台）。图 1－14 为叮当码智能学习平台首页，访问网址为 www. dingdangcode. com，图 1－15 所示为叮当码智能教学平台首页，访问网址为 uni-teach. dingdangcode. com。

图 1－16 为在线编辑完成第一行代码打印的效果。

图 1-14　叮当码智能学习平台

图 1-15　叮当码智能教学平台（高校版）

图 1-16　使用叮当码在线编辑器完成 Hello World 打印

## 1.3　Python 的应用

Python 功能强大，开发轻量级的应用既简单快速又能跨平台，所以 Python 目前在许多不同的方面得到了应用。

（1）Web 开发。

Python 是用于 Web 开发的主流语言。虽然目前比起 JavaScript 的应用范围少一些，但 Python 的独特优势是语言完备性更高，对同样的需求可以提出多种不同方案，且第三方库的内容丰富。Python 也有自己的 Web 开发框架，如 Django 和 Flask，使用这些框架可以快速有效地开发功能完善的标准化网页，且数据处理的能力很强。Python 可以广泛应用到各种网络应用的开发中去，无论是客户端还是服务器端都能编写。

使用 Python 开发的 Web 项目小而精，比较出名的开发实例是使用 Django 框架作为后端服务开发出的 Instagram，支撑了数亿月活用户的使用。国内比较知名的豆瓣也是使用 Python 开发的。

（2）数据处理和数据分析。

Python 有许多科学计算库的支持，所以形成了一个较为完备的数据分析生态系统。首先 Python 在获取数据上有很大优势，Python 在爬虫领域几乎就是霸主地位。有许多爬虫库如 requests 库的支持，可以让使用者轻松从网络上自动化并有针对性地爬取需要的信息和数据。数据可以通过 Python 做统一处理。在做数据分析时，也有库来支持，例如，matplotlib 库，通常可以用来绘制数据图表，常见的图表都能绘制，使用几行代码即可将众多的数据绘制成图；Pandas 库，可以对二维、三维数组进行计算，还可以处理数据库中的内容；SciPy 库，可以做更多的科学计算问题，如微分方程、概率分布等。Python 比起 MATLAB 而言更轻量级，语法也更简单。

（3）游戏开发。

Pygame 是专门为 Python 电子游戏设计而编写出的软件包，提供了简单的方式来控制媒体信息（如图像、声音等），使用 Python 的 pip 命令就可以直接安装，完成后就可以进行游戏的编写。网上也有许多实际的开发案例以供学习。如果需要手动下载，则可以进入官网 https://www.pygame.org/进行下载，下载的时候注意版本信息即可。图 1－17 是 Pygame 的官网安装教程首页。使用 Python 进行游戏开发的好处是可以有效控制代码的数量，将代码数量控制在一定的范围内。

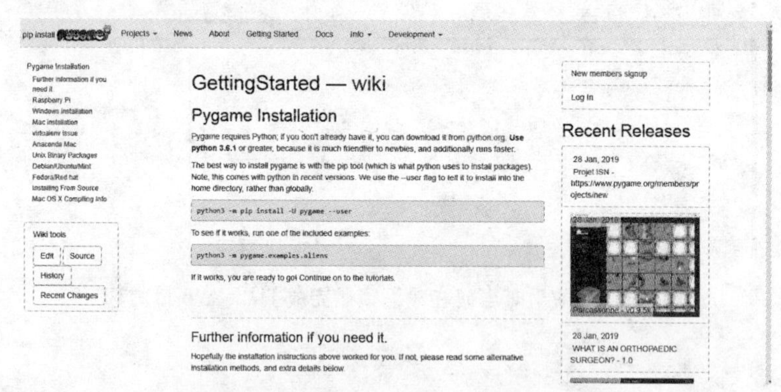


图 1－17　Pygame 官网 GettingStarted

（4）人工智能。

随着人工智能的兴起，越来越多的库提供给了 Python，这使得 Python 在人工智能研究领域脱颖而出。比如神经网络、深度学习方面，在 Python 中都能找到相应的较为成熟的库做支撑，在 TensorFlow 这个框架中一些算法已经集成好了，直接输入数据然后调用算法就可以做实验了，省去了很多编写代码上的困难。如果使用其他语言，在没有成熟的库的条件下，手动的实现功能需要写很多代码，而 Python 就不存在这些问题。

再加上 Google 早期就选择了 Python，因而积累了大量的库，Python 在 AI 时代独领风骚也是情理之中的。图 1−18 是 TensorFlow 的标志，TensorFlow 广泛应用于人工智能领域的研究。

图 1−18　TensorFlow

# 第 2 章　基本数据类型

本章首先介绍变量的概念，以及如何为它赋值，然后介绍数据类型，这些基本的数据类型是实现 Python 代码的重要组成部分。

## 2.1　变量和赋值

“万物皆对象”中提出了 Python 中的一个重要概念——对象，它指的是 Python 中所有数据都是以对象的形式存在的。这些数据包括整型、浮点型、字符串型等。

## 2.2　数字

Python 中支持的数字类型有整数（如 2，9485，125）、浮点数（3.1415926，157.384575，1.7e13）等。对于这些数字类型数据，我们可以做如下运算：

加法：+，3+7=10

减法：-，10-5=5

乘法：*，3*9=27

整数除法：//，10//3=3

浮点数除法：/，5/2=2.5

**例 2.1**　定义一个正整数并输出：

```
print（+10）
```

当然也可以省略+号，如：

```
print（10）
```

它们的输出结果如下：

```
10
10
```

注意：由于 Python 严格区分大小写，所以 print 必须小写。

假如输入的 print 开头的 p 大写：

Print（+10）
则会有如下报错：

```
Traceback(most recent call last):
  File"/tmp/007496034/main.py", line 2, in <module>
    Print(10/0)
NameError:name 'Print' is not defined
```

**例 2.2**　定义一个负整数并输出：
print（−10）
输出结果：−10

进行加法和减法运算，看看是否与你预料的结果一致：
print（3+7）
print（10−5）
输出结果：
10
5

也可以进行多个数字的连续运算：
print（5+8+9）
print（10+2−6+8）
print（5 * 2+6−3）
print（3+7−2 * 15/3）
输出结果：
22
14
13
0

Python 中有两种除法：
/浮点数除法，余数保留；
//整数除法，余数舍去。
print（9/4）
print（9//4）
输出结果：
2.25
2

除法中除数是不能为 0 的，在 Python 中也一样。如果除数为 0，会产生 Python 异常。

print（10/0）

将会产生如下报错：

```
Traceback(most recent call last):
  File"/tmp/516182256/main.py", line 2, in <module>
    print(10/0)
ZeroDivisionError:division by zero
```

### 2.2.1 整型

任何只被数字包含的序列被认为是整数。

在 Python2 中，一个 int 型包含 32 位，可以存储从－2^31～2^31－1 内的整数。一个 long 型包含 64 位，可以存储从－2^63～2^63－1 的整数。而在 Python3 中，int 型可以存储任意大小的整数，而弃用 long 型。

print（9）

输出结果：9

而 print（09），却会报错：

```
File"/tmp/994794663/main.py", line 2
    print(09)
         ^
SyntaxError:invalid token
```

这是因为在 Python 中 0 是不能作为数字的前缀而放在其他数字之前的。

Python 中通过使用 int()函数将其他的数据类型转换为整型。其规则是保留整数部分，小数部分舍去（不会四舍五入，而是直接去掉）。

如：

```
print(int(1.1))
print(int(1.9))
```

输出结果：

```
1
1
```

Python 中最简单的数据类型是布尔型（True，False），并且可以将其转换为整数。

如：

```
print(int(False))
print(int(True))
```

输出结果：

```
0
1
```

也可以将数字字符串转为数字：

```
print(int('978'))
```

输出结果：978

若字符串中包含非数值型字符，在转为 int 型数据时将会报错。

```
print(int('345qwe134'))
```

输出结果：

```
Traceback(most recent call last):
  File"/tmp/891619594/main.py", line 2, in <module>
    print(int('345qwe134'))
ValueError:invalid literal for int()with base 10:'345qwe134'
```

## 2.2.2 浮点型

浮点型数据由数字和小数点组成。同布尔型转换为整型相比，将布尔型数据转换为浮点型数据，仅仅是在整数的基础上加了一个小数点。

```
print(float(False))
print(float(True))
```

输出结果：

```
0.0
1.0
```

浮点型数据转换为整型：

```
print(int(978.23))
```

输出结果：978

使用 float()函数可将其他数据类型的数据转换为浮点型数据。

```
print(float('84.25'))
print(float('-0.98'))
print(float('2.0e3'))
```

输出结果：

```
84.25
-0.98
```

2000.0

## 2.3 字符串

字符串是由包含在一对' '或" "之间的字符组成的。如：

```
print('hello world')
print("hello world")
```

输出结果：

```
hello world
hello world
```

包含在一对" "之间的纯数字 123，虽然结果显示 123，但是它也是一个字符串，可以用 type（'123'）来查看它的数据类型。

```
print("123")
print(type('123'))
```

输出结果：

```
123
<class 'str'>
```

（1） str()函数可将其他数据类型转换为字符串。

布尔值转为字符串型：

```
print(str(False))
print(str(True))
```

输出结果：

```
False
True
```

整数转为字符串型：

```
print(str(123789))
print(type(str(123789)))
```

输出结果：

```
123789
<class 'str'>
```

浮点数转为字符串型：

```
print(str(87.98))
print(type(str(87.98)))
```

输出结果：

```
87.98
<class 'str'>
```

(2) len()函数可将获取字符串长度。

```
print(len('aweo'))
```

输出结果：4

(3) split()函数可将字符串拆分成列表（包含在 [] 内的数据)。

```
Names='Tom,Danny,Salay'
print(Names.split(','))
```

输出结果:['Tom', 'Danny', 'Salay']

(4) join()将列表内容合并成一个字符串。

```
NamesArr=['Tom','Danny','Salay']
NamesStr=','.join(NamesArr)
print(NamesStr)
```

输出结果:Tom,Danny,Salay

## 小　结

表 2.1　常用函数表

| 函数 | 描述 |
| --- | --- |
| int() | 将其他类型数据转为整型 |
| float() | 将其他类型数据转为浮点数 |
| str() | 将其他类型数据转为字符串型 |
| len() | 得到对象的长度 |
| split() | 将字符串拆分成列表 |
| join() | 将列表内容合并成一个字符串 |

# 习 题

1. 输入两个变量，交换变量的值并输出。

   输入：
   string
   3
   输出：
   3
   string

2. 创建一个变量，并给它赋一个数值（任何数值都行）。然后使用 print 显示这个变量。

3. 输入一个字符串，使得输出为输入字符串与"world"的拼接结果。

4. 计算输入字符串的长度。

5. 请输入一个姓名，将该姓名填到这句话里面并打印出填空之后的句子：My name is ________，what's your name?

   输入：
   bob
   输出：
   My name is bob，what's your name?

6. 输入一个数字，使得输出为"There are x cars available."其中，x 的值为输入的数字。

7. 打印输出浮点数 1234.567 取整后的结果。

8. 对浮点数 1234.567 进行四舍五入保留小数点后一位小数，打印输出四舍五入后的结果。

9. 打印从零开始的浮点数，每个数增加 0.5。输入整数 n，打印出 n 以内所有这样的数。

10. 接受一个字符串，在其后面加一个反向的拷贝，构成一个回文字符串。

11. 请导入 re 模块，使用 re 中 split 函数，按照" "（空格）切分，只切分一次，最后使用 for 循环打印出来。

    输入：life can be bad
    输出：
    life
    can be bad

12. 输入两个字符串，需要修改第一个字符串，将所有与第二个字符串中相同的字符删除，并且第二个字符串中不同的字符与第一个字符串的不同字符连接。

    输入：s1=aacdb，s2=gafd
    输出：cbgf

输入：s1=abcs，s2=cxzca；

输出：bsxz

13. 输入一个字符串，按序找出字符串中的数值，并打印出来。

14. 取一个整数 a 的二进制形式的从右端开始的 4~7 位。

可以这样考虑：

(1) 先使 a 右移 3 位。

(2) 设置一个低 4 位全为 1，其余全为 0 的数。可用~(~0<<4)

(3) 将上面二者进行 & 运算。

15. 输入一个字符串，按字典序打印出该字符串中字符的所有排列。例如输入字符串 abc，则打印出由字符 a，b，c 所能排列出来的所有字符串 abc，acb，bac，bca，cab 和 cba。

注意：输入一个的字符串，长度不超过 9（可能有字符重复），字符只包括大小写字母。

16. 求字典序在 s1 和 s2 之间的，长度在 len1 到 len2 的字符串的个数，结果 mod 1000007。

每组数据包含 s1（长度小于 100），s2（长度小于 100），len1（小于 100000），len2（大于 len1，小于 100000），输出答案。

17. 输入一个长度不超过 20 的字符串，对所输入的字符串，按照 ASCII 码的大小从小到大进行排序，请输出排序后的结果。

注意：一个字符串，其长度 n<=20，输入样例可能有多组，对于每组测试样例，按照 ASCII 码的大小对输入的字符串从小到大进行排序，输出排序后的结果。

18. 将一句话的单词进行倒置，标点不倒置。比如 I like beijing. 经过函数后变为：

beijing. like I

每个测试输入包含 1 个测试用例：I like beijing. 输入用例长度不超过 100，依次输出倒置之后的字符串，以空格分割。

19. 编写一个程序将列表元素转换为不同的变量。

20. 定义函数 $f(x, y)=\frac{x^3}{3}-\frac{y^2}{2}$，输入两个数 $x$ 和 $y$，计算并输出 $f(x, y)$ 的结果（保留两位小数）。

# 第 3 章　序列

第 2 章介绍了 Python 的基本数据类型，如布尔型、整型、浮点型和字符串型。本章将在第 2 章的基础上学习更复杂的 Python 组合方式（列表、元组、字典、集合），来解决更复杂的实际问题。

## 3.1　列表

列表是可以随时插入或删除其中的元素，内容是可变的。列表可以包含一个或多个元素，中间用逗号隔开，所有元素包含在一个 [] 内。

格式为：lst=list[元素1,元素2,…,元素 n]

如：

person=list['张三',18,'男']

weekdays=['星期一','星期二','星期三','星期四','星期五','星期六','星期日']

也可以通过以下两种方式创建一个空列表：

Empty _ list1=list()

Empty _ list2=[]

**例 3.1**　list()函数可将其他数据类型转换为列表类型。

print(list('hello'))

输出结果:['h', 'e', 'l', 'l', 'o']

**例 3.2**　split()函数可将字符串通过某个字符拆分成列表。

splitStr='a/b/c/d/e/f'

Splt=splitStr. split('/')

print(Splt)

输出结果:['a', 'b', 'c', 'd', 'e', 'f']

splitStr='a//b/c//d/e//f'

Splt=splitStr. split('/')

print(Splt)

输出结果:['a', '', 'b', 'c', '', 'd', 'e', '', 'f']

```
splitStr='a//b/c//d/e//f'
Splt=splitStr.split('/')
print(Splt)
```
输出结果:['a', 'b/c', 'd/e', 'f']

列表中可以嵌套其他的列表，如：
Food=['菜',['白菜','芹菜'],'肉',['猪肉','羊肉']]

## 3.2　元组

元组可以由一个或多个元素组成，不要求所包含的元素的种类必须相同。元组中的内容一旦写入，就不可以再修改了。列表中的内容却是可以改变的。

格式为：marx=元素 1，元素 2，…，元素 n

元组中的元素是包含在一组括号内的数据，每个元素中间用逗号隔开。

当创建只包含一个元素的元组时，逗号不可以省略，如：

Person='王丽',

在创建包含多个元素的元组时，最后一个元素后的逗号可以省略，也可以不省略，它们的结果相同。

**例 3.3**
```
person='王丽',16,'女'
print(person)
```
输出结果:('王丽', 16, '女')

当然也可以在创建元组时带有一对括号。

**例 3.4**
```
person=('王丽',16,'女')
print(person)
```
输出结果:('王丽', 16, '女')

**例3.5**
```
person='王丽',16,'女',
print(person)
```
输出结果:('王丽', 16, '女')

也可以创建空元组。

**例 3.6**

```
Empty_marx=()
print(Empty_marx)
```

输出结果：()

可以使用 tuple()函数来将其他数据类型转化为元组。

**例 3.7**

```
personLst=['王丽',16,'女']
print(personLst)
print(tuple(personLst))
```

输出结果：

['王丽', 16, '女']

('王丽', 16, '女')

元组和列表都是容器对象，可以存储不同类型的数据，它们之间的区别如下：

(1) 创建方式不同。使用()创建元组，使用[]创建列表。

(2) 创建只包含一个元素的元组时，不管加不加()，都必须在这个元素的后面加英文逗号；而列表则不需要。

例如：

```
a=(2)
b=(2,)
print(a)
print(b)
```

输出结果：

2

(2,)

(3) 可以添加、删除、修改列表中的元素。而元组一旦创建和赋值成功后，就不可以修改其值了。所以常用于列表的操作有排序、替换、添加、删除等，而元组主要有遍历、合并、求最大、最小值等操作方法。

(4) 元组占用的空间较小，并且不会意外修改元组中的数据，而列表中的数据可能会意外修改。在实际编程中，通常使用列表和字典来进行元素的操作。

## 3.3 字典

字典中元素的顺序是随机的（也就是无序的）。每个元素有与之对应的键值（key），可以通过对应的键快速访问字典中的元素。键一般是字符串形式。字典可支持的操作与列表相似，是可以进行添加、删除、修改等操作的。字典是由一对 {} 中的一个或多个键值对{key:value}组成的。

它的格式如下：

dict={key1:value1,key2:value2,…}

其中通过逗号隔开每组键值对。

**例 3.8**　创建一个空的字典。

```
EmptyDict={}
print(EmptyDict)
```

输出结果：{}

**例 3.9**　创建一本书（包含图书号，书名，图书所在地）的字典。

```
book={'bookId':'00001','name':'格林童话','address':'西厅阅览室'}
print(book)
```

输出结果：{'bookId':'00001', 'name':'格林童话', 'address':'西厅阅览室'}

**例 3.10**　dict()函数可将其他数据类型转化为字典类型。

```
arr=[
        ['h','e'],
        ['l','l'],
        ['o','p']
    ]
print(arr)
print(dict(arr))
```

输出结果：

[['h', 'e'], ['l', 'l'], ['o', 'p']]

{'h':'e', 'l':'l', 'o':'p'}

**例3.11**　使用字典索引 dict[key]可获取指定键的值。

```
print(book['name'])
```

输出结果：格林童话

**例3.12**　使用 keys()可获取一个字典中的所有键。

```
print(book.keys())
```

输出结果：dict_keys(['bookId', 'name', 'address'])

**例3.13**　使用 values()可获取一个字典中所有值。

```
print(book.values())
```

输出结果：dict_values(['00001', '格林童话', '西厅阅览室'])

**例3.14**　使用 items()可获取一个字典中所有键值对。

```
print(book.items())
```

输出结果:dict _ items([('bookId', '00001'),('name', '格林童话'),('address', '西厅阅览室')])

**例3.15** 使用字典索引 dict[key]可添加/修改字典中的元素。

假如把格林童话这本书存放到东厅阅览室,则有

book['address']='东厅阅览室'

print(book)

输出结果:{'bookId':'00001', 'name':'格林童话', 'address':'东厅阅览室'}

**例3.16** 假如给格林童话这本书添加作者"格林兄弟",则有。

book['作者']='格林兄弟'

print(book)

输出结果:{'bookId':'00001', 'name':'格林童话', 'address':'西厅阅览室', '作者':'格林兄弟'}

**例3.17** 使用 del 可删除指定键的元素。

将书中的地址信息删除:

del book['address']

print(book)

输出结果:{'bookId':'00001', 'name':'格林童话', '作者':'格林兄弟'}

**例3.18** 使用 clear()函数可删除字典中所有元素。

book.clear()

print(book)

输出结果:{}

## 3.4 集合

集合是指具有某种特定性质的具体或抽象的对象的汇总而成的集体。其中,构成集合的这些对象称为该集合的元素。它可以表示某个元素是否存在,而不关心其他信息。如果大家还记得关于集合论的知识,可能会想到集合的基本运算:交、并、差。Python 中提供了实现交、并、差、差补等的方法。

使用 set()函数可以创建集合或将其他数据类型转为集合。

**例 3.19**

emptySet=set()

print(emptySet)

输出结果:set()

也可以使用{}中输入数据创建集合。

**例 3.20**

```
numbers={0,1,4,5,7,10}
print(numbers)
```

输出结果:{0, 1, 4, 5, 7, 10}

需要注意的是，空集合不可以用{}来创建，因为在 Python 中空{}默认用来创建字典。集合中的元素是没有顺序的。

set()函数可以将创建好的字符串、列表、字典转换为集合，重复的内容会被舍弃。

**例3.21**

```
print(set('apple'))# 字符串
```

输出结果:{'p', 'e', 'a', 'l'}

```
arr=['b','a','n','a','n','a']#列表
```

**例3.22**

```
print(arr)
print(set(arr))
```

输出结果:

['b', 'a', 'n', 'a', 'n', 'a']

{'a', 'n', 'b'}

**例3.23**

```
person={'name':'李磊','age':18}#字典
print(person)
print(set(person))
```

输出结果:

{'name':'李磊', 'age':18}

{'age', 'name'}

使用字典创建的集合中只包含键，而不包含值。

我们把 Python 中运行时可以被忽略跳过的一段文本或代码称为注释。注释有单行注释和多行注释两种。

单行注释用#表示，多行注释用三个单引号（'''）或三个双引号（"""）表示。

**例 3.24** 单行注释。

```
#输出内容
print("你好，李磊!")
```

Python 运行上述两行代码时，#后的内容将不会被执行。

输出结果：你好，李磊!

**例 3.25** 多行注释。

```
'''
输出内容为
你好，李磊!
'''
print（'你好，李磊！'）
```

输出结果：你好，李磊!

**例 3.26** 多行注释。

```
"""
输出内容为
你好，李磊!
"""
print（'你好，李磊！'）
```

输出结果：你好，李磊!

### 3.4.1 交集

交集的定义如下：

一般地，把所有属于集合 $A$ 且属于集合 $B$ 的元素组成的集合，称为 $A$，$B$ 的交集，记作：$A \cap B$。$A \cap B = \{x \mid x \in A$，且 $x \in B\}$。如图 3-1 所示的灰色部分即为 $A \cap B$ 区域。

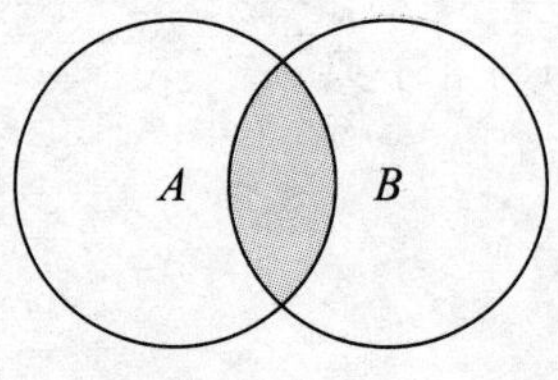


**图** 3-1 $A \cap B$

Python 中可以通过 & 符号，也可以通过 intersection()函数实现集合的交集。

**例 3.27** 集合的交集

```
a1={"苹果","香蕉","橘子","梨"}
a2={"橘子",梨","西瓜"}
a3=a1&a2                    #符号的方法
a4=a1.intersection(a2)     #函数的方法
print(a3)
print(a4)
```

输出结果：

```
{'橘子', '梨'}
{'橘子', '梨'}
```

### 3.4.2　并集

并集的定义如下：

一般地，把所有属于集合 $A$ 或属于集合 $B$ 的元素组成的集合，称为 $A$，$B$ 的并集，记作：$A \cup B$。$A \cup B = \{x \mid x \in A，或 x \in B\}$。如图 3－2 所示的所有灰色部分组成 $A \cup B$ 区域。

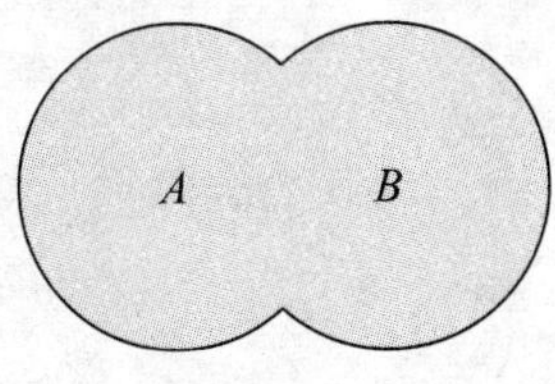


图 3－2　$A \cup B$

Python 中可以通过 | 符号，也可以通过 union()函数实现集合的并集。

**例 3.28**　集合的并集。

```
a1={"苹果","香蕉","橘子","梨"}
a2={"橘子","梨","西瓜"}
a3=a1 | a2            #符号的方法
a4=a1.union(a2)       #函数的方法
print(a3)
print(a4)
```

输出结果：

```
{'梨', '西瓜', '香蕉', '苹果', '橘子'}
{'梨', '西瓜', '香蕉', '苹果', '橘子'}
```

### 3.4.3　差集

差集的定义如下：

一般地，把所有属于集合 $A$ 且不属于集合 $B$ 的元素构成的集合，称为集合 $A$ 与集合 $B$ 的差集，记作 $A-B$。$A-B=\{x \mid x \in A，且 x \notin B\}$。$A-B=A-A \cap B$。如图 3－3 所示，$A$ 的区域减去 $A$ 与 $B$ 相交的区域就是 $A-B$ 的区域，即灰色部分区域。

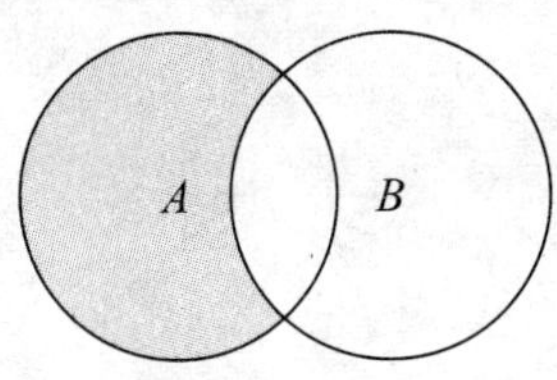


图 3－3　$A-B$

Python 中可以通过-符号，也可以通过 difference()函数实现集合的差集。

**例 3.29** 集合的差集。

```
a1={"苹果","香蕉","橘子","梨"}
a2={"橘子","梨","西瓜"}
a3=a1-a2            #符号的方法
a4=a1.difference(a2)      #函数的方法
print(a3)
print(a4)
```

输出结果：

```
{'香蕉', '苹果'}
{'香蕉', '苹果'}
```

## 小 结

**表 3.1 函数总结表**

| 函数 | 描述 |
| --- | --- |
| list () | 将其他数据类型转换为列表类型 |
| tuple () | 将其他数据类型转为元组 |
| dict () | 将其他数据类型转为字典 |
| keys () | 获取一个字典中的所有键 |
| values () | 获取一个字典中所有值 |
| items () | 获取一个字典中所有键值对 |
| clear () | 删除字典中所有元素 |
| set () | 创建集合或将其他类型转为集合 |

**表 3.2 集合交、并、差运算**

| 运算符 | 函 数 | 描 述 | 表示 |
| --- | --- | --- | --- |
| & | intersection | 交集 | $A\cap B=\{x\mid x\in A$，且 $x\in B\}$ |
| \| | union | 并集 | $A\cup B=\{x\mid x\in A$，或 $x\in B\}$ |
| - | difference | 差集 | $A-B=\{x\mid x\in A$，且 $x\notin B\}$ |

# 习 题

1. 在列表 motorcycles= ['honda', 'yamaha', 'suzuki'] 末尾添加新元素'spring'。
2. 将列表 motorcycles= ['honda', 'yamaha', 'suzuki'] 中元素 honda 修改成'spring'。

3. 假设你有一个汽车列表，并要让其中的汽车按字母顺序排列，最后打印输出列表。(假设该列表中的所有值都是小写)。

4. 输入一个整数 a（a 大于或等于 1），生成从 a 到 1 的整数序列，并将其打印输出。

5. 将用户输入的内容存储为列表（输入的内容用空格隔开），找出列表中最大的元素，输出该元素及元素对应的位置。

6. 输入一个以逗号分隔，长度大于 4 字符串，将其转化为元组，输出元组的第 3 个元素的值。例如，输入"1，2，3，4，5"，输出"3"。

7. 输入一个以逗号分隔的字符串，将其转化为元组，输出元组的第 2 个到倒数第 2 个元素（不包括倒数第 2 个元素）。例如，输入"1，2，3，4，5"，输出（'2'，'3'，'4'）。

8. 元组是不可变的，不能在原处修改内容，该如何修改元组元素呢？例如，输入（1，2，3），将元组第 2 个元素修改为第 1 个元素的值，输出（1，1，3）。请编程实现。

9. 给定两个元组，将其合并为一个元组。例如将（12，21），('abc'，'xyz')，合并为（12，34.56，'abc'，'xyz'）。

10. 将元组中最大元素和最小元素的位置交换。例如，输入（1，2，3，4），输出（4，2，3，1）。

11. 编写程序，定义一个空字典 dic，向其中添加一个键值对，输出添加后的字典。

12. 创建如下字典：{'turing'：'genius'，'bill'：'bluescreen'，'newuser'：'ImANewbie'，'guido'：'superprogrammer'}。用户输入一个或多个键名，以空格隔开，依次查找相应键值，并以"key:value"形式逐行打印出来。若某个键不存在，则输出"unknown"。

13. 给定键值对如下："guido"："superprogrammer"，"turing"："genius"，"bill"："monopoly"。输入任意键，输出与该键相关的值。

14. 构建一个字典 date，键为"year"，"month"，"day"，对应的值分别为"1999"，"11"，"20"，任意输入一个字符串，判断其是否为字典中的键，若存在，则输出"存在"，否则输出"不存在"。

15. 使用字典存储一些人最喜欢的编程语言，例如，Abel 最喜欢的语言是 Python，Tom 最喜欢的语言是 C++，Jack 最喜欢的语言是 Java，Andy 最喜欢的语言是 Python。遍历字典，输出每个人的姓名和喜欢的编程语言。

16. 返回一个新的集合 A，包括在集合 S 中但是不在集合 T 中的元素：

S={1,2,3,4,5}

T={5,2,3,8,9,0}

17. 更新集合 S，包括在集合 S 中但不在集合 T 中的元素，打印输出更新后的集合 S：

S={1,2,3,4,5}

T={5,2,3,8,9,0}

18. 打印输出一个新的集合 A，包括同时在集合 S 和集合 T 中的元素：

S={1,2,3,4,5}

T={5,2,3,8,9,0}

19. 判断数字 23 是否在集合 S={5,2,3,8,9,0}中，如果在就打印字符串'OK'，如果不在就将其添加到集合 S 中，最后打印输出集合 S。

20. 移除集合 S={1,2,3,4,5}中所有数据并打印输出原来的集合 S 和移除数据后的 S。

# 第 4 章　程序结构

前面我们已经学习了 Python 的一些基本语法知识，包括基础的 Python 函数和对象的表示方法（元组、列表、集合、字典），它们被用来实现各种各样的功能，但是对它们的操作还是十分简单的。本章将在这些基础上实现更为复杂的运算。

## 4.1　条件语句

Python 条件语句是包含一条或多条语句来执行代码。它的格式如下：

```
if 条件 1：
    表达式 1
elif 条件 2：
    表达式 2
elif 条件 3：
    表达式 3
…
elif 条件 n：
    表达式 n
else：
    表达式 n+1
```

执行步骤如下：

第一步：判断条件 1，如果条件 1 为真，执行表达式 1，否则执行第二步。

第二步：判断条件 2，如果条件 2 为真，执行表达式 2，否则执行第三步。

第三步：判断条件 3，如果条件 3 为真，执行表达式 3，否则执行第四步。

…

第 N+1 步：判断条件 n，如果条件 n 为真，执行表达式 n，否则执行 else 语句。

第 N+2 步：执行表达式 n+1。

**例 4.1**　投一枚硬币，判断这枚硬币是正面朝上还是反面朝上。

```
x=int(input())
if x==0：
```

```
    print('反面')
elif x==1:
    print('正面')
```

输入数字 0 表示反面，输入数字 1 表示正面朝上。

**例 4.2**　输入一个学生的成绩，要求如下，

如果成绩>=90，输出"优秀"。

如果成绩>=80，输出"好"。

如果成绩>=70，输出"良好"。

如果成绩>=60，输出"及格"。

如果成绩<60，输出"未及格"。

程序如下：

```
x=int(input())
if x>=90:
    print('优秀')
elif x>=80:
    print('好')
elif x>=70:
    print('良好')
elif x>=60:
    print('及格')
else:
    print('未及格')
```

**例 4.3**　判断用户输入的字符是数字字符、字母字符还是其他字符。

```
import string
c=input()
if(c.isalpha()):
    print('全字母字符串')
elif(c.isdigit()):
    print('数字字符串')
else:
print('其他')
```

**例 4.4**　输入三角形的三条边，判断能否组成三角形，如果可以，计算三角形的面积；反之，输出"不能组成三角形"。

```
import math
def main():
    a=int(input())
```

```
    b=int(input())
    c=int(input())
    if a+b>c and a+c>b and b+c>a:
        p=(a+b+c)/2
        areaspr=p*(p-a)*(p-b)*(p-c)
        area=math.sqrt(areaspr)
        print(area)
    else:
        print('不能组成三角形')
if __name__=="__main__":
    main()
```

输入：

3

4

5

输出：6.0

**例 4.5** 判断某天是某年的第几天，如 2019 年 1 月 3 日是 2019 年的第 3 天。

```
import time
def demo(year,month,day):
    day_month=[31,28,31,30,31,31,30,31,30,31]
    if year%400==0 or(year%4==0 and year %100!=0):
        day_month[1]=29
    if month==1:
        return day
    else:
        return sum(day_month[:month-1])+day
year=int(input())
month=int(input())
day=int(input())
print(demo(year,month,day))
```

## 4.2 循环语句

Python 中有两种循环语句：一种是 while，另一种是 for。

(1) Python 中最简单的循环语句是 while 语句，它的格式如下：

```
while 条件：
    循环体
```

当 while 条件为真时执行语句，直到条件为假为止。

**例 4.6**　打印数字 1～10。

```
num=1
while num<=10:
    print(num)
    num+=1
```

输出结果：

```
1
2
3
4
5
6
7
8
9
10
```

首先将变量 num 的初值赋为 1，判断是否小于等于 10，如果小于等于 10，则执行循环体中的内容，输出 num 的值，num 自动加一；再去判断 num 为 2 时是否小于等于 10，如果小于等于 10，则执行循环体中的内容，输出 num 的值，num 自动加一；直到 num 的值为 11，判断 11 并不小于等于 10，所以不再进入循环体。

**例 4.7**　计算 1～100 之间所有偶数和。

```
import math
def main():
    i=1
    sum=0
    while i<=100:
        sum+=i
        i+=2
    print(sum)
if __name__=="__main__":
    main()
```

输出结果：2500

(2) for 循环语句的格式如下：

```
for 变量 in range（开始，结束，步长）：
    循环体
```

**例 4.8** 打印数字 0~9。

```
for num in range(10):
    print(num)
```

输出结果：

```
0
1
2
3
4
5
6
7
8
9
```

上式中，range 中只有一个值，则代表从 0 开始，到 9 结束，步长为 1。

**例 4.9** 计算 1~100 之间所有偶数和。

```
import math
def main():
    sum=0
    for i in range(2,101,2):
        sum=sum+i
    print(sum)
    if __name__=="__main__":
        main()
```

输出结果：2550

(3) for 循环语句遍历对象（列表/字符串等其他可迭代对象）的格式如下：

```
for 变量 in 对象:
    循环体
```

Python 中 for 循环可以遍历一个列表或者一个字符串等其他可迭代对象。

**例 4.10** for 循环应用于列表序列，输出列表中的内容。

```
fruits=['香蕉','苹果','梨']
for fruit in fruits:
    print(fruit)
```

输出结果：

```
香蕉
苹果
```

梨

**例 4.11**　输入一个字符串，并输出字符串中的每个字符。

```
strs=input()
for str in strs:
    print(str)
```

输入：apple，则输出：

a
p
p
l
e

(4) if 语句与 for 语句可以嵌套使用。格式如下：

```
for 条件 1:
    if 条件 2:
        语句 1
    elif 条件 3:
        语句 2
    else:
        语句 3
```

或

```
if 条件 1:
    for 条件 1:
        循环体
elif 条件 2:
    语句 1
else:
    语句 2
```

**例 4.12**　输出 1~50 之间能被 5 整除，但同时不能被 3 整除的所有整数。

```
for i in range(1,51):
    if i%5==0 and i%3!=0:
        print(i)
```

输出结果：

5
10
20
25

```
35
40
50
```

## 4.3 continue 和 break 语句

Python 中可以使用 break、continue 终止 for/while 循环语句。如果使用的是嵌套循环，则退出的是最里层的循环。break 用来跳出整个循环，不再执行下一轮循环，而 continue 则用来跳出本次循环，继续执行下一轮循环。

**例 4.13** 计算 1～20 之间所有奇数和。

```
import math
num=1
sum=1
print("num:"+str(num)+"    sum:"+str(sum))
while True:
    num+=2
    if num>=20:
        break
    sum+=num
    print("num:"+str(num)+"    sum:"+str(sum))
```

输出结果：

```
num:1     sum:1
num:3     sum:4
num:5     sum:9
num:7     sum:16
num:9     sum:25
num:11    sum:36
num:13    sum:49
num:15    sum:64
num:17    sum:81
num:19    sum:100
```

当 num 等于 21 时，大于 20，执行 break 操作，此时退出 while 循环，循环终止。

**例 4.14** 计算 1～21 之间所有奇数和，不包括数字 19。

```
import math
num=1
```

```
sum=1
print("num:"+str(num)+"   sum:"+str(sum))
while num<=20:
    num+=2
    if num==19:
        continue
    sum+=num
    print("num:"+str(num)+"   sum:"+str(sum))
```

输出结果：

```
num:1    sum:1
num:3    sum:4
num:5    sum:9
num:7    sum:16
num:9    sum:25
num:11   sum:36
num:13   sum:49
num:15   sum:64
num:17   sum:81
num:21   sum:102
```

从结果可以看出，当 num 等于 19 时，跳过了本次循环（循环体中位于 continue 之后的代码将不会执行），继续执行下次循环。

## 4.4 迭代器

给定一个列表或元组，我们可以使用 for 循环来遍历这个列表或元组，这种遍历我们称为迭代（lteration）。

在 Python 中，迭代是通过使用 for…in…来实现的。for 循环可以直接遍历列表、元组、字典、字符串等对象，这种对象被称为可迭代对象（Iterable）。

可以被 next()函数调用并不断返回下一个值的对象被称为迭代器（Iterator）。

(1) isinstance()函数可判断一个对象是否为可迭代（Iterable）对象，如：

```
from collections import Iterable

print(isinstance(123,Iterable))#False,数字
print(isinstance('apple',Iterable))#True,字符串
print(isinstance(['a','p','p','l','e'],Iterable))#True,列表
print(isinstance({'name':"李明"},Iterable))#True,字典
```

```
print(isinstance(('李明',18,'男'),Iterable))#True,元组
```

注意：判断是否为可迭代对象要先引入 Iterable。

（2）isinstance（）函数可判断一个对象是否为迭代器（Iterator）对象，如：

```
from collections import Iterator

print(isinstance(123,Iterator))#False,数字
print(isinstance('apple',Iterator))#False,字符串
print(isinstance(['a','p','p','l','e'],Iterator))#False,列表
print(isinstance({'name':"李明"},Iterator))#False,字典
print(isinstance(('李明',18,'男'),Iterator))#False,元组
```

从上述可以看出，字符串、列表、字典、元组是 Iterable，却不是 Iterator。这是因为在 Python 中迭代器对象是一个数据流，可以被 next()函数调用，它的计算是惰性的，只有在需要返回下一个数据时才会计算。

## 小　结

凡是可以用 for 循环遍历的对象都是 Iterable 类型。

凡是可以用 next()函数的对象都是 Iterator 类型，只有在需要返回下一个数据的时候才会进行计算。

# 习　题

1. 在现实世界中，很多情况下需要考虑的情形都超过两个。例如，来看一个根据年龄段收费的游乐场：

4 岁以下免费；

4~18 岁收费 5 美元；

18 岁（含）以上收费 10 美元。

使用 if 语句确定一个人所属的年龄段，并打印一条包含门票价格的消息。

2. 假设在游戏中刚射杀了一个外星人，请创建一个名为 alien_color 的变量，并将其设置为'green'，'yellow'或'red'：

如果外星人是绿色的，就打印一条消息，指出玩家获得了 5 个点。

如果外星人是黄色的，就打印一条消息，指出玩家获得了 10 个点。

如果外星人是红色的，就打印一条消息，指出玩家获得了 15 个点。

编写这个程序的三个版本，它们分别在外星人为绿色、黄色和红色时打印一条消息。

3. 学习成绩大于等于 90 分的同学用 A 表示，60~89 分之间的用 B 表示，60 分以下

的用 C 表示。

4. 创建一个列表，其中包含你喜欢的水果，再编写一系列独立的 if 语句，检查列表中是否包含特定的水果。将该列表命名为 favorite_fruits，并在其中包含三种水果。编写 5 条 if 语句，每条都检查某种水果是否包含在列表中，如果包含在列表中，就打印一条消息，如"You really like bananas!"。

5. 人生的不同阶段：设置变量 age 的值，再编写一个 if-elif-else 结构，根据 age 的值判断处于人生的哪个阶段。

如果一个人的年龄小于 2 岁，就打印一条消息，指出他是婴儿。

如果一个人的年龄为 2（含）～ 4 岁，就打印一条消息，指出他正蹒跚学步。

如果一个人的年龄为 4（含）～ 13 岁，就打印一条消息，指出他是儿童。

如果一个人的年龄为 13（含）～ 20 岁，就打印一条消息，指出他是青少年。

如果一个人的年龄为 20（含）～ 65 岁，就打印一条消息，指出他是成年人。

如果一个人的年龄超过 65（含）岁，就打印一条消息，指出他是老年人。

6. 有 n 个人围成一圈，顺序排号。从第一个人开始报数（从 1 到 3 报数），凡报到 3 的人退出圈子，问最后留下的是原来第几号的那位。

7. 输入一行字符，分别统计出其中英文字母、空格、数字和其他字符的个数。

8. 列出 5 种不同的食材，输出它们可能组成的所有菜式名称。

9. 工整打印输出常用的九九乘法表（格式不限）

10. 从键盘接收两个整数，编写程序求出这两个整数的最大公约数和最小公倍数（提示：求最大公约数可用辗转相除法，求最小公倍数则用两个数的积除以最大公约数即可）。

11. 输出一个小于 1000 的整数 n，计算 n 以内能被 3 和 5 整除的所有数的总和，并输出。

12. 统计打印出 1～500 中同时能被 5 和 7 整除的整数。

13. 计算并输出 1－2＋3－4＋…＋99－100 的和。

14. 有 2，3，4，5 四个数字，能组成多少个互不相同且无重复数字的三位数？输出第一行为满足条件的三位数，以逗号隔开；输出第二行为满足条件的三位数的个数。

15. 斐波那契数列就是 1　1　2　3　5　8　13　21　34　55　89　144…其中，从第三项开始，每项等于前两项之和。输入一个整数 N，计算斐波那契数列不超过 N 的数中所有偶数的总和，并输出。

16. 外观数列是指具有以下特点的整数序列：

d，d1，d111，d113，d11231，d112213111，…

它从不等于 1 的数字 d 开始，序列的第 n+1 项是对第 n 项的描述。比如第 2 项表示第 1 项有 1 个 d，所以就是 d1；第 2 项是 1 个 d（对应 d1）和 1 个 1（对应 11），所以第 3 项就是 d111。又如第 4 项是 d113，其描述就是 1 个 d，2 个 1，1 个 3，所以下一项就是 d11231。当然这个定义对 d=1 也成立。

输入第一行给出［0，9］范围内的一个整数 d 以及一个正整数 N（＜=40），用空格分隔。

输出为数字 d 的外观数列的第 N 项。

17. 给定一系列正整数，请按要求对数字进行分类，并输出以下 5 个数字：

A1=能被5整除的数字中所有偶数的和；

A2=将被5除后余1的数字按给出顺序进行交错求和，即计算n1−n2+n3−n4…；

A3=被5除后余2的数字的个数；

A4=被5除后余3的数字的平均数，精确到小数点后1位；

A5=被5除后余4的数字中最大数字。

输入格式：

每个输入包含1个测试用例。每个测试用例给出N（N小于等于1000）个不超过1000的待分类的正整数。数字间以空格分隔。

输出格式：

对给定的N个正整数，按题目要求计算A1～A5并在一行中顺序输出。数字间以空格分隔，但行末不得有多余空格。

若其中某一类数字不存在，则在相应位置输出“N”。

18. 宋代史学家司马光在《资治通鉴》中有一段著名的“德才论”：“是故才德全尽谓之圣人，才德兼亡谓之愚人，德胜才谓之君子，才胜德谓之小人。凡取人之术，苟不得圣人，君子而与之，与其得小人，不若得愚人。”

现给出一批考生的德才分数，请根据司马光的理论给出录取排名。

输入格式：

输入第1行给出3个正整数，分别为：N（<=10^5^），即考生总数；L（>=60），为录取最低分数线，即德分和才分均不低于L的考生才有资格被考虑录取；H（<100），为优先录取线——德分和才分均不低于此线的被定义为“才德全尽”，此类考生按德才总分从高到低排序；才分不到但德分到线的一类考生属于“德胜才”，也按总分排序，但排在第一类考生之后；德才分均低于H，但是德分不低于才分的考生属于“才德兼亡”但尚有“德胜才”者，按总分排序，但排在第二类考生之后；其他达到最低线L的考生也按总分排序，但排在第三类考生之后。

随后N行，每行给出一位考生的信息，包括：准考证号、德分、才分，其中准考证号为8位整数，德才分为区间[0，100]内的整数。数字间以空格分隔。

输出格式：

输出第1行首先给出达到最低分数线的考生人数M，随后M行，每行按照输入格式输出一位考生的信息，考生按输入中说明的规则从高到低排序。当某类考生中有多人总分相同时，按其德分降序排列；若德分也并列，则按准考证号的升序输出。

# 第 5 章　函数与模块

## 5.1　函数的定义

函数是带名字的代码块。简而言之，一个函数就是一些语句集合在一起的部件，它们可以不止一次地在程序中运行。函数还能够计算出一个返回值，并能够改变作为函数输入的参数，而这些参数在代码运行时也许每次都不相同，例如在计算不同角度的正弦值时，角度可能每次都不同，但是每次都使用 sin 函数来求值。

## 5.2　函数创建和调用

下面是一个打印的简单函数，名为 hello()：

```
Hello.py
def hello():
"""打印 Hello"""
print("Hello!")
hello()
```

这个示例演示了最简单的一种函数结构。def 语句告诉 Python 你要定义一个函数。这是函数定义，它向 Python 指出了函数名，还有可能在括号里指出函数为完成其任务需要什么样的信息。在这里，函数名为 hello，它并不需要其余任何信息就能完成自己的工作，所以括号内为空（需要注意的是，即使是空，括号也是必不可少的）。最后，函数定义以冒号结尾。

紧跟着 def 语句之后的所有缩进行是函数的函数体。代码 print（"Hello!"）是函数体内唯一一行代码，此处函数只有一个作用：打印 Hello!。

要使用这个函数，可调用它。函数调用时 Python 执行函数的代码，要调用函数，可依次指定函数名以及用括号括起来的必要信息。在 hello 这个函数中，由于不需要指定任何信息，因此调用的时候输入 hello()即函数名加上()，调用函数就行了。和预期的一样，它打印 Hello!：

```
Hello!
```

下面是一个稍微复杂一点的函数 hello，函数作用是打印 hello 和用户的名字。区别于上一个例子，在函数定义 def hello()的括号内添加了 name。通过这里添加的 name，就可以让函数接受用户给定的任何用户名字。如下所示：

```
def hello(name):
"""打印 Hello 和用户名名字"""
print("Hello!"+name+"!")
hello("Jia")
```

在代码 hello("Jia")中，调用了函数 hello()，并向它提供 print 语句所需要的必要信息。函数接收用户传递给它的名字，向这个人问好，打印结果如下：

```
Hello! Jia!
```

## 5.3 参数

在前一节中，我们通过 hello()函数初步了解了参数，在该函数中，参数通过赋值(name)来传递，接下来我们详细介绍 Python 中的参数。

• 不可变类型。这个类似 C++中值的传递，如整数、字符串和元组。在 Python 里针对这些不可变类型，就像是一个原值的拷贝，修改这些拷贝对象，它不会改变原本的对象，不管我们怎么改变传递过来的值，原值始终不变。

• 可变类型。这个类似 C++中引用的传递，如字典和列表。它传递的不是拷贝，而是把值本体传过去，当我们在函数中改变值时，原值会发生改变。

### 5.3.1 实参和形参

在函数 hello()中，括号内 name 就是一个形参，它告诉完成这个函数所必需的一些信息。而我们在后面调用函数 hello("Jia")时，"Jia"这是一个实参，实参对应于形参，这就是我们提供给这个函数运行的必要内容。Python 运行时，把"Jia"传递给了 name 这一个形参。

### 5.3.2 位置参数

有的函数可能需要不止一个信息，可能有多个信息（参数）。在调用这些函数时，必须使用正确的参数顺序和数量，如果不符合，可能就不会得到我们想要的效果。

```
introduce.py
def intro_myself(name, sex):
    print("My name is "+name+"!")
    print("I am a "+sex+"!")
intro_myself("Jia", "girl")
intro_myself("He", "girl")
```

在函数 intro _ myself()中，拥有两个参数 name 和 sex，分别用来表示姓名和性别。在 intro _ myself("Jia"，"girl")中，按照顺序传递了两个值给形参，将"Jia"传递给了第一个参数 name，将"girl"传递给了第二个参数 sex，这样在调用函数时就打印出 My name is Jia！和 I am a girl!。同理，在 intro _ myself("He"，"girl")中，打印出 My name is He! 和 I am a girl!。如下所示：

```
My name is Jia!
I am a girl!
My name is He!
I am a girl!
```

如果我们把两个参数顺序交换，则不会得到我们想要的结果，大家可以尝试一下。

### 5.3.3　关键字参数

位置参数必须保证参数顺序的一致，如果我们使用关键字参数，则可以不用按照参数顺序调用函数。关键字参数调用实质上就是人为地使实参和形参一一对应。例如下面这个例子，使用关键字参数调用函数：

```
def intro _ myself(name, sex):
    print("My name is "+name+"!")
    print("I am a "+sex+"!")
intro _ myself(name="Jia",sex="girl")
intro _ myself(sex="girl",name="He")
```

可以看到，在函数 intro _ myself()中，我们没有做任何改变，只是在两次函数调用的时候使用了关键字参数，在 intro _ myself(name="Jia",sex="girl")这一行代码中，两个参数顺序和函数定义中的顺序一模一样，而在 intro _ myself(sex="girl",name="He")中，参数顺序发生了改变，但是我们通过使用关键字参数，指定了各个实参对应的形参，虽然顺序发生了改变，但是并不影响函数的使用，两次调用打印的结果和上一个例子一样。

### 5.3.4　默认参数

在编写函数时，还可以给形参设置一个默认值，如果设置默认参数，当调用函数时，若我们没有提供实参，Python 会自动使用默认参数。例如下面例子中的默认参数使用：

```
def intro _ myself(name, sex="girl"):
    print("My name is "+name+"!")
    print("I am a "+sex+"!")
intro _ myself(name="Jia")
intro _ myself(name="Jiang",sex="boy")
```

在函数 intro _ myself()中，我们给定了一个默认参数 sex="girl"，在这里，如果我们在调用函数时没有给出相应的值，Python 会自动分配给我们性别为"girl"。在 intro _ myself(name="Jia")代码中，没有给定形参 sex 的值，系统默认为"girl"，得到输出结果：

My name is Jia!

I am a girl!

而我们在 intro _ myself(name="Jiang",sex="boy")中，指定了 sex="boy"，Python 将不再使用"girl"，而是使用"boy"。这一行代码执行结果如下：

My name is Jiang!

I am a boy!

值得注意的是，通常我们把默认形参放在最后。

### 5.3.5 任意数量参数

(1) 传递元组。

在实际使用中，很多时候，我们往往不能提前知道需要多少个实参，这就是任意数量的参数。

例如，我们有很多人的名字，我们要通过他们的名字进行打招呼，打印 hello。看如下例子：

```
def hello(*names):
    for name in names:
        print("Hello! "+name+"!")
hello("Jia","He","Jiang")
```

值得注意的是，在函数的参数位置中我们使用的 * names，这里多了一个星号，加了星号则表示传递的是一个元组的形式。代码执行结果如下：

Hello! Jia!

Hello! He!

Hello! Jiang!

即使我们只传入了一个实参，它依然是存放在一个元组里。

(2) 传递字典。

同样，我们可以使用字典传入值。

例如，我们会传入某人姓名、年龄和性别，然后打印自我介绍。

```
def intro_myself(**info):
    print(info)
intro_myself(name="Jia", age="18", sex="girl")
```

首先我们看程序运行结果：

{'name':'Jia', 'age':'18', 'sex':'girl'}

这里函数中使用了两个星号，两个星号表示传递的是一个字典的形式，Python 会在后台给我们创建一个空的字典。

从目前所学知识来讲，在编写函数时，我们可以混合使用前面所学习的各种参数，不一定拘泥于一种，我们可以培养自己的习惯，选择自己能掌握的最简单的形式。

### 5.3.6　传递列表

在很多程序中传递列表是很有用的，通常我们会经常用到名字、年龄和性别等列表。

例如有一个列表，里面有几个人名，我们现在通过函数打印问候：

```
def hello(names):
    for name in names:
        print("Hello! "+name+"!")
person _ names=["Jia", "He", "Jiang"]
hello(person _ names)
```

我们将 hello()定义为可以接受一个名字列表，并将列表存在 names 里，这里先创建了一个 person _ names 的列表，然后调用函数 hello()，将 person _ names 列表传递给 names，再依次遍历打印：

```
Hello! Jia!
Hello! He!
Hello! Jiang!
```

## 5.4　返回值

在以后的编程学习中，大多数情况下我们并不会把函数只是用来输出，更多情况下会使用函数进行数据处理，并返回给需要的程序，这里返回的数据称为返回值。return 语句就是用来返回值的，它可以返回一个式子。

在函数中不仅可以返回简单值（数字、字符串等），还可以返回一些复杂的数据结构。在很多情况下，我们会要求返回列表和字典等。

例如，下面函数功能是根据人名打招呼：

```
def hello(name):
    hello _ str="Hello!"+name
    return hello _ str
name1="Jia"
print(hello(name1))
```

函数 hello()是接收姓名，然后将字符串"hello!"和姓名连接，最后把连接后的字符串赋予新的字符串"hello _ str"，最后通过 renturn 语句返回新的字符串。调用时我们使用了"name1"作为实参传递给函数，最后打印出返回的新的字符串：

```
Hello! Jia
```

下面我们看看函数返回复杂一点的数据结构。

例如，下面函数功能是传入三个变量，传入姓名、年龄和性别，函数最后返回一个字典：

```
def intro _ myself(name, age, sex):
```

```
        myself={"name":name, "age":age, "sex":sex}
        return myself
    my=intro_myself("Jiang",18,"boy")
    print(my)
```

函数 intro _ myself()会接收三个参数，分别是"name"，"age"和"sex"，在函数内会自动构建一个字典，并作为返回值返回。在 my=intro _ myself("Jiang",18,"boy")这一行代码中，我们分别将"Jiang",18,"boy"作为实参赋予函数，函数处理后返回一个字典并赋值给变量"my"，最后打印可以看到是一个字典：

{'name':'Jiang', 'age':18, 'sex':'boy'}

## 5.5 命名空间和作用域

### 5.5.1 作用域

命名空间是名字和对象的映射，各个命名空间之间相互独立。在 Python 程序中创建、改变、查找变量名时，都是在一个保存变量名的空间中进行，我们称之为命名空间，也被称为作用域。

Python 程序有各种各样的命名空间。每个程序的主要部分定义了全局作用域，在这个全局作用域中的变量是全局变量。除了全局作用域外，每个函数调用还会创建一个局部作用域。在 Python 中并不是所有的语句块中都会产生作用域。只有当变量在 Module（模块）、Class（类）、def（函数）中定义的时候，才会有作用域的概念。在 if－elif－else、for－else、while、try－except\try－finally 等关键字的语句块中并不会产生作用域。

Python 的作用域是静态的，在源代码中变量名被赋值的位置决定了该变量能被访问的范围。在作用域中定义的变量一般只在作用域中有效。

### 5.5.2 作用域的类型

在 Python 中，使用一个变量时并不严格要求预先声明它，但是在真正使用它之前，它必须被绑定到某个内存对象（被定义、赋值）；这种变量名的绑定将在当前作用域中引入新的变量，同时屏蔽外层作用域中的同名变量。

(1) L（local）局部作用域。

局部变量：包含在 def 关键字定义的语句块中，即在函数中定义的变量。每当函数被调用时都会创建一个新的局部作用域。Python 中也有递归，即自己调用自己，每次调用都会创建一个新的局部命名空间。

在函数内部的变量声明，除非特别地声明为全局变量，否则均默认为局部变量。有些情况需要在函数内部定义全局变量，这时可以使用 global 关键字来声明变量的作用域为全局。

(2) E (enclosing) 嵌套作用域。

E也包含在def关键字中，E和L是相对的，E相对于更上层的函数而言也是L。与L的区别在于，对一个函数而言，L是定义在此函数内部的局部作用域，而E是定义在此函数的上一层父级函数的局部作用域。主要是为了实现Python的闭包而增加的实现。

(3) G (global) 全局作用域。

在模块层次中定义的变量，每一个模块都是一个全局作用域。也就是说，在模块文件顶层声明的变量具有全局作用域，从外部来看，模块的全局变量就是一个模块对象的属性。

注意：全局作用域的作用范围仅限于单个模块文件内。

(4) B (built-in) 内置作用域。

系统内固定模块里定义的变量，如预定义在builtin模块内的变量。

### 5.5.3 变量名解析法则

搜索变量名的优先级：局部作用域>嵌套作用域>全局作用域>内置作用域。

LEGB法则：当在函数中使用未确定的变量名时，Python会按照优先级依次搜索4个作用域，以此来确定该变量名的意义。在第一处找到的地方停止。如果没有找到，则会发出NameError错误。

## 5.6 生成器

生成器是一个特殊的程序。它采用一边循环一边计算的机制，通过控制循环的迭代行为来创建Python序列。它按照某种算法在循环的过程中不断推算出后续的元素，不需要在内存中创建和存储整个序列，从而节省大量的空间。

本质上生成器是一种使用普通函数语法定义的迭代器。它被调用时不会执行函数体内的代码，而是返回一个迭代器。

每次请求值时，都将执行生成器的代码，直到遇到yield或return。yield意味着应生成一个值，每次调用yield会暂停，可以使用next()函数和send()函数恢复生成器。return意味着生成器应停止执行（即不再生成值，仅当在生成器调用return时，才能不提供任何参数）。

### 5.6.1 创建生成器

生成器由两个单独的部分组成：生成器的函数和生成器的迭代器。生成器的函数是由def语句定义的，其中包含yield。生成器的迭代器是这个函数返回的结果。用不太准确的话来说，这两个实体通常被视为一个，通称生成器。

生成器类似于返回值为列表的一个函数，这个函数可以接受参数，可以被调用，它的返回值使用yield语句声明而不是return。不同于一般的函数会一次性返回包括了所有数值的列表，生成器一次只能产生一个值。每次迭代生成器时，它会记录上一次调用的位置，并且返回下一个值。例如：

```
def s_generator():
    yield 1
print(s_generator)
print(s_generator())
```

输出以下结果：

```
<function s_generator at 0x0000000001D3C1E0>
<generator object s_generator at 0x0000000002759A98>
```

### 5.6.2 使用生成器

（1）整体输出。

使用 print 函数输出全部值。

```
def generator_ex():
    for x in range(5):
        yield x*2
print(list(generator_ex()))
```

最后得到输出结果：

```
[0, 2, 4, 6, 8]
```

（2）迭代输出。

使用 next 函数进行迭代输出。

```
def generator_ex():
    for x in range(5):
        yield x*2
g=generator_ex()
print(next(g))
print(next(g))
print(next(g))
print(next(g))
print(next(g))
print(next(g))
```

每次调用 next 函数，都会计算出它的下一个元素的值，直到计算出最后一个元素，没有更多的元素时，抛出 StopIteration 的错误（注意输出会报错）：

```
0
2
4
```

```
6
8
StopIteration
```

还可以使用 for 循环进行迭代输出，并且不需要关心 StopIteration 的错误。

```
def generator_ex():
    for x in range(5):
        yield x*2
for i in generator_ex():
print(i)
```

得到以下输出：

```
0
2
4
6
8
```

### 5.6.3　生成器推导式

在 Python 2.4 中，引入了生成器推导（也称为生成器表达式）。其工作原理与列表推导相同，它返回一个生成器。

### 5.6.4　生成器方法

（1）send 方法。

send 方法是在生成器开始运行后生成器和外部之间的通信渠道。外部世界使用 send 方法为生成器提供一个参数，该参数指定的是上一次被挂起的 yield 语句的返回值。当生成器重新运行时，yield 返回一个值（send 方法发送的值）。如果使用的是 next，yield 将返回 None。

send 方法和 next 方法唯一的区别是在执行 send 方法会首先把上一次挂起的 yield 语句的返回值通过参数设定，从而实现与生成器方法的交互。

```
def r(v):
    while True:
        new=(yield v)
        if new is not None:
            v=new
a=r(42)
print(next(a))
print(a.send("hello"))
```

注意：①仅当生成器被挂起（即遇到第一个 yield）后，使用 send（而不是 next）才有意义。要在此之前向生成器提供信息，可使用生成器的函数的参数。②如果一定要在生成器刚启动时对其调用方法 send，可向它传递参数 None。代码结果如下：

```
42
Hello
```

（2）throw 方法。

throw 方法用于在生成器中（yield 表达式处）引发异常，调用时可提供一个异常类型、一个可选值和一个 traceback 对象。

```
def dog():
    print("汪汪")
    while True:
        try:
            food=(yield)
            if food is not None:
                if food=="":
                    yield "我需要吃东西"
                elif food=="骨头":
                    yield "谢谢"
                else:
                    yield "我要吃骨头"
            else:
                yield "不要不理我"
        except ValueError:
            yield "我生病了"

d=dog()
next(d)
print(d.send("骨头"))
print(d.throw(ValueError))
```

得到以下结果：

```
汪汪
谢谢
我生病了
```

（3）close 方法。

close 方法用于停止生成器，调用时无须提供任何参数。它是基于异常的：在 yied 处引发 Generatorexit 异常。因此，如果要在生成器中提供一些清理代码，可将 yield 放在一条 try/finally 语句中。如果愿意，也可捕获 Generatorexit 异常，但随后必须重新引发它

（可能在清理后）或直接返回。

## 5.7 模块和 import 语句

Python 模块（Module）是一个 Python 文件，以.py 结尾，包含了 Python 对象定义和 Python 语句。模块能定义函数、类和变量，模块里也能包含可执行的代码。把相关的代码分配到一个模块中，能让代码更好用、更易懂、更有逻辑。

### 5.7.1 模块导入

通过导入模块我们可以将一个个独立的程序功能组合成一个复杂的系统。在 Python 模块库中有着大量的模块可供使用，要想使用这些文件，需要用 import 语句把指定模块导入到当前程序中。

import 语句的作用就是用来导入模块的，它可以出现在程序中的任何位置。

（1）import 语句语法。

我们使用 import 导入模块，再以 module.function 的方式使用模块中的函数。

import 语句语法如下：

import module（模块名）

代码为：

```
import math
print(math.floor(4.6))
```

运行输出结果：

```
4
```

（2）import as 语句。

有时候需要导入的模块或是模块属性的名称已经在用户的程序中使用了，需要重新定义模块的名字替换模块的原始名称。一个普遍的解决方案是使用 import as 语句，例如以下代码：

```
import math as a
print(a.floor(4.6))
```

得到的结果依然为：

```
4
```

（3）from import 语句。

可以只导入指定的模块属性，也就是把指定名称导入到当前作用域。使用 from…import…时，可以直接使用模块内的属性和方法，不需要加模块名进行限定，如下面导入 pi：

```
from math import pi
```

```
print(pi)
```

运行输出结果：

```
3.141592653589793
```

（4）只导入一次。

导入模块时，会执行其中的代码，但如果再次导入它什么事情都不会发生。只导入一次主要用于解决两个模块因为彼此导入对方所出现的导入循环问题。

### 5.7.2 模块搜索路径

Python 使用 sys 模块 path 变量中存储的目录列表寻找模块。用户可以读取和修改这个列表。

## 5.8 包

为了组织好模块，会将多个模块分为包。Python 处理包也是相当方便的。简单来说，包就是文件夹，但该文件夹下必须存在 _ _ init _ _ . py 文件。

包的导入仍使用 import，from…import 语句。

模糊导入使用 from…import ＊语句。其中＊指定的模块是由 _ _ init _ _ . py 文件中的 _ _ all _ _ 变量来定义的。

## 5.9 Python 标准库

Python 的标准库提供的组件涉及范围十分广泛，这些模块可以执行很多有用的任务。这个库包含了多个内置模块（以 C 编写），Python 程序员必须依靠它们来实现系统级功能，例如文件 I/O，此外还有大量以 Python 编写的模块，提供了日常编程中许多问题的标准解决方案。

本节讨论一些常用的标准模块。在这个标准库以外还存在成千上万并且不断增加的其他组件（从单独的程序、模块、软件包直到完整的应用开发框架）。

### 5.9.1 sys

模块 sys 让用户能够访问与 Python 解释器紧密相关的变量和函数。

（1）变量 sys. argv。

获取程序外部向程序传递的参数。

（2）函数 sys. exit。

退出当前程序。

可以向它提供一个整数，指出程序是否成功，这是一种 UNIX 约定。在大多数情况下，使用该参数的默认值（0，表示成功）即可。也可以向它提供一个字符串，这个字符串将成为错误消息。在这种情况下，程序退出时将显示指定的错误消息以及一个表示失败的编码。

（3）变量 sys. stdin，sys. stdout 和 sys. stderr。

这是类似于文件的流对象，表示标准的 UNIX 概念：标准输入、标准输出和标准错误。

### 5.9.2 os

模块 os 让用户能够访问多个操作系统服务。

（1）映射 os. environ。

包含本章前面介绍的环境变量。

（2）函数 os. system。

用于运行外部程序。还有其他用于执行外部程序的函数，如 execv 和 popen。前者退出 Python 解释器，并将控制权交给被执行的程序，而后者创建一个到程序的连接（这个连接类似于文件）。

（3）变量 os. sep。

用于路径名中的分隔符。

（4）变量 os. linesep。

用于文本文件中的行分隔符。

（5）函数 urandom。

使用随系统而异的"真正"（至少是强加密）随机源。如果平台没有提供这样的随机源，将引发 Notimplementederror 异常。

## 习 题

1. 编写程序，用户输入一个三位以上的整数，输出其百位上的数字，例如用户输入1234，则程序输出 12，如果用户输入的不是数字，则抛出异常，输出 you must input an integer，如果输入的数字少于 3 位，则提示 you must input an integer of more than 3 digits。

2. 企业发放的奖金根据利润提成。

利润（I）低于或等于 10 万元时，奖金可提 10%；利润高于 10 万元、低于 20 万元时，低于 10 万元的部分按 10%提成，高于 10 万元的部分可提成 7.5%；20 万到 40 万之间时，高于 20 万元的部分可提成 5%；40 万到 60 万之间时，高于 40 万元的部分可提成 3%；60 万到 100 万之间时，高于 60 万元的部分可提成 1.5%；高于 100 万元时，超过 100 万元的部分按 1%提成。

从键盘输入当月利润 I，求应发放奖金总数。

例如：

输入 1000，输出 bonus=100.0

输入 23888，输出 bonus=2388.8

3. 计算星期日：

* 1900 年 1 月 1 日是一个星期一。

请编程计算在 20 世纪（1901 年 1 月 1 日至 2000 年 12 月 31 日）有多少个星期日落在每个月的第一天。

4. 求恺撒密码。

恺撒密码的加密方法是：每当你想要加密一段文字时，你需要选择一个移位值 S，它是一个 0 到 25 之间的整数。然后，你把文字中的每一个字母用 S 个位置之后的字母替换（假设 S=1，那么 A 就用 B 替换）。如果位置超过了 Z，那么就要从 A 开始继续数。

例如，密文：Ifsf up tubz，移位值 S=25，输出的明文为：Here to stay。

程序要求第一行输入一段明文，下一行输入一个移位值，输出相应的恺撒密码。

5. 斐波那契序列：斐波那契序列开始是 1，1，2，3，5，8，…前两个数字之后，序列中的每个数字都是前两个数之和。编写一个程序，计算并输出第 n 个斐波那契数，其中 n 是用户输入的值。

6. 螺旋数字和：

从数字 1 开始，以顺时针方向向右移动，形成 5×5 螺旋，如下所示：

21 22 23 24 25

20 7 8 9 10

19 6 1 2 11

18 5 4 3 12

17 16 15 14 13

可以证明对角线上的数字之和是 101。

以同样的方式形成的 1001 乘 1001 螺旋中对角线上的数字之和是多少？

7. 两点的距离：

编写一个 square 函数求平方，然后我们用 square 函数来写另一个函数，找到两点之间的距离。保留两位小数。

输入：3 2 4 3（分别表示 x1，y1，x2，y2）

输出：dist：1.41

8. 参数修改：

编写一个函数，自动将利息添加到账户余额。该函数的目的是将账户的余额设置为已按照利息金额更新的值。

输入：12 0.5

输出：dist：18.0

9. 斐波那契序列由递归关系定义：f _ n=f _ {n−1}+f _ {n−1}，其中 f _ 1=1，f _ 2=1。原来，包含 113 位数字的 f541 是最后 9 位数字为 1~9 个全数字（包含所有数字 1 到 9，但不一定按顺序）的第一个斐波那契数字。而包含 575 位数字的 f _ {2749}是第一个斐波那契数字，前 9 位数字是 1~9 全数字。

考虑到 f _ k 是第一个斐波那契数字，前 9 位数字和最后 9 位数字是 1~9 全数字，请找到 k。

10. 找数字：可以看出，数字 125874 及其两倍 251748，包含完全相同的数字，但在不同的顺序。查找最小正整数 x，例如 2x、3x、4x、5x 和 6x 包含相同的数字。

11. 质因数分解：将一个正整数分解质因数。例如，输入 90，打印出 90=2*3*3*5。

12. 统计字符个数：输入一行字符，分别统计出其中英文字母、空格、数字和其他字符的个数。

13. 放苹果：把 M 个同样的苹果放在 N 个同样的盘子里，允许有的盘子空着不放，问共有多少种不同的分法？（用 K 表示）5，1，1 和 1，5，1 是同一种分法。

输入描述：每行均包含二个整数 M 和 N，以空格分开。1<=M，N<=10。

输出描述：对输入的每组数据 M 和 N，用一行输出相应的 K。

14. 矩形覆盖：

我们可以用 2*1 的小矩形横着或者竖着去覆盖更大的矩形。请问用 n 个 2*1 的小矩形无重叠地覆盖一个 2*n 的大矩形，总共有多少种方法？

15. 查找字符串：

输入两个字符串 A 和 B，判断 B 是否是 A 的子串，输出 True 或者 False。

# 第 6 章　面向对象

## 6.1　什么是对象

在 Python 中，数据是存储在对象模型中的，我们平时构造任何类型的值其实都是对象。Python 里所有数据——布尔值、整数、浮点数、字符串，甚至大型数据结构、函数以及程序都是以对象（object）的形式存在的。

在 Python 中，一切皆对象。对象就像生活中的一个容器，里面装的是数据（变量或者代码块）。通过前几章的学习我们知道，在 Python 中有很多数据类型，例如，整型数据，我们可以对它进行加、减、乘、除等运算操作；字符串数据，我们可以对它们进行拼接、反转等操作。对象也是如此，对象有不同类型，类型决定了我们可以对它进行的操作，例如，一个类型为 float 的对象可以和另一个 float 对象进行加法运算。

对象中存放的数据可以是变量，也可以是常量，变量可以被修改，常量不可被修改。需要注意的是，用户不能修改一个已有对象的类型，即使对象里面存放的值是可变的，因为 Python 是强类型的。

**例 6.1**　对象属性

对象里面存储的数据可以是变量（也称作属性）或者一些能执行某个功能的代码块（也称作方法）。在 Python 中，我们用“=”来给一个变量赋值。

例如下面代码的操作：将 15 赋值给变量 a，这样就创建了一个包含整数 15 的对象，打印出变量 a 的值。

```
a=15
print(a)
```

输出结果：15

**例 6.2**　对象的类型

在 Python 中，我们知道对象有各种各样的类型，如整型、字符型、布尔类型等，那么，我们要想知道某个对象的类型该怎么办呢？Python 中 type()函数就可以帮我们解决这个问题。试一下用 type()函数对不同的变量（name、age）或者字面值（88.5、56）进行如下操作：

```
name="Tom"
```

```
print(type(name))
输出结果:<type 'str'>

age=18
print(type(age))
输出结果:<type 'int'>

print(type(88.5))
输出结果:<type 'float'>

print(type(56))
输出结果:<type 'int'>
```

## 6.2　类

类（class）是一种数据结构，前一节我们把对象比作一个容器，那类就好比我们制作容器的一个模具。例如，Python 中的 String 类就可以创建如'dog'和'cat'这样的字符串对象。当你创建了一个类，实际你也就创建了一个自己的数据类型。除了像 String 一样的内置类，Python 中还有许多用来创建其他标准数据类型的类，包括字典、列表等。我们可以用类来定义对象，把数据值和行为特性融合起来。

在 Python 中，类声明和函数声明类似，第一行用一个关键字 class，接下来是一个类自定义的代码体，如下所示：

```
class ClassName(object):
    Class_suite
```

ClassName 是我们定义的类名，紧跟在 class 之后，类名通常是大写字母开头的单词，紧接着是（object），表示该类是从哪个类继承下来的，继承的概念我们后面再讲。如果没有合适的继承类，就使用 object 类，这是所有的类最后都会继承的类。Class_suite 代表在类下面定义的代码体。面向对象最重要的概念就是类（Class）和实例（Instance），必须牢记类是抽象的模板，而实例则是根据类创建出来的一个个具体的“对象”，比如 Student 类，通过 Student 类创建出来的一个个具体的“对象”就相当于一个个学生。这个类中每个对象都拥有相同的方法，但各自的数据可能不同。

例如，我们创建简单的 Student 类：

```
class Student(object):
    pass
```

pass 代表这个类是一个空类。通过前几章的学习，我们可以通过函数名来调用函数，这里我们也可以通过类名来创建一个学生对象。

```
stu=Student()
```

在这个例子中，Student()创建了一个 Student 类的对象，并给它赋值 stu 这个变量。

stu 就是我们根据 Student 类创建出来的对象，我们也可以把它称作根据 Student 类创建出来的实例变量。但是，由于我们的 Student 类是空的，所以由它创建的对象 stu 实际上什么也做不了。

我们可以任意给一个实例变量绑定属性，比如，给实例 stu 绑定一个 name 属性，我们执行如下代码系统会看到输出结果：

```
stu.name="Tom"
print(stu.name)
```

输出结果：Tom

由于类可以起到模板的作用，因此，可以在创建实例的时候，把一些我们认为必须绑定的属性强制填写进去。通过定义一个特殊的 _ _init_ _方法，在创建实例的时候，就把 name，score 等属性绑上去，重新定义一下我们的 Student 类：

```
class Student(object):
        def __init__(self,name,score):
                self.name=name
                self.score=score
```

现在，用 Student 类创建一个对象，为 name 和 score 特性传递一个字符串参数：

```
stu=Student('Tom',45)
print(stu.name,stu.score)
```

输出结果：Tom 45

通过上述两行代码，我们的 Python 解释器其实做了很多工作：通过 Student 类的定义创建了一个新的学生对象 stu，调用 stu 对象的 _ _init_ _方法，将这个新创建的对象作为 self 传入，并将另一个参数（'Tom'，45）作为 name 和 age 传入，分别将 name 和 age 的值存放在对象 stu 里面，返回一个带有 name 和 age 属性的新对象，最后通过对象的名字去查找关联的属性值并打印输出。

我们可以直接用 self.name 和 self.age 分别访问 name 和 age 的属性值，当我们创建一个实际的对象时，我们就通过如下方式去访问属性值：

对象名.属性名

注意：特殊方法“_ _init_ _”前后分别有两个下划线。

_ _init_ _方法的第一个参数永远是 self，表示创建的实例本身，因此，在_ _init_ _方法内部，就可以把各种属性绑定到 self，因为 self 就指向创建的实例本身。

有了_ _init_ _方法，在创建实例的时候，就不能传入空的参数了，必须传入与_ _init_ _方法匹配的参数，但 self 不需要传，Python 解释器自己会把实例变量传进去。类的定义不一定都要使用_ _init_ _ 方法。只有当需要区分由该类创建的不同对象时，才需要指定 _ _init_ _方法。

## 6.3 继承

在 Python 中，我们可以利用已有的类去实现大部分功能，例如 String 类，用它生成很多我们需要的字符串对象，当我们需要这些类去实现其他功能的时候，可能要在这些类上进行修改，但是这样做的后果就是代码会变得更加复杂且可能失去这个类原有的功能。更好的解决方法是利用类的继承：从已有类中衍生出新的类，添加或修改部分功能。“虎父无犬子”就说明了继承的重要性。

定义一个新类的时候，如果可以继承一个现有的、设计优异的类，再进行二次开发，不仅可以减少开发工作量，而且能够保证代码质量。我们把现有的、设计优异的类称为父类或者基类，例如我们前几节提到过的object类，新设计的类称为子类或者派生类。

现在我们来尝试一下利用继承定义类。

我们先定义一个类Animal，有一个run()方法可以直接打印：

```
class Animal(object):
    def run(self):
        print('animal is running...')
```

当我们需要编写Dog和Cat类时，我们就可以直接从Animal类继承：

```
class Dog(Animal):
    pass
class Cat(Animal):
    pass
```

经过如上代码，Animal就是Dog类的父类，Dog就是Animal的子类，当然，Cat类似。新定义的类要继承原有的类Animal，只需要在类名后面的括号中写上父类的类名，这样定义的新类就实现子类对父类的继承，因此Dog和Cat类虽然没有写run()方法，但是由于它们继承了父类Animal，所以它们就拥有了父类的run()方法。

接下来为每个类创建一个实例对象：

```
dog_one=Dog()
cat_one=Cat()
```

此时，dog_one就是我们根据类Dog生成的一个对象，就相当于一只小狗，它能完成类Dog能做的所有事情，由于Dog类的父类是Animal类，因此dog_one同时继承了Animal的方法，此时dog_one这个对象也具有Animal类中的run()方法。cat_one对象也是如此，下面我们通过刚定义的这两个对象去访问run()方法，验证一下是否可行：

```
dog_one.run()
cat_one.run()
```

输出结果：

```
animal is running...
animal is running...
```

通过上述代码输出结果，当子类需要使用父类的方法时，不需要任何操作即可调用父类的run()方法，子类继承父类，即继承了父类原有的方法。那么，是不是父类所有的方法都可以被继承呢？我们将会在接下来的章节为大家解开谜团。

## 6.4 方法

### 6.4.1 方法的覆盖

通过 6.3 节的学习，我们知道了新创建的子类会自动继承父类的所有信息。下面我们试着改写一下 6.3 节的两个子类的定义：

```
class Dog(Animal):
    def run(slef):
        print("a dog")
class Cat(Animal):
    def run(slef):
        print("a cat")
```

此时，我们的 Dog 类和 Cat 类都具有一个自己的 run()方法，接着写完下面的代码运行看看结果如何：

```
dog _ one=Dog()
cat _ one=Cat()
dog _ one. run()
cat _ one. run()
```

输出结果：

```
a dog
a cat
```

通过结果我们可以看出，Dog 类和 Cat 类的对象创建了以后，执行的是它们自己所属类的 run()方法，并没有去执行父类 Animal 的 run()方法，我们把这种现象叫作方法的覆盖。试一下如下代码：

先创建三个类：

```
class Animal(object):
    def init(self, name):
        self. name=name
        print(self. name)

class Dog(Animal):
    def init(self,name):
        self. name="dog:"+name
        print(self. name)

class Cat(Animal):
```

```
    def init(self,name):
        self.name="Cat:"+name
        print(self.name)
```

利用建的类去定义三个对象，并利用对象去调用各自的 _ _ init _ _ 方法：

```
animal=Animal()
dog_one=Dog()
cat_one=Cat()
animal.init("豆豆")
dog_one.init("豆豆")
cat_one.init("豆豆")
```

输出结果：

```
豆豆
dog：豆豆
Cat：豆豆
```

从输出结果我们可以看出，虽然我们传给三个类对象的 name 属性都一样，但是存放在对象里面的 name 特性却不一样，一个是 Dog 类，一个是 Cat 类，当然还有父类的 Animal 类。在类的继承中，子类可以覆盖任何父类的方法。

### 6.4.2　方法的添加

通过 6.4.1 的学习，我们知道了子类可以继承父类的方法，也可以覆盖父类的方法，那么子类能够自己定义新方法吗？答案是肯定的，在 Python 中，子类可以添加父类没有的方法，我们看一看如下的代码。

首先我们定义两个类：Animal 类和 Dog 类，Dog 类继承了 Animal 类，Dog 类自己定义了一个新方法 claim()：

```
class Animal(object):
    def run(self):
        print("Animal is running...")

class Dog(Animal):
    def claim(self):
        print("I am a dog")
```

然后我们利用 Dog 类生成一个对象 dog _ one，并利用这个对象调用 claim()方法：

```
dog_one=Dog()
dog_one.claim()
```

输出结果：I am a dog

我们可以看到 Dog 类作为 Animal 类的子类，它可以自己定义属于本类的新方法，也可以继承父类原有的方法，我们在实际编程中，可以根据需要定义新方法或者去继承那些已有的、良好的类中的方法，在简化代码的同时提高代码编写的质量。

### 6.4.3 super 的使用

在 Python 中，当子类需要调用父类的方法时就可以用 super()进行操作。我们还是利用前几节中的动物例子，下面我们通过代码来看一下 super()的使用。

首先，依旧是定义两个类：Dog 类继承 Anima 类，两个类中都定义了 __init__ 方法，只不过参数的个数不一样：

```
class Animal():
    def __init__(self,action):
        self.action=action

class Dog(Animal):
    def __init__(self,action,name):
        super().__init__(action)
        self.name=name
```

接下来，我们利用 Dog 类生成一个对象，并给这个对象传递 action 和 name 这两个属性值：

```
dog_one=Dog('running','dog')
```

最后，我们利用 dog_one 这个对象去访问 action 和 name 的属性值：

```
print(dog_one.action)
print(dog_one.name)
```

输出结果：

```
running
dog
```

经过以上的代码学习，我们可以看到在子类中 super()方法先获取父类 Animal 原有的定义，子类利用 __init__()方法去调用父类 Animal.__init__()方法，此时，父类就会接收到子类自动传过来的 self 参数，但是我们的例子中父类需要子类传送的参数只有 action 这个参数，而 name 是子类自己独有的参数。当我们定义好子类对象时，它可以访问 action 和 name 两个属性。

super()这个帮助子类调用父类的方法，就像父类和子类之间的纽带，当父类发生改变的时候，子类也会随之改变，这样就不需要我们在子类上一个一个地去修改。

### 6.4.4 方法的类型

根据方法所属不同，我们将方法分为类方法和实例方法。属于类本身一部分的方法称为类方法，属于类创建的实例的一部分的方法称为实例方法。

(1) 实例方法。

在 Python 中第一个参数为 self 的方法都是实例方法，当它被调用的时候，该方法的对象会被当作 self 参数传入。

(2) 类方法。

类方法的作用域是整个类，类方法第一个参数 cls 是类本身，用前缀修饰符@classmethod修饰。我们可以直接通过类名去调用类方法。

类方法中还有一种称为静态方法，它不需要和前两种方法一样需要 self 和 cls 作为参数，用前缀修饰符@staticmethod 修饰，我们可以直接使用类名去调用静态方法。

下面我们通过代码来看一下这几种方法的使用。

首先定义类 Compute，里面包含 __init__()方法、实例方法 claim()、类方法 call()、静态方法 stcall()。

```
class Compute():
    total=0
    def __init__(self):
        Compute.total=2
    def claim(self):
        print("I am instance method")
    @classmethod
    def call(cls):
        print("I am class method",cls.total)
    @staticmethod
    def stCall():
        print("I am static method")
```

接着我们定义一个属于类 Compute 的对象 x，利用类的特性去访问各个方法的属性：

```
x=Compute()
print(Compute.total)
x.claim()
Compute.call()
Compute.stCall()
```

输出结果：

```
2
I am instance method
I am class method 2
I am static method
```

通过以上代码可以看出，由于 total 变量属于类本身一部分，而不是属于各个方法，我们可以直接通过 Compute. total 访问其属性值。由于 claim()方法属于实例方法，我们只能通过类定义的对象去调用它，但是 call()与 stCall()都是类方法，我们可以直接通过“类名．方法名”去调用。我们代码中的 cls. total 其实就相当于 Compute. total，我们可以不用定义任何对象就可以直接像这样使用类方法和类属性。

### 6.4.5 构造方法 _ _ init _ _()的使用

前几节中我们已经尝试着去使用 _ _ init _ _ 方法，在 Python 中，_ _ init _ _ 方法是一种特殊的方法，方法名的开始和结束都是双下划线，该方法称为构造方法，也叫构造函数，用于设置属性的初始值，只要创建类的实例，构造方法就会自动执行。构造函数的语法格式如下：

```
def __init__():
    函数体
```

构造函数举例：

```
class Animal():
    def __init__(self):
        print("我是__init__方法")
    def run(self):
        print("我是方法")
a=Animal()
a.run()
```

输出结果：

```
我是__init__方法
我是 run 方法
```

我们看到只要创建了 Animal 类的实例对象 a，构造方法就自动执行了。

提示：_ _ init _ _ 方法可有可无，但是子类一旦定义，就必须显示调用父类的 _ _ init _ _ 方法。

## 6.5 组合

当我们定义一个类以后，并不是单一地使用它，我们还要把它创建的实例融入其他类中，与不同数据类型的对象一起使用，不断地将它们嵌入到新的代码里面，通常情况下我们把类当成一个模块来使用。使用组合（composition）或聚合（aggregation）就可以让不同的类混合并加入其他类中，来增加功能和代码的复用率。用户可以在一个比较大的类中创建一个新类的实例，实现一些其他属性和方法来对原来的类功能进行增强。用户也可以通过派生的方法来使用类，我们将在下一节中讨论派生。

举例：

```
class Teacher():
    def __init__(self, action):
        self.action=action

class Doctor():
    def __init__(self, career):
        self.career=career

class Worker():
    def __init__(self, teacher, doctor):
        self.teacher=teacher
        self.doctor=doctor
    def about(self):
        print(teacher.action)
        print(doctor.career)
teacher=Teacher('老师给学生传授知识')
doctor=Doctor('医生为病人看病')
worker=Worker(teacher, doctor)
worker.about()
```

输出结果：

```
老师给学生传授知识
医生为病人看病
```

以上代码我们首先定义了 Teacher 类、Doctor 类以及 Worker 类三个类，老师和医生也相当于工人类，只不过做的事不一样，当我们在 Worker 类中需要用到 Teacher 和 Doctor 的实例对象的时候，我们其实就是直接把他们对应的对象 teacher 和 doctor 通过 Worker（teacher，doctor）传递到 Worker 类中去，我们并不需要在 Worker 类中去重新定义 Teacher 和 Doctor 这两个类，因此 Worker 类就成了它自己和其他类的组合，这样就节省了编码的时间和精力，而且最后的结果是易于维护的代码，这就是使用组合的优点。

## 6.6　子类和派生

通过 6.5 节的学习我们知道使用组合可以将类与类进行组合，和其他数据类型及逻辑执行流混合使用。组合可以让那些小类成为大类更好的组成部分，但是如果我们要在相同的类中去实现不同的功能，我们就需要用到派生。

在学习继承的时候我们有提到过子类和父类，回顾之前的代码：

```
class Animal(object):
    def run(self):
        print("animal is running...")
class Dog(Animal):
    def run(slef):
        print("a dog")
class Cat(Animal):
    def run(slef):
        print("a cat")
```

Animal 类就是 Dog 类和 Cat 类的父类，Dog 类和 Cat 类都是属于 Animal 类的子类，子类的定义和我们的类定义语法一样，都是用关键字 class，语法为：

```
class 类名（父类类名 1，父类类名 2，…，父类类名 n)：
    代码体
```

在 Python 中，一个类可以继承来自一个或多个父类。原始类称为基类或超类。通过继承我们可以在一个已有的、良好的类的基础上建立新类，被继承的类称为父类，在父类上建立的子类称为派生类，派生就是子类在继承父类的基础上衍生出新的属性。我们可以说 Dog 类和 Cat 类都继承于 Animal 类，反过来也可以说 Animal 类派生出 Dog 类和 Cat 类两个子类。

## 6.7 私有化

在 Python 中，通常情况下属性都是"public"，也就是公有的，类所在模块和导入了类所在模块的其他模块的代码都可以访问到这些属性。但是并不是所有的属性我们都可以去访问，它们好像被隐藏了起来，这些我们称为私有化的属性。

Python 为类元素（属性和方法）的私有性提供初步的形式，我们用 x 代表变量名或方法名：

（1）x：表示公有变量（或方法）。

（2）_x：单前置下划线，表示私有化属性或方法。

（3）__x：双前置下划线，避免与子类中的属性命名冲突，无法在外部直接访问。

（4）__x__：双前后置下划线，用户名字空间的魔法对象或属性。例如，__init__。

（5）x_：单后置下划线，用于避免与 Python 关键词的冲突。

公有方法和私有方法一般指的是属于对象的方法，私有方法的名字以两个下划线__开始。每个对象都拥有自己的公有方法和私有方法，在这两类方法中都可以访问属于类和对象的成员；公有方法可以直接通过对象名调用，私有方法不能通过对象名直接调用，只能在实例方法中通过 self 调用或在外部通过 Python 支持的特殊方法调用。

尽管 Python 没有在语法上把 private，protected，friend 或 protected friend 等特征内建于语言中，但是可以按照用户的需要严格地定制访问权。

## 习　题

1. 内建函数 type()做什么？type()返回的对象是什么？

2. 你认为 type(a)==type(b)和 type(a)is type(b)之间的不同是什么？为什么会选择后者？函数 isinstance () 与这有什么关系？

3. 简单叙述一下类和实例对象的区别。

4. 为什么有的类要写 __init__ 方法？它的作用是什么？

5. 怎样定义一个类的超类？

6. 查看整数 3 和字符串'hello'的对象类型，打印输出查看的结果。

7. 创建一个名为 Thing 的空类并将其打印出来。

8. 创建一个新的类 Thing2，将'abc'赋值给类特性 letters，打印 letters。

9. 定义一个学生类。有下面的类属性：

(1) 姓名。

(2) 年龄。

(3) 成绩（语文，数学，英语）[每科成绩的类型为整数]。

类方法：

(1) 获取学生的姓名。get_name()返回类型：str。

(2) 获取学生的年龄。get_age()返回类型：int。

(3) 返回 3 门科目中最高的分数。get_course()返回类型：int。

写好类以后，可以定义 2 个同学测试一下：

zm=Student('zhangming',20,[69,88,100])

返回结果：

zhangming

20

100

10. 编写一个函数，判断用户传入的对象（字符串、列表、元组）长度是否大于 5。如果大于 5，则输出对象长度；否则，输出"NO"。

11. 编写一个 person 类，包含属性姓名、工作和工资，并输入"Sue Jones","dev",100000 进行验证。

12. 创建一个名为 Element 的类，它包含实例特性 name、symbol 和 number。使用'Hydrogen'、'H'和 1 实例化一个对象，打印输出该对象的 name 属性。

13. 创建一个字典，包含这些键值对：'name'：'Hydrogen'、'symbol'：'H'和'number'：1。然后用这个字典实例化 Element 类的对象 hydrogen，打印输出该对象的 name 属性值。

14. 定义三个类 Laser、Claw 以及 SmartPhone。每个类都仅有一个方法 does()，分

别返回 'disintegrate'（Laser）、'crush'（Claw）以及'ring'（SmartPhone）。接着，定义 Robot 类，包含上述三个类的实例（对象）各一个。给 Robot 定义 does()方法用于输出它各部分的功能。

15. 定义一个列表的操作类：Listinfo。实现一个方法，列表元素取值 get _ kye (umn)［num：整数类型］。要求初始化列表为［123，456，'aaa'，'qqq'］，输入 1，输出 456，当输入无效下标时，输出 error。

16. 定义一个列表的操作类：Listinfo。实现一个方法，删除并且返回最后一个元素：del _ key()。例如，输入［1，2，3］，输出 3。

# 第 7 章　字符编码与文件 i/o

## 7.1　字符编码

早先，Python 只能处理 8 位的 ASCII 值，字符串就是简单的数据类型，为了处理一个字符串，用户必须首先创建一个字符串，然后把它作为参数传给 string 模块的一个函数来处理。2000 年，Python 1.6（和 2.0）版释出，Unicode 第一次在 Python 里面得到了支持。随着信息技术的发展，字符编码常见的几种形式有 ASCII，UTF-8，Unicode 等。

（1）ASCII 编码。

我们知道计算机是以二进制方式存储信息。美国在 20 世纪 60 年代就指定了 ASCII 编码。ASCII 码使用指定的 7 位或 8 位二进制数组合来表示 128 或 256 种可能的字符。标准 ASCII 码也叫作基础 ASCII 码，使用 7 位二进制数（剩下的 1 位二进制为 0）来表示所有的大写和小写字母，数字 0 到 9、标点符号，以及在美式英语中使用的特殊控制字符。

（2）Unicode 编码。

在 Unicode 之前，用的都是 ASCII 编码，ASCII 编码比较简单。Unicode 通过使用一个或多个字节来表示一个字符的方法突破了 ASCII 的限制，在这种机制下，Unicode 可以表示超过 90000 个字符。Unicode 编码使得世界上每一个符号都有独一无二的编码方式，因此解决了乱码的问题，Unicode 编码的传输由 UTF-8 或者 UTF-16 规范决定。

（3）UTF 编码。

UTF-8 作为 Unicode 编码的实现方式之一，以 8 位（1 字节）表示英语，以 24 位（3 字节）表示中文及其他语言。

## 7.2　文件对象

文件对象不仅可以用来访问普通的磁盘文件，而且可以访问任何其他类型抽象层面上的“文件”。在实际编程中，用户会遇到很多处理“类文件”对象的情况。有很多这样的例子，例如实时“打开一个 URL”来读取 Web 页面，在另一个独立的进程中执行一个命令进行通信，就好像是两个同时打开的文件，一个用于读取，另一个用于写入。内建函数 open()返回一个文件对象（后面我们会提到），对该文件进行后继相关的操作都要用到它。还有大量的函数也会返回文件对象或是类文件（file-like）对象。进行这种抽象处理的主要原因是许多的输入\输出数据结构更趋向于使用通用的接口，这样就可以在程序行为和实现上保持一致性。甚至像 Unix 这样的操作系统也把文件作为通信的底层架构接口。注意，文件只是连续的字节序列，数据的传输经常会用到字节流，无论字节流是由单个字节还是大块数据组成的。

## 7.3 二进制文件操作

文本文件可存储的数据量多且类型多样，如天气数据、交通数据、社会经济数据等。当需要分析或修改存储在文件中的这些数据时，我们就需要对文件进行读取，再对数据进行分析。在计算机的日常使用中，用户可以列出文件夹或目录的内容、创建和删除文件，以及其他必要的整理工作。用户也可以创建自己的文件，在文件里面存储数据，当需要这些数据的时候再把这些数据拿出来使用，这就涉及文件的读写操作。学习好二进制文件的操作，可以决定什么时候在文件中存取数据，这会让程序使用起来更容易、更方便。

### 7.3.1 文件的读取

使用文本文件中的信息，首先需要将数据读取到计算机内存中。用户可以一次性读取文件的全部内容，也可以以每次一行的方式逐步读取。

**例 7.1** 读取整个文件。

首先，我们在电脑上创建一个 hello. txt 的文本文档，里面包含了三行数据，每一行都是一串字符数据：hello world，最后我们开始对这个文件进行读取操作，程序如下：

```
with open("E:\hello.txt")as f:
    contents=f.read()
    print(contents)
```

输出结果：

```
hello world
hello world
hello world
```

我们知道，使用文件的第一步是打开文件，其次才能对文件内容进行读取，最后再使用读取出来的数据。在上述代码中，函数 open()先将目标文件 hello. txt 打开，该函数接收一个文件地址作为参数并返回一个表示文件的对象，Python 将这个对象存储在变量 f 中。关键字 with 在不需要访问文件后会将其关闭。我们也可以调用 open()和 close()打开和关闭文件，但是只要程序出错将会导致 close()未执行，这样会导致文件丢失或受损，还可能无法更好地控制用户使用文件的时间，当关闭了文件后要想再次使用时，还要重复打开文件。如果使用 with 关键字，我们可以不使用 close()关闭文件，只管打开文件，并在需要时使用它，Python 会在合适的时候自动将其关闭。函数 read()对文件的内容进行读取，将读取到的数据存储在变量 contents 中，最后我们对读取出来的数据进行打印输出。从输出结果看出，我们是对文件进行一次性读取全部内容，该输出唯一不同的地方是末尾多了一个空行。由于 read()到达文件末尾时返回一个空字符串，而将这个空字符串显示出来时就是一个空行。要删除多出来的空行，可在 print 语句中使用 rstrip()，将上述代码的最后一行改成如下代码即可：

```
print(contents.rstrip())
```

**例 7.2**　逐行读取文件内容。

读取文件时，当用户需要对文件中每一行数据进行分析时，就需要对文件进行逐行读取。对文件对象使用 for 循环就可以实现对文件内容逐行读取，我们统一使用例 7.1 中创建的文本文件 hello.txt：

```
fileName="E:\hello.txt"
with open(fileName)as f:
    for line in f:
        print(line.rstrip())
```

输出结果：

```
hello world

hello world

hello world
```

上述代码中，我们同样使用了关键字 with 配合函数 open()打开和关闭目标文件 hello.txt，与例 7.1 不同的是，我们将文件地址放在了一个变量中，这是读取文件的常用操作，方便我们更改文件地址。之前我们说过 Python 将找到的这个对象存储在文件变量 f 中，我们对文件对象使用 for 循环就可以遍历得到文件中每一行内容，最后对每一行进行打印输出。我们会发现每一行下面都有空白行，因为在这个文件中，每行的末尾都有一个看不见的换行符，而 print 语句也会加上一个换行符，因此每行末尾都有两个换行符：一个来自文件，另一个来自 print 语句。要消除这些多余的空白行，只需修改 print 语句即可：

```
print(line.rstrip())
```

**例 7.3**　在 with 代码块外使用读取的文件内容。

使用关键字 with 时，open()返回的文件对象只能在 with 代码块内使用，也就是说，在 with 代码块内可以任意使用 open()返回的文件对象，但是在 with 代码块外访问不到 open()返回的文件对象。该问题的解决办法是通过将 with 代码块内文件的各行存储在一个列表中，当用户要在 with 代码块外访问文件对象时，只需访问这个列表即可，我们统一使用例 7.1 中创建的文本文件 hello.txt：

```
fileName="E:\hello.txt"
with open(fileName)as f:
    lines=f.readlines()
```

```
for line in lines:
    print(line.rstrip())
```

输出结果：

```
hello world
hello world
hello world
```

上述示例中，我们同样使用关键字 with，配合函数 open()打开和关闭目标文件，在 with 代码块中我们利用文件对象 f 对文件进行逐行读取，逐次读取的数据存放在列表 lines 中。当我们想在 with 代码块外面打印文件对象的内容时，只需使用 for 循环对列表 lines 进行遍历即可，因为此时列表 lines 中已经存放了文件对象中包含的数据。

通过以上三个示例，我们了解了怎么对文件中数据进行读取，读取到数据之后我们就可以按照实际需要去使用它们。

注意：读取文本文件时，Python 将其中的所有文本都解读为字符串。如果读取的是数字，并要将其作为数值使用，就必须使用函数 int()将其转换为整数，或使用函数 float()将其转换为浮点数。

### 7.3.2 文件的写入

我们在编写程序的时候可能会使用各种各样的数据，为了防止数据信息丢失，最常用的方法就是将数据保存在文件中，也可以说将数据写入到文件中。我们可以在任何时刻去使用文件内容，即便程序终止运行，文件中依然存放着我们需要的数据。

**例 7.4** 在空文件内写入数据。

要将文本写入文件，只需在调用 open()时提供另一个实参，告诉 Python 要写入打开的文件：

```
fileName="text.txt"
with open(fileName,'w')as f:
    f.write("hello world")
```

在这个示例中，调用 open()时提供了两个参数：第一个参数代表打开的文件名称，当该文件不存在时 Python 会自动创建该文件，如果打开的文件存在的话，Python 将在返回文件对象前清空该文件。第二个参数（'w'）会告诉 Python，将以写入模式打开这个文件。用户也可以使用读取模式（'r'）、写入模式（'w'）、附加模式（'a'）或能够读取和写入文件的模式（'r+'）。如果省略了模式实参，Python 将以默认的只读模式打开文件。

我们使用文件对象的方法 write()将一个字符串写入文件。这个程序没有终端输出，但如果打开文件 text.txt，将看到其中包含如下一行内容：

```
hello world
```

当然，用户还可以对文件 text.txt 中的文件内容进行修改、删除、增加等操作。

注意：Python只能将字符串写入文本文件。要将数值数据存储到文本文件中，必须先使用函数str()将其转换为字符串格式。

**例7.5** 在文件内写入多行数据。

由于函数write()不会在写入的文本末尾自动添加换行符，因此，如果写入多行时没有指定换行符，文件写入的所有内容会都排列在一行。要想让每个字符串都单独占一行，需要在write()语句中包含换行符，如下所示：

```
fileName="text.txt"
with open(fileName,'w')as f:
    f.write("hello world\n")
    f.write("hello Python\n")
```

我们在text.txt文本中写入两行字符串，在write()语句的末尾都加上了换行符，打开text.txt文件，我们会看到写入的效果：

```
hello world
hello Python
```

**例7.6** 在文件原有的数据基础上增加新数据。

如果要给文件添加内容，而不是覆盖原有的内容，可以附加模式打开文件。以附加模式打开文件时，Python不会在返回文件对象前清空文件，而写入到文件的行都将添加到文件末尾。如果指定的文件不存在，Python将为用户创建一个空文件。我们继续使用例7.5中的例子，我们知道例7.5运行完了以后文件中已经有了如下两行数据：

```
hello world
hello Python
```

接下来我们更改一下程序，将写入模式'w'改为附加模式'a'，写入的内容变化一下：

```
fileName="text.txt"
with open(fileName,'a')as f:
    f.write("hello world...\n")
    f.write("hello Python...\n")
```

我们再次打开text.txt文件，将看到如下效果：

```
hello world
hello Python
hello world...
hello Python...
```

通过以上示例我们可以看出，以附加模式打开文件再对文件写入新数据，文件原有的数据不会被清空，重新写入文件的数据会被添加到原有数据之后，这样我们就不会担心原有数据被丢失。

## 习　题

1. 什么是文件对象?

2. 对文件对象的基本操作有哪些?

3. 在路径 C:\Users\lenovo\Desktop\test.txt 文件下写入"hello world!"，并读取刚才写入的内容。

4. 定义一个函数 func(filepath)，filepath 为文件名，用 with 实现打开文件，并且输出文件内容，需要读取的文件路径为 D:/dome.txt。

5. r 和 rb 的区别是什么?

6. 解释以下参数的作用：open(f_name,'r',encoding="utf-8")。

7. 生成一个大文件 ips.txt，要求 120000 行，每行随即为 172.25.254.0/24 段的 ip，并在 D 盘中有名为 text1.txt 的文件，其内容格式如图 7-1 所示，找出文件中不是以“#”号开头的文件并输出。

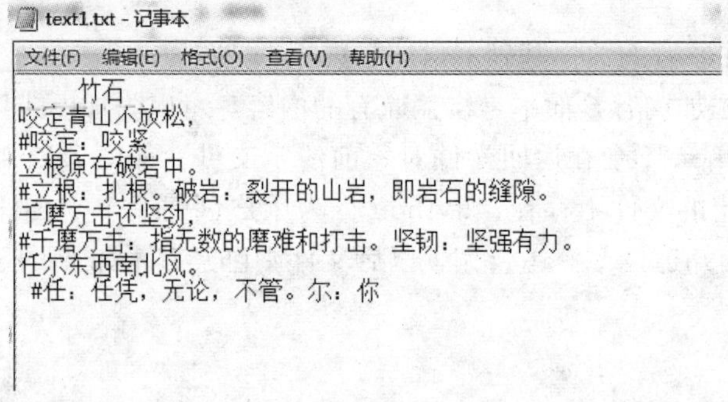


图 7-1

8. 在 D 盘有名为 username.txt 的文件，其内容格式如图 7-2 所示，写一个程序，判断该文件中是否存在"Andy"，如果没有，则将字符串"Andy"添加到该文件末尾，否则提示该用户已存在。

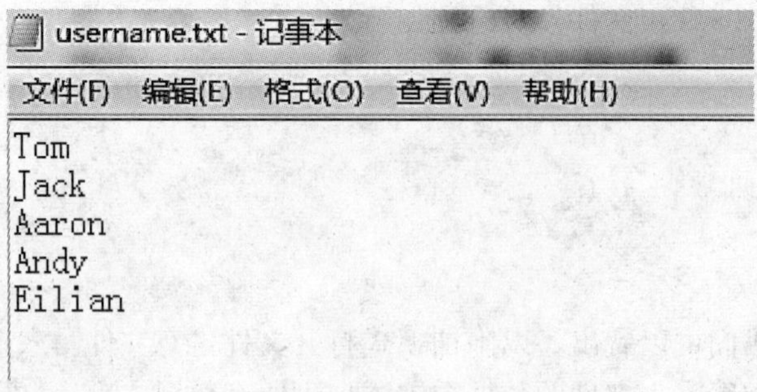


图 7-2

# 第8章　异常处理

## 8.1　什么是异常

通常，当编写好的代码出现语法或逻辑上的错误时，解释器无法解释或者编译器无法编译，在程序执行前，错误必须要进行纠正，否则程序是无法运行的。语法错误可能是我们的代码写得不规范导致的，这个比较好解决，但是逻辑错误就不太好办了，不完整或不合法的输入可能会导致程序出现逻辑错误，例如，在利用程序进行数学运算时，我们把0当作除数了，这种就是一个逻辑错误。执行代码时，只要Python检测到一个错误，解释器就会提示当前程序已经无法继续执行下去，这种情况就是代码出现了异常。

## 8.2　检测和处理异常

异常是因为程序出现了错误而在正常控制流以外采取的行为。这个行为又分为两个阶段：首先是异常发生，然后是检测并处理阶段。

(1) 异常发生。

当程序出现一个错误时，异常会被解释器打印出来，这时候异常还没有被处理，称为未处理异常。一般情况下，未处理异常会被默认处理，解释器自动输出一些调试信息并终止运行。

(2) 检测并处理阶段。

在代码里面编写处理异常的语句，可以通过代码明确处理异常，程序不会终止运行，这样做的好处是增强程序的容错性。

在Python中，通常使用try...except语句处理异常。一个try语句可能包含多个except子句，分别用来处理不同的特定的异常。最多只有一个分支会被执行。处理程序将只针对对应的try子句中的异常进行处理，而不是其他的try的处理程序中的异常。

Python的try语句有两种形式：一种是try/except/else语句，当程序发生异常时处理异常；另一种是try/finally语句，不管程序是否发生异常都要将最后的代码执行完。

try...except语句的语法形式如下：

```
try:
    try代码块＃被检测的语句
```

```
except Exception[,reason]:
    except 代码块 # 处理异常的语句
```

try 代码块是被检测的、可能发生异常的语句，except 代码块是用来处理异常的。

**例 8.1** try...except 语句举例。

```
try:
    x=15
        print(x/0)
    except ZeroDivisionError:
        print("除数不能为0")
```

输出结果：除数不能为 0

**例 8.2** try...except...else 语句举例。

```
list=[1,2,3,4]
while(True):
    x=int(input("请输入索引值:"))
    try:
        print("第{}元素是". format(x)+str(list[x]))
    except IndexError:
        print("列表索引越界")
    else:
        break
```

输出显示结果：

请输入索引值：5

列表索引越界

请输入索引值：2

第 2 元素是 3

从上面的代码可以看出，我们分别输入 5 和 2 两个数，输入 5 的时候发生了索引越界的异常，except 后面的语句会立即帮我们处理异常，我们再次输入 2 的时候，如果程序没有异常发生，此时就会直接执行 else 后的语句，不再获取用户的输入。IndexError 也是 Python 中常见的异常。

**例 8.3** try...except...except 语句举例。

```
x=int(input())
try:
    print(23/x)
except ZeroDivisionError:
    print("除数不能为0")
except Exception:
```

```
    print("其他数据类型正常运行")
```

当我们输入 0 的时候，输出结果：除数不能为 0

当我们输入 1 的时候，输出结果：23.0

try...except...except 语句其实和 try...except 语句类似，try 代码块还是被检测的语句，只不过现在处理异常的有两个 except 代码块。在实际编程中，异常不仅仅只有一个，很多时候我们需要一次捕捉和处理多个异常，因此需要多个 except，当然我们可以把例 8.3 的 try 语句简写成如下的形式：

```
x=int(input())
try:
    print(23/x)
except(ZeroDivisionError,Exception):
    print("有异常发生")
```

**例 8.4**　try...except...finally 语句举例。

```
x=int(input())
try:
    print(23/x)
except(ZeroDivisionError,Exception):
    print("有异常发生")
finally:
    print("不管异常是否发生都要执行")
```

当我们输入 0 的时候，会看到 except 代码块和 finally 代码块的打印都执行了，也就是说，try...except...finally 和前几种 try 语句的区别就是不管有没有异常，finally 代码块都要执行。

## 8.3　raise 语句和 with 语句

（1）raise 语句。

Python 使用 raise 语句抛出一个指定的异常。raise 语句的语法如下：

```
raise <name>                    #手动引发异常
raise <name><data>              #传递附加数据
```

（2）with 语句。

with 语句的目的在于从异常处理的流程中把 try，except 和 finally 关键字和资源分配释放相关代码统统去掉，简化代码量，使得程序更加简洁。with 语句的语法如下：

```
with context _ expr [as var]:
    with 块
```

Python 中有各种各样的异常类型，如 ZeroDivisionError（除数不能为 0）、NameError（命名错误）、SyntaxError（Python 解释器语法错误）、IndexError（请求的索引超出序列

范围)、IOError：(输入/输出错误) 等，这些都是比较常见的异常，尽管标准异常集包含的内容已经相当广泛，用户也可以创建自己的异常。

**例 8.5** 用户自定义异常。

```
class lengthException(Exception)：  #自定义异常必须继承 Exception 类
    def __init__(self, length)：
        self.length=length
try：
    x=input("请输入一个字符串：")
    if(len(x)<4)：
        raise lengthException("字符串长度小于4")
except lengthException as le：  # as 把一个类型当作一个对象
    print("发生异常",le.length)
else：
    print("没有发生异常")
```

这个例子中，我们自定义了一个异常 lengthException，继承于 Exception，当用户输入字符串长度小于 4 的时候，我们使用 raise 抛出异常，但此时 raise 只负责抛出异常并没有处理异常，except 代码块才负责处理异常。需要注意的是，系统自带的异常只要触发会自动抛出，比如 NameError，但用户自定义的异常需要用户自己决定什么时候抛出，自定义异常需要继承 Exception。就像我们这个例子一样，我们控制了它必须在用户输入字符串长度满足条件时才能抛出异常提示信息。掌握好 Python 异常处理机制将有效提高程序的健壮性、鲁棒性，请读者多查阅相关资料，上机实践。

## 习　题

1. 以下哪个因素会在程序执行时引发异常？注意这里我们问的并不是异常的原因。

(a) 用户

(b) 解释器

(c) 程序

(d) 以上所有

(e) 只有 (b) 和 (c)

(f) 只有 (a) 和 (c)

2. 关键字 try-except 和 try-finally 有什么不同？

3. 简单叙述一下什么是异常和错误。异常处理分为哪几个阶段？

4. 下面两段 Python 伪代码 (a) 和 (b) 有什么区别？考虑语句 A 和 B 的上下文环境。

(a)try：

```
    statement _ A
    except…:
    …
    else:
    statement _ B
(b)try:
    statement _ A
    statement _ B
    except…:
    …
```

5. 输入一个数，打印输出这个数的平方，当用户输入不是一个整数的时候使用异常处理提醒用户输入整数。

6. 将用户输入的数字作为索引从字符串 alp 中返回一个字符，当用户输入非整数字符时，except NameError 异常被捕获到，提示用户输入类型错误，当用户输入数字不在 0 到 25 之间时，异常被 except 捕获，程序打印其他错误信息。

7. 编写程序，用户输入一个三位以上的整数，输出其百位上的数字，例如用户输入 1234，则程序输出 12，如果用户输入的不是数字，则抛出异常输出 you must input an integer，如果输入的数字少于 3 位，则提示 you must input an integer of more than 3 digits。

8. 异常捕获，输入为两个数值，两数相加除以两数相减，出现异常请捕获，如没有异常请输出具体值。

输入：10 10

输出：Error

9. 多个异常捕获，从键盘输入 1 个数作为分母，分子固定为 45，使用 45 除以输入的参数，如果输入的数不是 int 类型，则发生 int 异常 ValueError（打印提示"Value is not int type"）；如果输入的数为 0，则发生 0 异常 ZeroDivisionError（打印提示"Don't use zero"）；如果输入其余的数，则将输入的数照常打印。

输入：45

输出：1

10. 定义一个函数 func(filename)，filename 为文件的路径，函数功能：打开文件，并且返回文件内容，最后关闭，用异常来处理可能发生的错误。

11. 自己定义一个异常类，继承 Exception 类，捕获下面的过程：判断 raw _ input() 输入的字符串长度是否小于 5，例如，输入长度为 3，则输出："The input is of length 3, expecting at least 5"，大于 5 则输出"print success"。

# 第二部分　数据结构与算法分析

本书的第二部分主要介绍了计算机编程中涉及的数据结构和算法。

第 9 章介绍线性表：线性表，简称表，是很多复杂数据结构的实现基础。有顺序表和链表、栈和队列。本章详细介绍了链表的各种操作、栈的各种操作和队列的各种操作。

第 10 章介绍树：一种非常重要的非线性数据结构。主要从二叉树入手，介绍二叉树的存储、遍历以及二叉树的应用——哈夫曼树。树结构可应用于计算机科学的许多领域，包括操作系统、计算机网络、图形学和数据库系统。

第 11 章介绍图：一种表示对象之间关系的方式。本章介绍了有向图和无向图以及图的存储方式——邻接矩阵、邻接表，还介绍了图的遍历算法 DFS 和 BFS、图的最小生成树算法以及求关键路径的算法。

第 12 章介绍查找：指通过某种方式从一组数据中一步一步地逐渐找到指定的数据。查找的效率依赖于数据的类型以及查找算法的使用方式。本章介绍了查找有关的数据结构和算法，线性查找算法是所有查找算法中最基础的，例如二分查找。非线性查找算法则有二叉查找树和散列表等。

第 13 章介绍排序：将一组乱序数据按关键字排列成一个有序的序列。排序后的数据常常有助于提高后续搜索任务的效率，用于解决其他问题的许多高级算法也常常将排序作为子例程。本章介绍了插入排序、交换排序、选择排序、归并排序和基数排序。

第 14 章介绍文本处理：文本处理技术有文本分类、文本聚类、信息抽取、情感分析、信息检索和社会网络分析等。本章介绍了模式匹配算法和文本压缩算法。

## 一、数据结构简介

数据结构和算法紧密相关，数据结构是算法设计的基础。算法如果采用了不合适的数据结构，则有可能导致其无法实现。

计算机体系中的数据，即指能被计算机识别和处理的各种符号。在计算机中，这些数据都是以二进制的形式存在的，这些二进制数据之间可能存在一定的组织关系。数据结构，除了是描述存在某种特定关系的数据的集合之外，还指数据之间的相互关系（即数据的逻辑结构）。

线性表是数据结构中最简单的基本数据结构，其使用与维护都很简单。最常见的四种线性表是数组、链表、栈和队列。

（1）数组（Array）。

数组中所有数据元素存储在一片连续的区域内，对数组的访问方式一般是通过下标来直接访问数组元素。数组的下标一般从 0 开始。对数组的操作有插入、删除和查找。数组进行直接访问几乎没有开销，但是在插入、删除操作时开销较大，所以不适用于插入和删除操作频繁的场合。

（2）链表（Linked list）。

在线性表长度不确定时，一般会使用链表。链表的每个节点数据都由两个域组成：一个是负责存放数据元素的数据域，另一个是负责构成链式结构的指针域。链表有单向链表、双向链表、循环链表。链表也有查找、插入和删除操作。但是链表的插入和删除操作只需要修改指针域即可，所以一般使用在插入、删除操作较频繁的场合。链表可以动态变化，这是一个相对于数组而言很大的优势。

链表的头节点是作为整个链表遍历的起点的，所以需要做特殊处理。一般情况下，可以使用一个没有数据域只有指针域的特殊的固定节点来做表头节点，当然也可以使用数据域有相关链表信息的固定节点来做表头节点，都可以起到标识遍历起点的作用。当表头节点的指针域为 NULL 时，表示链表为空。

（3）栈（Stack）。

栈是一种特殊的线性表，其特殊性在于只能在表的一端做插入和删除操作。插入操作称为“入栈”，删除操作称为“出栈”。因为这样的逻辑管理方式，故栈遵循“后进先出”（Last In First Out）的原则来管理和维护表中数据。栈可以使用数组的方式来存储，即顺序栈，也可以使用链表的方式来存储，即链式栈。

利用栈的特性，可以实现很多算法。可以将一些算法的递归实现转换为非递归方式；在字符串模式匹配的时候也使用到了栈，还有图遍历算法中的深度优先搜索也是使用栈可以实现的。

（4）队列（Queue）。

队列是一种特殊的线性表，其特殊性在于普通的队列只能在表的一端插入数据，而在另一端删除数据，不能在队列其他位置进行插入和删除。插入操作称为“入队”，删除操作称为“出队”。可以执行“入队”操作的一端称为“后端”（rear），可以执行“出队”操作的一端称为“前端”（front）。队列是一种逻辑管理方式，遵循“先进先出”（First In

First Out）原则。队列的数据存储方式可以使用数组的方式，也可以使用链表的方式。

利用队列的特性，也可以实现很多算法。例如，图遍历算法中的广度优先搜索；操作系统中的缓冲区管理；网络设备中管理数据包发送接收也普遍使用队列，以匹配不同速率设备间的数据传输。

线性表是简单的数据结构，还有复杂的数据结构。这些复杂的数据结构是指每个数据元素之间也可能存在关系，如树节点的父子关系、图节点的邻接关系等。

（5）树（Tree）。

树是一种用来表达数据之间关系的数据结构，比较适合用来表示具有层次关系的数据，本质上，它依然采用线性表的存储方式，而直观上，和线性表区别很大，树中的节点可以拥有一个或多个节点，也可以没有节点，但是每个节点最多只有一个父节点。

树的种类也可以按不同分类标准分为很多种，根据树的子节点有无大小关系可以分为有序树和无序树，根据每个节点子节点的个数可以分为二叉树和多叉树。

树的应用十分广泛，决策问题可以使用二叉查找树构造决策树，某些统计问题也可以使用二叉查找树的形式解决问题。

（6）图（Graph）。

图是一种比较特殊的数据结构，它不仅可以用来存储数据，还可以用来描述数据之间的关系。直观来讲，图是由一些顶点（描述数据元素）和边（描述数据之间的关系）组成的。图可以根据边的方向性分为有向图和无向图；图可以根据边的地位平等性分为带权图和不带权图；图还可以根据顶点间的连通性分为连通图和非连通图。

图的存储常采用邻接矩阵、邻接表的方式，有向图还能使用十字链表的方式。图的遍历一般可采用深度优先搜索和广度优先搜索两种方式。

图的应用场合广泛，例如，两点间最佳路径的选取，即最小生成树算法；寻路算法；网络设备间避免环路的路径选取；项目管理中对关键路径的选取；等等。

## 二、算法简介

算法是一个逐步解决问题的过程，一个算法是指在有限的时间内通过有限的步骤解决特定问题的一种方法。而算法分析是对一个算法在执行过程中需要的运行时间和存储空间的分析计算。

在解决实际问题的过程中，我们可能会提出多个算法来解决同一个问题，这时我们就需要在多个算法中找到“最好的”算法来解决问题，那么，我们应该如何去判断一个算法的优劣呢？这时我们就需要通过算法分析来解决问题，我们主要通过两个标准来判断一个算法的优劣：算法运行时间和该算法占用的存储空间，即算法的时间复杂度和空间复杂度。

（1）算法的特征。

一个算法应该具有以下 7 个重要的特征：

①有穷性。算法的有穷性是指算法必须能在执行有限个步骤之后终止。

②确切性。算法的每一步骤必须有确切的定义。

③输入项。一个算法有 0 个或多个输入，以刻画运算对象的初始情况，所谓 0 个输

入，是指算法本身给定了初始条件。

④输出项。一个算法有一个或多个输出，以反映对输入数据加工后的结果。没有输出的算法是毫无意义的。

⑤可行性。算法中执行的任何计算步骤都是可以被分解为基本的可执行的操作步骤，即每个计算步都可以在有限时间内完成，也称之为有效性。

⑥高效性。执行速度快，占用资源少。

⑦健壮性。对数据响应正确。

（2）算法效率的度量。

①时间复杂度。

计算机科学中，算法的时间复杂度是一个函数，它定量描述了该算法的运行时间，时间复杂度常用符号 $O$ 表述。

在进行算法分析时，语句总的执行次数 $T(n)$ 是关于问题规模 $n$ 的函数，我们通过分析 $T(n)$ 随 $n$ 的变化情况来确定 $T(n)$ 的数量级。算法的时间复杂度也因此记作：$T(n)=O(f(n))$。其中函数 $f(n)$ 是函数 $T(n)$ 中主导部分的简化表达式。从表达式我们可以看出问题的规模 $n$ 越大，算法执行的时间的增长率与 $f(n)$ 的增长率正相关，因此时间复杂度可被称为是渐近的。

举个例子，解决一个规模为 $n$ 的问题所花费的时间可以被求得：$T(n)=n^3-6n+5$。当 $n$ 增大时，$n^3$项开始占主导位置，而其他项的结果对表达式的值的影响将是可以忽略不计的。这时我们可以直接认为 $f(n)=n^3$，$T(n)=O(n^3)$。

简单地说，“$O$”表示法就是保留语句执行次数函数 $T(n)$ 中的最高次幂，并且把系数去掉，如 $T(n)=4n^2+n+1=O(n^2)$。

通常用 $O(1)$ 表示常数计算时间。常见的渐进时间复杂度有：$O(1)<O(\log n)<O(n)<O(n\log n)<O(n^2)<O(n^3)<O(2^n)$。

②空间复杂度。

空间复杂度是指执行算法所需的内存空间，一个算法在执行过程中所占用的存储空间主要包括固定部分和可变部分。

固定部分主要是指算法的输入输出数据所占用的存储空间是由要解决的问题决定的，是通过参数表由调用函数传递而来的，它不随本算法的不同而改变。

可变部分主要是指存储算法本身所占用的存储空间和算法在运行过程中临时占用的存储空间这两部分。其中存储算法本身所占用的存储空间与算法书写的长短成正比，要压缩这方面的存储空间，就必须编写出较短的算法。算法在运行过程中临时占用的存储空间大小与算法在执行中处理的特定数据的大小和规模有关。算法在运行过程中临时占用的存储空间随算法的不同而异。有的算法只需要占用少量的存储空间，而且不随问题规模的大小而改变，有的算法需要占用的存储空间数随着问题规模 $n$ 的增大而增大，此时按照最坏情况来分析。

例如，当一个算法只有常量时，其空间复杂度可表示为 $O(1)$；当一个算法的空间复杂度与 $n$ 成线性比例关系时，可表示为 $O(n)$。

# *第 9 章　线性结构

## 9.1　线性表

### 9.1.1　线性表的逻辑结构

在编程中，我们经常需要对一组数据进行一系列操作，在对一组数据进行操作时，通常需要使用该组数据中元素的位置信息和顺序信息来表达实际应用中的某些意义或某种关系。线性表就是一类元素序列的抽象，是某类元素的集合，记录着元素之间的顺序关系。线性表，简称表，是很多复杂数据结构的实现基础，Python 的 list 和 tuple 采用了顺序表的实现技术，具有顺序表的所有性质。

线性表的基本性质如下：

(1) 线性表是一组有穷个基本元素排成的序列，每个元素都有一个确定的位置，称作下标，每个序列的下标从 0 开始编号。

(2) 一个表中所有元素的个数称作该表的长度，一个表中可以包含零个或多个元素，不含任何元素的表称为空表，空表的长度为 0。

(3) 任意一个非空表的第一个元素为首元素，最后一个元素为尾元素，除首元素外，每一个元素的前一个元素称为前驱元素；除尾元素外，每一个元素的后一个元素称为后继元素。

(4) 表中的元素存在一种线性关系，即元素之间的前驱或后继的顺序关系，因此表是一种线性结构。

(5) 表是一种灵活的线性结构，对表的操作主要有增、删、改、查等。

表的基本操作如下：

(1) 创建一个空表，或创建一个包含一些元素的新表。

(2) 获取表中信息，如判断表是否为空表、获取表的长度、查找某个（某些）元素是否存在等。

(3) 对表进行一些动态改变，如插入元素、删除元素、添加特定位置的元素等。

(4) 表与表之间的操作，如一个表拆分成两个（多个）表、两个表间的合并、一个表中的元素复制到另一个表中等。

(5) 对表进行整体操作，如遍历一个表或销毁一个表等。

表抽象数据类型（ADT）的伪代码描述如图 9-1 所示。

```
ADT List:    #表抽象数据类型
    List (self)    #创建一个新表
    is_empty (self)    #判断 self 是否为空表
    len (self)    #获得 self 的长度
    prepend (self, elem)    #在 self 的首元素前插入元素 elem
    append (self, elem)    #在 self 的尾元素后插入元素 elem
    insert (self, elem, i)    #在 self 的位置 i 处插入元素 elem，其他元素保持相对位置不变
    del_first (self)    #删除 self 的首元素
    del_last (self)    #删除 self 的尾元素
    del (self, i)    #删除 self 的第 i 个元素
    search (self, elem)    #查找 elem 在 self 中出现的位置，不存在则返回-1
    forall (self, op)    #对 self 中的每个元素执行操作 op
```

**图 9-1　表的操作伪代码**

线性表的分类如下：

（1）数据结构分为逻辑结构和物理结构。逻辑结构分为集合结构、线性结构、树形结构和图形结构四大类，物理结构分为顺序存储结构和链式存储结构。

（2）线性表是线性结构的一种，那么线性表当然也有物理结构，也就是说，线性表有两种，分别是顺序结构的线性表（叫作顺序表）和链式结构的线性表（叫作链表）。

### 9.1.2　线性表的顺序存储结构

顺序表是指顺序存储结构的线性表，指的是用一组地址连续的存储单元依次存储线性表的数据元素。相邻的两个元素在物理位置上也是相邻的。

Python 内部的 tuple 与 list 采用的就是顺序表结构，其不同点在于 tuple 是固定结构，一旦创建就无法进行改动，而 list 支持变动操作，具有如图 9-1 所示的全部操作。

顺序表中最常见、最简单的一种情况就是表中只保存同种元素类型的数据，那么表中每个元素存储时需要的存储空间也是相同的，这种安排可以使表中元素直接在内存中顺序存储。

假设现有一顺序表第 0 个元素的存储位置为 $loc(0)$，每个元素占用的空间为 $c=size(e)$，那么第 $i$ 个元素的存储位置就是 $loc(i)=loc(0)+c*i$，此时实现对某个位置元素的访问，表中任意元素位置可以直接计算出来，时间复杂度为 $O(1)$。

图 9-2（a）为顺序表元素存储区的基本布局方式，表中元素的下标是该元素的逻辑地址，元素的物理地址就是通过公式 $loc(i)=loc(0)+c*i$ 计算得到的。

当顺序表中的数据元素类型不相同时，顺序表元素存储区的布局方式又是什么样子的呢？我们按照之前的方法，在顺序表中存放元素的存储位置，而元素另行存储，这个顺序表就称作是这组数据的索引，这就是最简单的索引结构。如图 9-2（b）所示，索引顺序表的每个元素为地址，占用空间一样，直接访问索引再依据索引中存放的地址找到实际元素，时间复杂度依然为 $O(1)$。

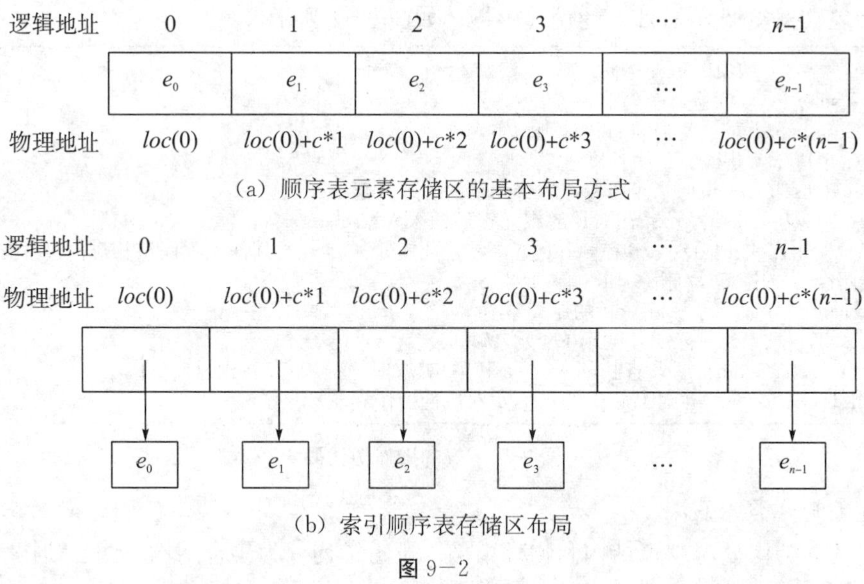


图 9—2

线性表除了有顺序储存结构外，还有链式存储结构，链式存储结构的线性表称为链表，链表与顺序表的不同之处在于，顺序表储存数据是有序的而链表存储数据是无序的。链表又可分为单链表和双链表。

## 9.1.3 线性表的链式存储结构

### 9.1.3.1 单链表

链表是一种动态数据结构，它是用一组任意的存储单元存放数据元素。链表中的每一个元素称为“节点”，每个节点都是由数据域和指针域组成的。数据域用于存储我们要保存的数据，指针域用于存储下一个数据元素的地址。我们可以通过首节点对整个链表进行操作。

我们使用一个变量来保存单链表的首节点的指针称为表头指针，通过表头指针就可以对单链表进行一系列的操作。一个非空的单链表中最后一个节点无后继元素，它的指针域为 None 值。

单链表的储存方式如图 9—3 所示。

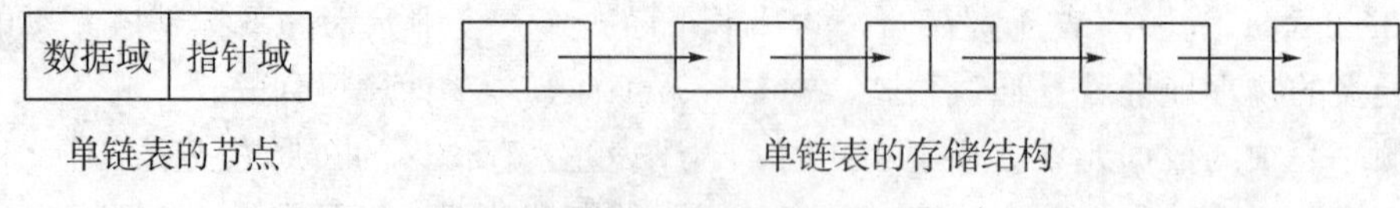


**图 9—3　单链表存储方式**

为了方便讨论，先定义一个简单的节点类。

```
class Node:
    def __init__(self, data, p=None):
        self.data=data
        self.next=p
```

单链表的基本操作如下：

（1）创建空单链表创建空链表：只需要把表头变量设置成空。

示例代码：

```
def __init__(self):
    self.head=None
```

（2）删除链表：应丢弃这个链表里的所有节点。在 Python 中，只需要将表头指针赋值为 None，就抛弃了链表中的所有节点。Python 解释器的存储管理系统会自动回收不用的存储空间。

示例代码：

```
def clear(self):
    self.head=None
```

判断表是否为空：将表头变量的值与空链接比较。

示例代码：

```
def is_empty(self):
    return self.head==None
```

（3）获取单链表的长度。

示例代码：

```
def len(self):
    p=self.head
    length=0
    while p !=None:
        length+=1
        p=p.next
return length
```

（4）表尾插入元素（例如插入元素 2）。

示例代码：

```
if self.is_empty():
    self.head=Node(2)
else:
    p=self.head
    while p.next !=None:
        p=p.next
    p.next=Node(2)
```

（5）在单链表的固定位置插入元素（例如在单链表的第 2 个位置插入数据 3）。

示例代码：

```
if self.is_empty():
    print("单链表为空")
    return
elif index>=self.len():
```

```
        print("索引超过单链表长度")
        return
    else:
        p=self.head
        count=0
        while count <index-1:
            p=p.next
            count+=1
        this_node=Node(3, 2)
        this_node.next=p.next
        p.next=this_node
```

（6）删除单链表中指定位置的元素（例如删除第 2 位置的元素）。

示例代码：

```
index=2
if self.is_empty():
    print("单链表为空")
    return
if index>=self.len():
    print("索引超过单链表长度")
    return
else:
    p=self.head
    count=0
    while count <index-1:
        p=p.next
        count+=1
    p.next=p.next.next
```

（7）遍历整个单链表。

示例代码：

```
p=self.head
while p !=None:
    print(p.data)
    p=p.next
```

#### 9.1.3.2 循环链表

在单链表的基础上，再多一个由尾节点指向首节点的链接，首节点是指链表的第一个存数据的节点，而头节点是指指向第一个存储数据的节点的那个东西，仅仅有个链接域，而不是真正存储内容的链表节点。图 9-4 为单向循环链表的存储结构。

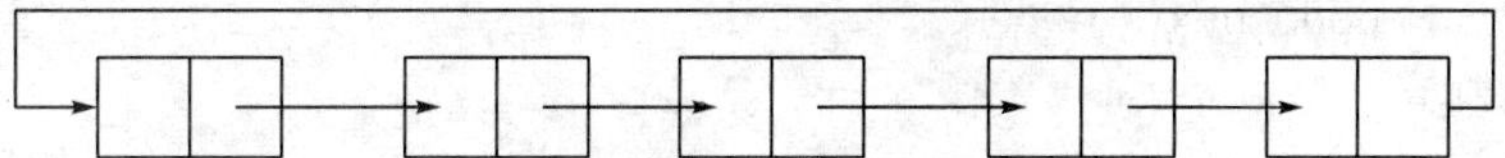

图 9－4　单向循环链表的存储结构

举例实现简单的单向循环链表的操作：

```
class Node(object):
    def __init__(self,element):
        self.element=element
        self.next=None
class SingleCycleList(object):
    def __init__(self,node=None):
        self.head=node
    def is_empty(self):
        """判断链表是否为空"""
        return self.head==None
    def length(self):
        """返回链表的长度"""
        if self.is_empty():
            return 0
        cur=self.head
        count=1
        while cur.next !=self.head:
            count+=1
            cur=cur.next
        return count
    def travel(self):
        """遍历整个链表"""
        if self.is_empty():
            return
        cur=self.head
        while cur.next !=self.head:
            print(cur.element,end='')
            cur=cur.next
        print(cur.element)
    def add(self,item):
        """在头部添加元素"""
        node=Node(item)
        if self.is_empty():
            self.head=node
```

```
            node.next=node
        else:
            cur=self.head
            while cur.next !=self.head:
                cur=cur.next
            node.next=self.head
            self.head=node
            cur.next=node
    def append(self,item):
        """链表尾部添加元素,尾插法"""
        node=Node(item)
        if self.is_empty():
            self.head=node
            node.next=node
        else:
            cur=self.head
            while cur.next !=self.head:
                cur=cur.next
            node.next=self.head
            cur.next=node
    def insert(self,pos,item):
        """指定位置插入元素"""
        if pos <=0:
            self.add(item)
        elif pos>(self.length()-1):
            self.append(item)
        else:
            node=Node(item)
            pre=self.head
            count=0
            while count <(pos-1):
                pre=pre.next
                count+=1
            node.next=pre.next
            pre.next=node
    def remove(self,item):
        """删除节点"""
        if self.is_empty():
            return
```

```
        cur=self.head
        pre=None
        while cur.next !=self.head:
            if cur.element==item:
                if cur==self.head:
                    rear=self.head
                    while rear.next !=self.head:
                        rear=rear.next
                    self.head=cur.next
                    rear.next=self.head
                else:
                    pre.next=cur.next
                return
            else:
                pre=cur
                cur=cur.next
        if cur.element==item:
            if cur==self.head:
                self.head=None
            else:
                pre.next=cur.next
    def search(self,item):
        """查找节点是否存在"""
        if self.is_empty():
            return False
        cur=self.head
        while cur.next !=self.head:
            if cur.element==item:
                return True
            else:
                cur=cur.next
        if cur.element==item:
            return True
        return False

if __name__=='__main__':
    li=SingleCycleList()
    print(li.is_empty())
    print(li.length())
```

```
li.append(1)
print(li.is_empty())
print(li.length())
li.append(4)
li.add(3)
li.append(5)
li.append(6)
li.append(7)
li.insert(3,10)
li.travel()
li.remove(3)
li.travel()
```

输出结果为：

```
True
0
False
1
3  1  4  10  5  6  7
1  4  10  5  6  7
```

#### 9.1.3.3　双链表

与单链表相比，双链表的特性就是双向。可以从前面向后面传递，也可以从后面向前面传递，这个前面和后面是我们自己定义的，认为从一端到另一端是正向，那么倒过来则相反。这个双链表的实现和单链表也是基本上一样的。单链表是除了数据域外再添加一个指针域，来指向下一个节点。那么同样的道理，双链表就再添加一个指向前一个节点的链接。这个时候再创建链表的时候就要把每个节点与前驱节点以及后继节点的链接建立好。图 9-5 为双链表的存储结构。

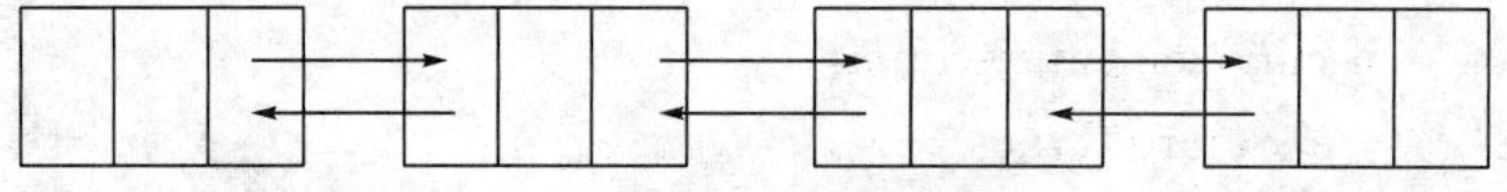

图 9-5　双链表的存储结构

双链表的基本操作如下：

(1) 初始化双向链表。

定义节点结构：指针域 pre，next 和数据域 data。

示例代码：

```
class Node:
"""节点"""
    def __init__(self, item):
        self.item=item
        self.prev=None
```

```
        self.next=None
```

(2)获取链表长度。

示例代码：

```
def length(self):
    """获取链表长度"""
    if self.is_empty():
        return 0
    else:
        cur=self._head
        count=1
        while cur.next is not None:
            count+=1
            cur=cur.next
        return count
```

(3)插入节点。

示例代码：

```
def insert(self, pos, item):
    """指定位置添加"""
    if pos <=0:
        self.add(item)
    elif pos>(self.length()-1):
        self.append(item)
    else:
        node=Node(item)
        cur=self._head
        cur_pos=0
        while cur.next is not None:
            if cur_pos==(pos-1):
                """与下一个节点互相指向"""
                node.next=cur.next
                cur.next.prev=node
                """与上一个节点互相指向"""
                cur.next=node
                node.prev=cur
            cur_pos+=1
            cur=cur.next
```

(4)删除节点。

示例代码：

```
def remove(self, item):
```

```
    """删除节点"""
    if self. is _ empty():
        return
    else:
        cur=self. head
        if cur. item==item:
            self. head=cur. next
            cur. next. prev=None
        else:
            while cur. next is not None:
                if cur. item==item:
                    cur. prev. next=cur. next
                    cur. next. prev=cur. prev
                cur=cur. next
            if cur. item==item:
            cur. prev. next=None
```

(5)更新节点。

示例代码：

```
def search(self, item):
    """查找节点是否存在"""
    if self. is _ empty():
        return-1
    else:
        cur=self. _ head
        cur _ pos=0
        while cur. next is not None:
            if cur. item==item:
                return cur _ pos
            cur _ pos+=1
            cur=cur. next
        if cur _ pos==(self. length()-1):
            return-1
```

(6)清空链表。

示例代码：

```
def clear(self):
    self. head==None
```

## 9.2　栈

### 9.2.1　栈的基本概念

栈（stacks）是一种只能通过访问其一端来实现数据存储与检索的线性数据结构，具有后进先出（Last In First Out，LIFO）的特征。由于栈具有后进先出的特点，所以任何不在栈顶的元素都无法访问。为了得到栈底的元素，必须先去掉上面的元素。对栈的两种主要操作是将一个元素压入栈和将一个元素弹出栈。入栈使用 push()方法，出栈使用 pop()方法。

栈的基本操作如下：

（1）stack()：建立一个空的栈对象。

（2）push()：把一个元素添加到栈的最顶层。

（3）pop()：删除栈最顶层的元素，并返回这个元素。

（4）peek()：返回最顶层的元素，并不删除它。

（5）isEmpty()：判断栈是否为空。

（6）size()：返回栈中元素的个数。

### 9.2.2　顺序栈

顺序栈，即栈的顺序存储结构是利用一组地址连续的存储单元依次存放自栈底到栈顶的数据元素，同时附设指针 top 指示栈顶元素在顺序栈中的位置。这里以 top=−1 表示空栈。

顺序栈是基于数组实现的。顺序栈的存储结构如图 9−6 所示。

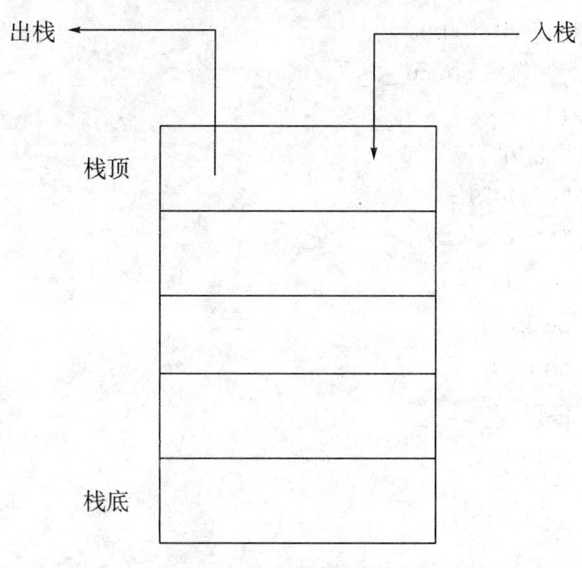


图 9−6　顺序栈的存储结构

顺序栈的基本实现操作实例：

示例代码：

```
class Stack:
    """栈"""
    def __init__(self):
        self.items=[]

    def is_empty(self):
        """判断是否为空"""
        return self.items==[]

    def push(self, item):
        """进栈"""
        self.items.append(item)

    def pop(self):
        """出栈"""
        return self.items.pop()

    def peek(self):
        """返回栈顶元素"""
        return self.items[len(self.items)-1]

    def size(self):
        """返回栈的元素个数"""
        return len(self.items)
if __name__=="__main__":
    stack=Stack()
    stack.push("hello")
    stack.push("world")
    stack.push("!!")
    print(stack.size())
    print(stack.peek())
    print(stack.pop())
    print(stack.pop())
    print(stack.pop())
```

实例输出：

```
3
!!
```

```
!!
world
hello
```

### 9.2.3　链式栈

链式栈可以通过单链表的方式来实现，使用链式栈的优点在于它能够克服用数组实现的顺序栈空间利用率不高的缺点，但是需要为每个栈元素分配额外的指针空间存放指针。

链式栈是基于单链表实现的。链式栈的存储结构如图 9-7 所示。

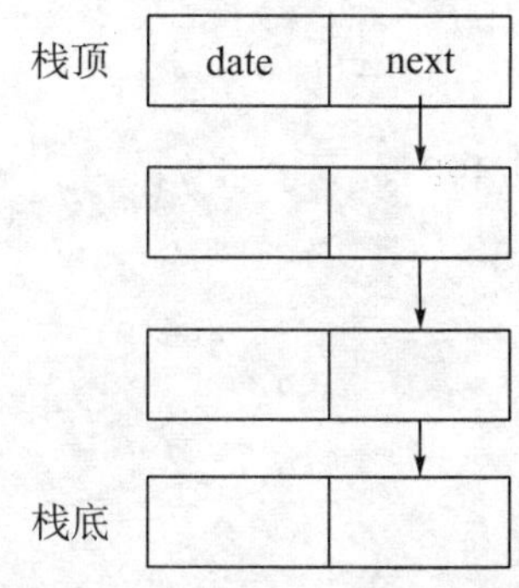


图 9-7　链式栈的存储结构

下面是链式栈的基本操作实例。

示例代码：

```
class Node(object):
    """节点"""
    def __init__(self, data=None):
        self.data=data
        self.next=None

class LKStack(object):
    def __init__(self):
        self.top=Node(None)
        self.count=0

    def get_length(self):
        print(self.count)
        return self.count

    def get_top(self):
        """返回栈顶元素"""
        print(self.top.data)
```

```
        return self.top.data

    def is_empty(self):
        return self.count==0

    def push(self, elem):
        """进栈"""
        tmp=Node(elem)
        if self.is_empty():
            self.top=tmp
        else:
            tmp.next=self.top
            self.top=tmp
        self.count+=1

    def pop(self):
        """出栈"""
        if self.is_empty():
            print("Stack is empty!")
        else:
            self.count-=1
            elem=self.top.data
            self.top=self.top.next
            return elem

    def show_stack(self):
        """从栈顶开始显示各节点值"""
        if self.is_empty():
            print("Stack is empty!")
        else:
            j=self.count
            tmp=self.top
            while j> 0 and tmp:
                if j==1:
                    print(tmp.data)
                else:
                    print(tmp.data,end='')
                    tmp=tmp.next
                j-=1
```

```
if __name__=='__main__':
    lks=LKStack()
    for i in range(1, 5):
        lks.push(i)
    lks.show_stack()
    lks.get_length()
    lks.pop()
    lks.show_stack()
    lks.get_top()
```

输出实例：

```
4 3 2 1
4
3 2 1
3
```

# 9.3　队列

## 9.3.1　队列的基本概念

队列（Queue）是一种具有先进先出特征的线性数据结构，元素的增加只能在一端进行，元素的删除只能在另一端进行。能够增加元素的队列一端称为队尾，可以删除元素的队列一端则称为队首。

队列的操作如下：

（1）Queue()：创建一个空的队列。

（2）enqueue(item)：往队列中添加一个 item 元素。

（3）dequeue()：从队列头部删除一个元素。

（4）is_empty()：判断一个队列是否为空。

（5）size()：返回队列的大小。

队列的实现同栈一样，队列也可以用顺序表或者链表的方式实现。顺序队列的存储结构如图 9-8 所示。

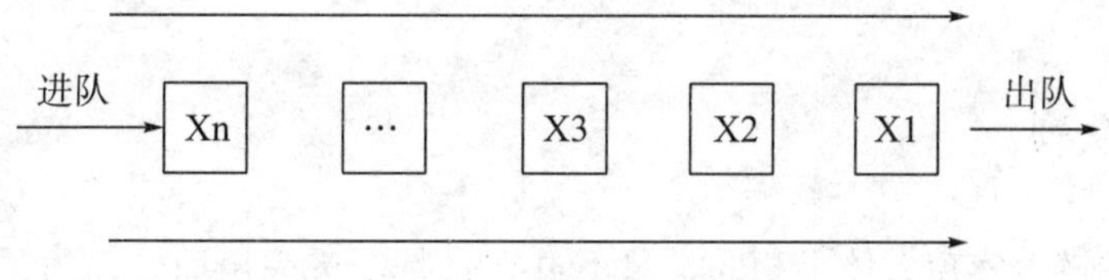


图 9-8　顺序队列的存储结构

下面是顺序队列的基本实现操作实例。

示例代码：

```
class Queue:
    """队列"""
    def __init__(self):
        self.items=[]

    def is_empty(self):
        return self.items==[]

    def enqueue(self, item):
        """添加元素"""
        self.items.insert(0, item)

    def dequeue(self):
        """从队列头部删除一个元素"""
        return self.items.pop()

    def size(self):
        return len(self.items)
if __name__=="__main__":
    q=Queue()
    q.enqueue("hello")
    q.enqueue("world")
    q.enqueue("queue")
    print(q.size())
    print(q.dequeue())
    print(q.dequeue())
    print(q.dequeue())
```

输出实例：

```
3
hello
world
queue
```

### 9.3.2 链式队列

栈和队列的链表实现大体上相同，只不过它只是尾进头出而已。为了操作上的方便，我们将队头指针指向链队列的头节点，而队尾指针指向终端节点。当空队列时，front 和 rear 都指向 head 节点。图 9-9 为链式队列的存储结构。

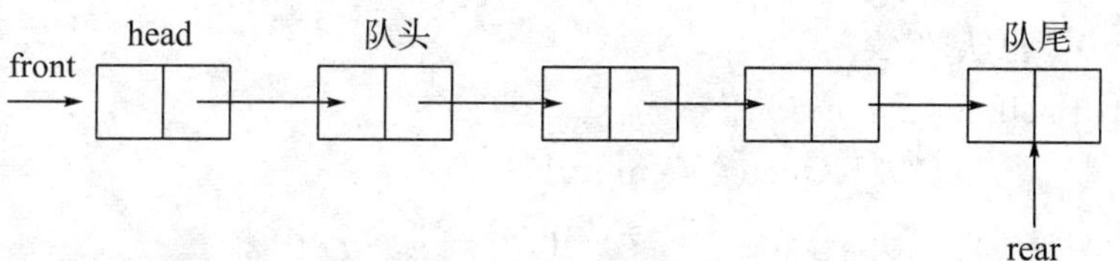


图 9-9　链式队列的存储结构

下面是链式队列的基本实现操作实例。

示例代码：

```
class Node(object):
    """节点"""
    def __init__(self, data=None):
        self.data=data
        self.next=None

class LkQueue():
    def __init__(self):
        self.front=Node()
        self.rear=Node()
        self.length=0

    def get_length(self):
        print(self.length)
        return self.length

    def is_empty(self):
        return self.length==0

    def pushQueue(self, elem):
        """入队"""
        tmp=Node(elem)
        if self.is_empty():
            self.front=tmp
            self.rear=tmp
        else:
            self.rear.next=tmp
            self.rear=tmp
        self.length+=1

    def popQueue(self):
```

```
        """出队"""
        if self.is_empty():
            print("LKQueue is empty!")
        else:
            del_elem=self.front.data
            self.front=self.front.next
            self.length-=1
            return del_elem

    def showQueue(self):
        """遍历"""
        if self.is_empty():
            print("LKQueue is empty!")
        j=self.length
        tmp=self.front
        while j> 0:
            print(tmp.data,end='')
            tmp=tmp.next
            j-=1
        print('')
if __name__=='__main__':
    lkq=LkQueue()
    lkq.showQueue()
    for i in range(1,5):
        lkq.pushQueue(i)
    lkq.showQueue()
    lkq.get_length()
    lkq.popQueue()
lkq.showQueue()
```

输出实例：

```
LKQueue is empty!
1  2  3  4
4
2  3  4
```

### 9.3.3 双端队列

双端队列是一种类似于队列的元素的有序集合。它拥有两端，即队首和队尾，并且元素保持在当前的位置。双端队列的一个特点是添加和删除元素的位置不受限制，新元素可以在队首或者队尾添加。同样地，双端队列中的元素可以从两端弹出。在某种意义上，这种混合的线性结构同时具有栈和队列的性质。

双端队列的基本操作如下：

（1）Deque()：创建一个空的双端队列。

（2）add _ front(item)：从队头加入一个 item 元素。

（3）add _ rear(item)：从队尾加入一个 item 元素。

（4）remove _ front()：从队头删除一个元素。

（5）remove _ rear()：从队尾删除一个元素。

（6）is _ empty()：判断双端队列是否为空。

（7）size()：返回队列的大小。

图 9－10 为双端队列的存储结构。

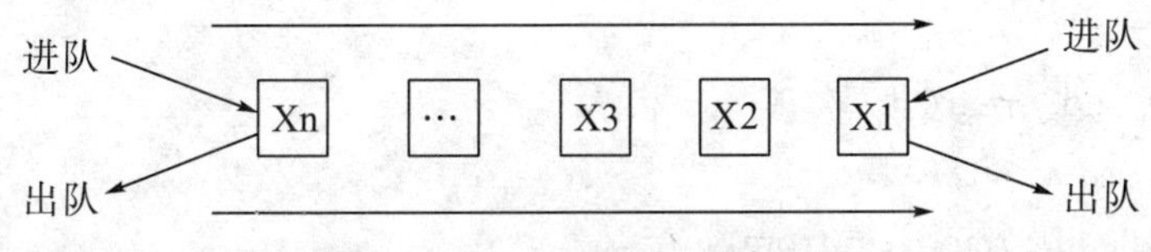


**图 9－10　双端队列的存储结构**

下面是双端队列的基本实现操作实例。

示例代码：

```
class Deque:
    """双端队列"""
    def __init__(self):
        self.items=[]

    def add_front(self, item):
        """从队头加入一个元素"""
        self.items.insert(0, item)

    def add_rear(self, item):
        """从队尾加入一个元素"""
        self.items.append(item)

    def remove_front(self):
        """从队头删除一个元素"""
        return self.items.pop(0)

    def remove_rear(self):
        """从队尾删除一个元素"""
        return self.items.pop()
```

```
    def is_empty(self):
        """是否为空"""
        return self.items==[]

    def size(self):
        """队列长度"""
        return len(self.items)
if __name__=="__main__":
    deque=Deque()
    deque.add_front('a')
    deque.add_front('b')
    deque.add_rear('c')
    deque.add_rear('d')
    print(deque.size())
    print(deque.remove_front())
    print(deque.remove_rear())
```

输出实例：

```
4
b
d
```

## 习　题

1. 从尾到头打印链表：输入一个链表，按链表值从尾到头的顺序返回一个ArrayList。

2. 合并两个排序的链表：输入两个单调递增的链表，输出两个链表合成后的链表，当然我们需要合成后的链表满足单调不减规则。

3. 输出单向链表中倒数第 k 个节点：输入一个单向链表，输出该链表中倒数第 k 个节点，链表的倒数第 1 个节点为链表的尾指针。链表节点定义如下：

```
structListNode
{
intm_nKey;
ListNode*m_pNext;
};
```

详细描述：

接口说明

原型：

```
    ListNode*FindKthToTail(ListNode*pListHead,unsignedintk);
```

输入参数：

ListNode * pListHead 单向链表

unsignedintk 倒数第 k 个节点

输出参数（指针指向的内存区域保证有效）：

无

返回值：

正常返回倒数第 k 个节点指针，异常返回空指针

输入说明 1 输入链表节点个数 2 输入链表的值 3 输入 k 的值

输出一个整数

4. 设计链表的实现。可以选择使用单链表或双链表。单链表中的节点应该具有两个属性：val 和 next。val 是当前节点的值，next 是指向下一个节点的指针/引用。如果要使用双链表，则还需要一个属性 prev 以指示链表中的上一个节点。假设链表中的所有节点都是 0−index 的。

在链表类中实现以下功能：

get（index）：获取链表中第 index 个节点的值。如果索引无效，则返回−1。

addAtHead（val）：在链表的第一个元素之前添加一个值为 val 的节点。插入后，新节点将成为链表的第一个节点。

addAtTail（val）：将值为 val 的节点追加到链表的最后一个元素。

addAtIndex（index，val）：在链表中的第 index 个节点之前添加值为 val 的节点。如果 index 等于链表的长度，则该节点将附加到链表的末尾。如果 index 大于链表长度，则不会插入节点。

deleteAtIndex（index）：如果索引 index 有效，则删除链表中的第 index 个节点。

5. 链表中倒数第 k 个节点：输入一个链表，输出该链表中倒数第 k 个节点。

6. 两个链表的第一个公共节点。

输入两个链表，找出它们的第一个公共节点的值。

输入两行数字或字母，每个数字或字母表示一个节点，用，号隔开，如下：

1，2，3，4

5，8，2，1

输出第一公共节点的值：

7. 从单链表中删除指定值的节点，输入一个单链表和一个节点的值，从单链表中删除等于该值的节点，删除后如果链表中无节点，则返回空指针。链表节点定义如下：

structListNode{ intm _ nKey; ListNode*m _ pNext; };

本题为考察链表的插入和删除知识。链表的值不能重复，例如链表的顺序为 273154，删除节点 2，则结果为 73154。

步骤 1　输入链表节点个数。

步骤 2　输入头节点的值。

步骤 3　按照格式插入各个节点。

步骤 4　输入要删除的节点的值。

输出删除节点后的序列。

8. 集合栈

请实现一种数据结构 SetOfStacks，由多个栈组成，其中每个栈的大小为 size，当前一个栈填满时，新建一个栈。该数据结构应支持与普通栈相同的 push 和 pop 操作。

给定一个操作序列 int[][2] ope(C++为 vector<vector<int>;>;)，每个操作的第一个数代表操作类型，若为 1，则为 push 操作，后一个数应为 push 的数字；若为 2，则为 pop 操作，后一个数无意义。请返回一个 int[][](C++为 vector<vector<int>;>;)，为完成所有操作后的 SetOfStacks，顺序应为从下到上，默认初始的 SetOfStacks 为空。保证数据合法。

9. 最小栈。

设计一个支持 push，pop，top 操作，并能在常数时间内检索到最小元素的栈。

push(x)：将元素 x 推入栈中。

pop()：删除栈顶的元素。

top()：获取栈顶元素。

getMin()：检索栈中的最小元素。

10. 用栈实现队列。

使用栈实现队列的下列操作：

push(x)：将一个元素放入队列的尾部。

pop()：从队列首部移除元素。

peek()：返回队列首部的元素。

empty()：返回队列是否为空。

11. 栈的压入、弹出序列。

输入两个整数序列，第一个序列表示栈的压入顺序，请判断第二个序列是否可能为该栈的弹出顺序。假设压入栈的所有数字均不相等。例如序列 1，2，3，4，5 是某栈的压入顺序，序列 4，5，3，2，1 是该压栈序列对应的一个弹出序列，但 4，3，5，1，2 就不可能是该压栈序列的弹出序列。(注意：这两个序列的长度是相等的)

12. 双栈排序。

请编写一个程序，按升序对栈进行排序（即最大元素位于栈顶），要求最多只能使用一个额外的栈存放临时数据，但不得将元素复制到别的数据结构中。

给定一个 int[] numbers(C++中为 vector<int>;)，其中第一个元素为栈顶，请返回排序后的栈。请注意这是一个栈，意味着排序过程中只能访问到最后一个元素。

13. 用队列实现栈。

使用队列实现栈的下列操作：

push(x)：元素 x 入栈。

pop()：移除栈顶元素。

top()：获取栈顶元素。

empty()：返回栈是否为空。

注意：

你只能使用队列的基本操作，即 push to back，peek/pop from front，size 和 is empty，这些操作是合法的。

你所使用的语言也许不支持队列。你可以使用 list 或者 deque（双端队列）来模拟一个队列，只要是标准的队列操作即可。

你可以假设所有操作都是有效的（例如，对一个空的栈不会调用 pop 或者 top 操作）。

14. 设计循环队列。

设计你的循环队列实现。循环队列是一种线性数据结构，其操作表现基于 FIFO（先进先出）原则并且队尾被连接在队首之后以形成一个循环。它也被称为“环形缓冲器”。

循环队列的一个好处是我们可以利用这个队列之前用过的空间。在一个普通队列里，一旦一个队列满了，我们就不能插入下一个元素，即使在队列前面仍有空间。但是使用循环队列，我们就能使用这些空间去存储新的值。

你的实现应该支持如下操作：

MyCircularQueue(k)：构造器，设置队列长度为 k。

Front：从队首获取元素。如果队列为空，返回−1。

Rear：获取队尾元素。如果队列为空，返回−1。

enQueue(value)：向循环队列插入一个元素。如果成功插入，则返回真。

deQueue()：从循环队列中删除一个元素。如果成功删除，则返回真。

isEmpty()：检查循环队列是否为空。

isFull()：检查循环队列是否已满。

15. 用两个栈实现队列。

题目描述：用两个栈来实现一个队列，完成队列的 push 和 pop 操作。队列中的元素为 int 类型。

# *第 10 章　树

在前面的章节中，我们已经学习了线性数据结构，如栈和队列。在本章中，我们将详细讨论一种非常重要的非线性数据结构——树（Tree）。树结构和自然界的树有许多相似之处，树结构具有根、分支和叶子。相比于线性结构中对象之间的“前”和“后”关系，树中的关系是分层的。树结构可应用于计算机科学的许多领域，包括操作系统、计算机网络、图形学和数据库系统。

本章介绍了树的定义和基本术语，以及二叉树的定义、基本性质和存储结构，讨论了遍历树的几种方法，介绍了用于文件压缩的哈夫曼（Huffman）编码树。

## 10.1　树的基本概念

### 10.1.1　树的定义

一棵树（Tree）T 是由 $n$（$n \geqslant 0$）个节点组成的有限集合。当 $n=0$ 时，称为空树。对于任一棵非空树（$n>0$），它具有以下性质：树中有一个特定的 R 节点称为树 T 的根节点（root），其余节点可划分为 $m$（$m>0$）个互不相交的子集 $T_1$，$T_2$，…，$T_m$，其中每一个子集都是一棵树，称为原来树 T 的子树（subtree）。

图 10-1 给出了一棵树 T 及其子树，其中树 T 包含了 A～M 共 13 个节点，节点 A 是树 T 的根节点，树 $T_1$，$T_2$，$T_3$，$T_4$是树 T 的子树。

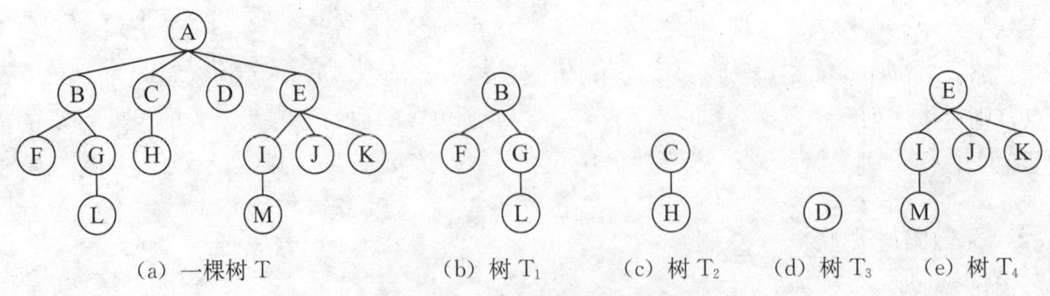


图 10-1　树 T 与其子树

在一棵树中，子树是互不相交的；每个节点有零个或多个子节点；除根节点没有父节点外，树中每个节点都有且只有一个父节点；一棵有 $N$ 个节点的树有 $N-1$ 条边。

### 10.1.2　基本术语

☆节点（node）：节点是树的基本组成部分。

☆边（edge）：连接两个节点，表示它们之间存在的关系。每个节点（除根以外）都恰好有一条边传入；每个节点可以有多条边传出。

☆根（root）：树中唯一一个没有边传入的节点。在图 10－2 中，树 TA 包含了 A～M 共 13 个节点、12 条边，其中 A 节点是根节点。

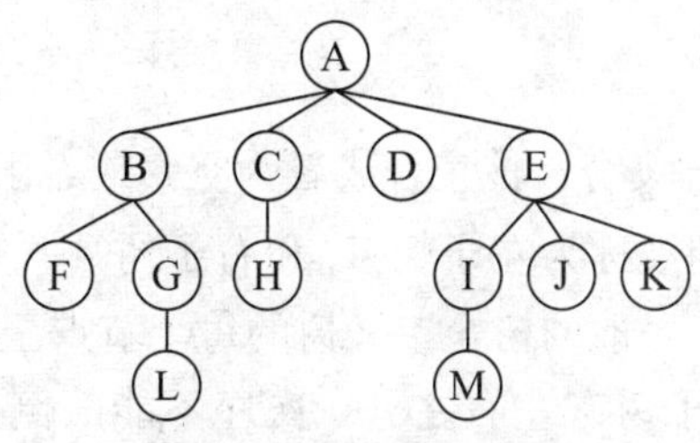


**图** 10－2　**树** TA

☆节点的度（degree）：节点所含有的子树的个数称为该节点的度。树 TA 中节点 A 的度是 4；节点 C 的度是 1；节点 D 的度是 0。

☆叶节点（leaf）：度为 0 的节点称为叶节点。树 TA 中节点 F，L，H，D，M，J，K 是叶子节点，其度为 0。

☆内部节点或分支节点（Internal node）：度不为 0 的节点称为内部节点。树 TA 中节点 B，C，E，G，I 是分支节点。

☆树的度：一棵树中，最大的节点的度称为树的度。树 TA 中根节点的度为 4 最大，故树 TA 的度是 4。

☆子节点（child）：一个节点含有的子树的根节点称为该节点的子节点。树 TA 中节点 A 的子节点有 B，C，D，E；节点 B 的子节点有 F，G。

☆双亲节点或父节点（parents）：若一个节点含有子节点，则这个节点称为其子节点的父节点。树 TA 中节点 H 的父节点是 C；节点 D 的父节点是 A。

☆兄弟节点（sibling）：具有相同父节点的节点互称为兄弟节点。树 TA 中节点 B，C，D，E 互为兄弟节点；节点 I，J，K 互为兄弟节点。

☆路径（path）和路径长度：一个节点序列 $n_1$，$n_2$，…，$n_k$，其中 $n_i$ 是 $n_i+1$ 的父节点，则这个序列叫作 $n_1$ 到 $n_k$ 的一条路径。路径所包含的边的个数为路径的长度。如在树 TA 中 A－E－I－M 是节点 A 到 M 的路径，路径的长度是 3。

☆祖先节点（ancestor）：沿着树根到某一节点路径上的所有节点都是这个节点的祖先节点。在树 TA 中节点 A，E 是节点 I 的祖先节点。

☆子孙节点（descendant）：某一节点的子树中的所有节点是这个节点的子孙节点。树 TA 中节点 M 是节点 I 的子孙节点。

☆节点的层次（level）：规定根节点在第 1 层，其他任一节点的层数是其父节点的层数加 1。树 TA 中节点 I 的层次是 3。

☆树的高度或深度（depth）：树中所有节点中的最大层次是这棵树的深度。树 TA 的深度是 4。

☆森林：由 $m$（$m \geqslant 0$）棵互不相交的树的集合称为森林。

## 10.2　二叉树

### 10.2.1　二叉树的定义

二叉树 T 是有限个元素的集合，该集合或者为空，或者由一个称为根节点（root）的元素及两个互不相交的、分别被称为左子树 $T_L$ 和右子树 $T_R$ 的二叉树组成。在 10.1 节中介绍了树的基本概念，相比于一般的树，二叉树的每个节点至多只有两棵子树（不存在度大于 2 的节点），且二叉树的子树有左右之分，次序不能颠倒。图 10−3 表示了一棵二叉树，其中节点 A 是根节点；节点 B，D 构成了二叉树的左子树；节点 C，E，F，G 构成了二叉树的右子树。

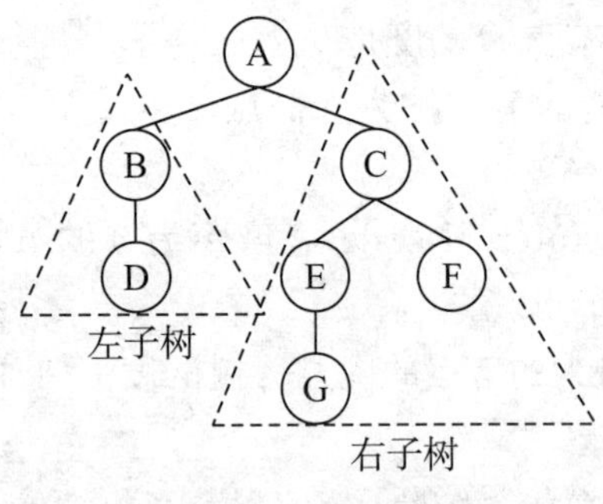


**图 10−3　二叉树**

二叉树有五种基本形态，如图 10−4 所示。

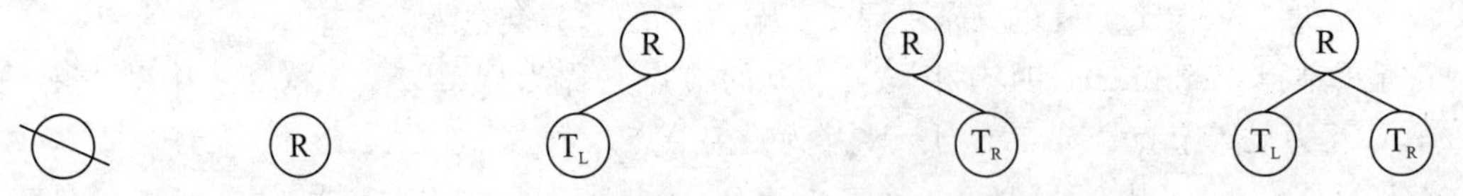


**图 10−4　二叉树的基本形态**

下面介绍两种特殊的二叉树。

(1) 满二叉树（Full Binary Trees）：树中的每一个节点或者是一个分支节点，并恰有两个非空子节点；或者是叶节点。图 10−5 表示一棵满二叉树。

(2) 完全二叉树（Complete Binary Trees）：从根节点起，每一层从左到右填充。一棵高度为 $d$ 的完全二叉树除了 $d-1$ 层以外，每一层都是满的。底层叶节点集中在左边若干位置。图 10−6 表示一棵完全二叉树。

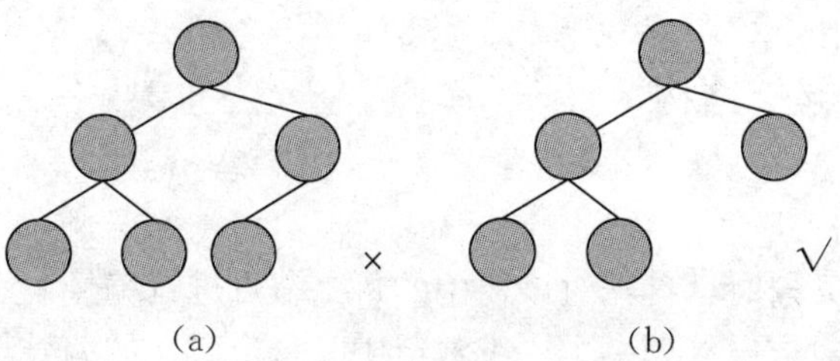


图 10-5　满二叉树举例

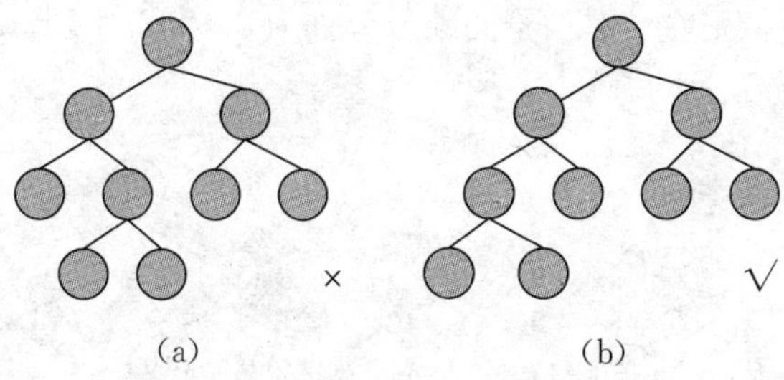


图 10-6　完全二叉树举例

## 10.2.2　二叉树的性质

下面介绍二叉树的几个非常重要的性质。

性质 1：在二叉树的第 $i$（$i \geqslant 1$）层上至多有 $2^{i-1}$ 个节点。

证明：下面用“数学归纳法”进行证明。

当 $i=1$ 时，第 $i$ 层的节点数目为 $2^{i-1}=2^0=1$。因为第 1 层上只有一个根节点，所以命题成立。

假设 $i>1$ 时命题成立，即第 $i$ 层最多有 $2^{i-1}$ 个节点。

由于二叉树的每个节点至多有两个孩子，故“第（$i+1$）层上的节点数目”最多是“第 $i$ 层的节点数目的 2 倍”，第（$i+1$）层上的节点数目最大值 $=2\times 2^{i-1}=2^i$。

故假设成立，原命题得证。

性质 2：高度为 $k$（$k \geqslant 1$）的二叉树上至多含 $2^k-1$ 个节点。

证明：在具有相同高度的二叉树中，当每一层都含有最大节点数时，其树中节点数最多。利用“性质 1”可知，高度为 $k$ 的二叉树的节点数至多为

$$2^0+2^1+\cdots+2^{k-1}=2^k-1$$

故原命题得证。

性质 3：对任何一棵二叉树，若它含有 $n_0$ 个叶子节点、$n_2$ 个度为 2 的内部节点，则必存在关系式：$n_0=n_2+1$。

证明：设二叉树包含 $n_1$ 个度为 1 的节点，则二叉树上节点总数 $n=n_0+n_1+n_2$，又二叉树上分支总数 $b=n_1+2n_2$，分支总数还可表示为 $b=n-1$，由此，$n_0=n_2+1$。

### 10.2.3 二叉树的存储结构

（1）顺序存储结构。

顺序存储一棵二叉树时，首先对该树中的每个节点进行编号，然后以各节点的编号为下标，把各节点的值对应存储到一个一维数组中。每个节点的编号与等深度的完全二叉树中对应节点的编号相等，即树根节点的编号为 1，接着按照从上到下和从左到右的次序，若一个节点的编号为 $i$，则左、右孩子的编号分别为 $2i$ 和 $2i+1$。如图 10－7 所示，每个节点上方的数字就是该节点的编号。

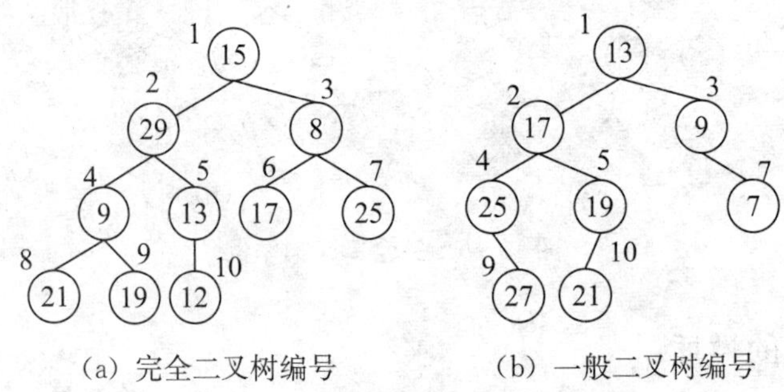

（a）完全二叉树编号　　（b）一般二叉树编号

**图 10－7　对完全二叉树和一般二叉树编号**

若使用一维数组 array1 和 array2 分别存储图 10－7 中的两棵二叉树，则两个数组中各元素的值如图 10－8 所示。

| | 0 | 1 | 2 | 3 | 4 | 5 | 6 | 7 | 8 | 9 | 10 |
|---|---|---|---|---|---|---|---|---|---|---|---|
| array1 | | 15 | 29 | 8 | 9 | 13 | 17 | 25 | 21 | 19 | 12 |

| | 0 | 1 | 2 | 3 | 4 | 5 | 6 | 7 | 8 | 9 | 10 |
|---|---|---|---|---|---|---|---|---|---|---|---|
| array2 | | 13 | 17 | 9 | 25 | 19 | | 7 | | 27 | 21 |

**图 10－8　一维数组顺序存储二叉树**

在二叉树的顺序存储结构中，访问每一个节点的双亲和左、右孩子都非常方便。如对于编号为 $i$ 的节点，其双亲节点的下标为 $i/2$，若存在左孩子，则左孩子节点的下标为 $2i$；若存在右孩子，则右孩子节点的下标为 $2i+1$。

二叉树的顺序存储结构用于存储完全二叉树是合适的，它能够充分利用存储空间。但对于一般二叉树，特别是对于那些单支节点较多的二叉树来说很不合适，因为可能只有少数存储位置被利用，而多数或绝大多数的存储位置空闲着，造成存储空间的浪费。

（2）链式存储结构。

在二叉树的链式存储结构中，每个节点包含了三个属性，分别为节点本身的值、左孩子和右孩子。其节点结构如图 10－9（a）所示，图 10－9（b）展示了 Python 语言的节点类。

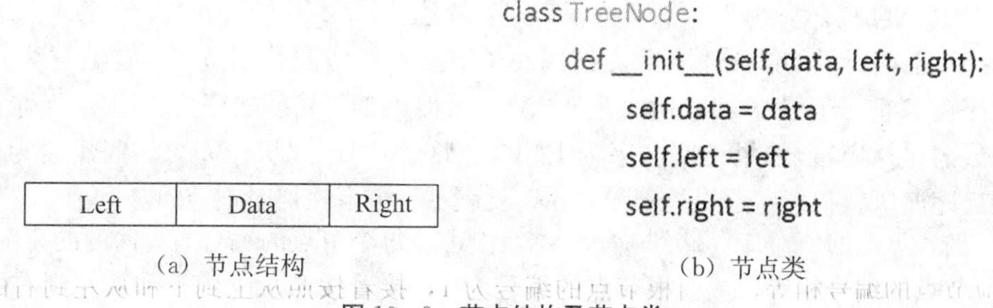


（a）节点结构　　（b）节点类

**图 10－9　节点结构及节点类**

通过节点值、左孩子和右孩子的结构表示节点，可以完美地存储非完全二叉树，如图 10－10 所示。这种方式访问每一个节点的双亲和左、右孩子都非常方便。

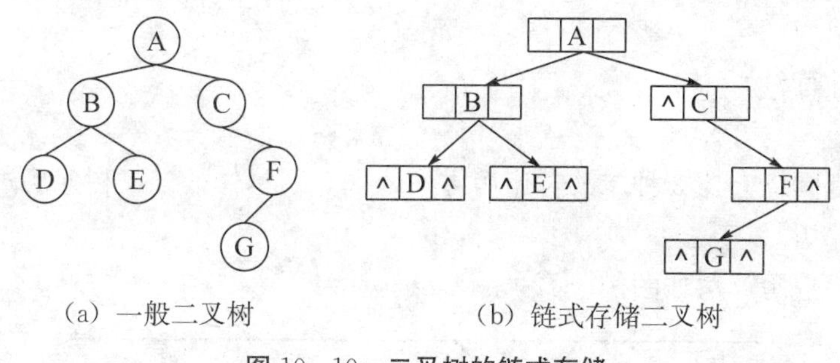


（a）一般二叉树　　（b）链式存储二叉树

**图 10－10　二叉树的链式存储**

## 10.3　二叉树的遍历

在 10.2 节中主要介绍了二叉树的定义和性质，并且对二叉树的构建有了基本的了解，本节将在已构建二叉树的基础上进一步介绍怎样去遍历二叉树，旨在从二叉树中获取到所关注的数据信息。这里所说的遍历二叉树，其实就是按照某种次序或路径来依次访问二叉树中的每个节点，要求每个节点都需要被访问到，并且每个节点只能被访问一次。

### 10.3.1　遍历的定义

“遍历”是每种数据结构都有的重要操作，如链表遍历、数组遍历等，同样，二叉树作为一种重要的非线性数据结构，树中的每个非叶子节点都至少有一个子节点，在这种情况下应该按照哪种次序或路径来访问节点便是我们需要考虑的。当规定好访问规则后，就可以按照规则依次访问二叉树中的所有节点，并且保证每个节点都被访问且只被访问一次，我们称这是对二叉树的遍历。在遍历二叉树过程中我们依次记录下被访问的节点，最终就能得到二叉树的一个线性序列，这就是二叉树遍历结果。

在不同的实际应用场合下可以分别制定不同的二叉树遍历规则。我们根据二叉树的结构特点（根节点、左子节点、右子节点）制定出如下二叉树遍历规则：在同一根节点的两个子节点中优先访问左子节点，后访问右子节点。在这样的规则下，我们进一步根据何时访问根节点产生了 3 种不同的二叉树遍历方式，即先序遍历、中序遍历和后序遍历。

如图 10－11 所示，N 表示二叉树根节点，L 表示二叉树左子节点，R 表示二叉树右子节点。在前面所说的规则下，优先访问左子节点，后访问右子节点，这就意味着 L 的访问次序在 R 前，但是 N 何时访问并未规定。此时，如果访问次序为 NLR，则称为先序遍历（或前序遍历）；如果访问次序为 LNR，则称为中序遍历；如果访问次序为 LRN，则称为后序遍历。我们在这里提到的“序”就表示根节点在何时被访问。

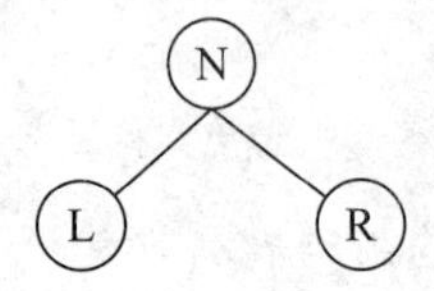


**图 10－11　二叉树示例**

## 10.3.2　遍历算法

下面将分别围绕上述 3 种二叉树遍历方式依次介绍具体的二叉树遍历过程。

（1）先序遍历。

二叉树先序遍历算法如图 10－12 所示。

输入：一棵非空二叉树

先序遍历步骤：
①访问根节点。
②先序遍历左子树（左子树按照同样的方式遍历）。
③左子树遍历之后，再先序遍历右子树，直至结束。

输出：二叉树先序遍历节点序列

**图 10－12　二叉树先序遍历算法**

现有如图 10－13 所示的二叉树，对示例二叉树的先序遍历过程如下：

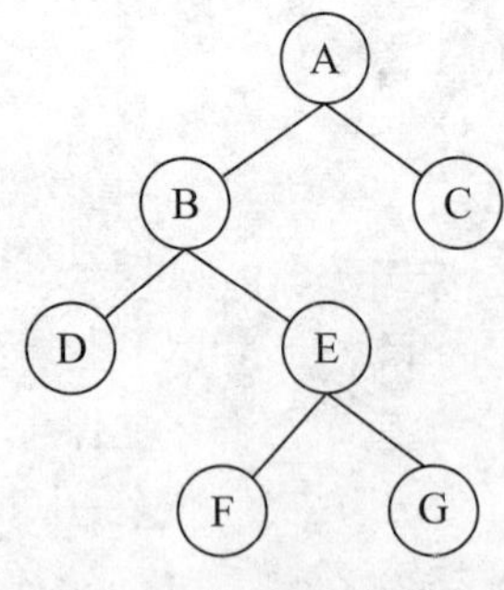


**图 10－13　二叉树示例**

①访问根节点 A。

②先序遍历左子树（a），访问此时的根节点 B；再继续访问以节点 B 为根节点的左子树根节点 D，这时以节点 B 为根节点的左子树访问完毕，接着访问以节点 B 为根节点的

右子树（b），同样先访问右子树根节点 E，然后再访问以节点 E 为根节点的左子树根节点 F，最后访问以节点 E 为根节点的右子树根节点 G。这样就将左子树（a）按照先序遍历方式遍历完毕。这一步遍历得到的节点序列为 B，D，E，F，G。如图 10－14 所示。

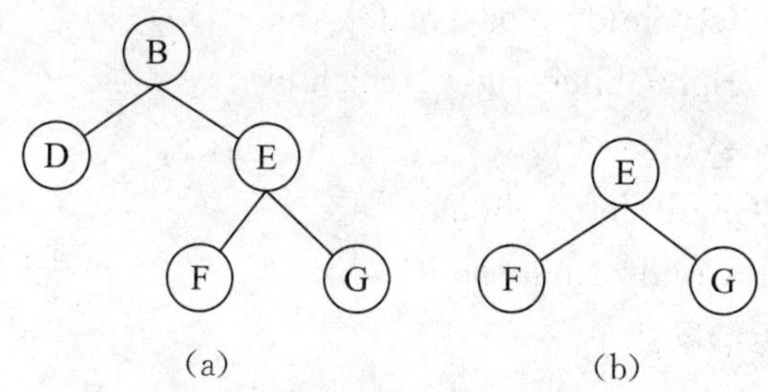


图 10－14 二叉树的先序遍历

③先序遍历以节点 A 为根节点的右子树，由于右子树只有节点 C，所以最后得到遍历节点序列 C，右子树遍历完毕。

对二叉树示例先序遍历结束后得到先序遍历序列：ABDEFGC。因此，总结一下先序遍历就是按照“根→左子树→右子树”的次序依次遍历二叉树。

Python 实现二叉树先序遍历：

示例代码：

```
'''
    定义二叉树节点（节点值、左子节点、右子节点）
'''
class Node:
    def __init__(self,nodeValue=None,leftChild=None,rightChild=None):
        self.nodeValue=nodeValue
        self.leftChild=leftChild
        self.rightChild=rightChild
'''
    二叉树先序遍历(遍历顺序:根节点->左子树->右子树)
'''
def preorder_traversal(root):
    if root==None:
        return
    print(root.nodeValue,end='')
    preorder_traversal(root.leftChild)
    preorder_traversal(root.rightChild)

if __name__=='__main__':
    # 初始化一棵二叉树
    right_chichild=Node(nodeValue='E',
```

```
                leftChild=Node(nodeValue='F'),
                rightChild=Node(nodeValue='G'))
    left_child=Node(nodeValue='B',
             leftChild=Node(nodeValue='D'),
             rightChild=right_chichild)
    root=Node(nodeValue='A',
          leftChild=left_child,
          rightChild=Node(nodeValue='C'))     #先序遍历该二叉树
    print('先序遍历结果:')
    preorder_traversal(root)
```

程序执行结果：

先序遍历结果：

A B D E F G C

(2) 中序遍历。

二叉树中序遍历算法如图 10－15 所示。

输入：一棵非空二叉树

中序遍历步骤：
①中序遍历左子树（左子树按照同样的方式遍历）。
②访问根节点。
③中序遍历右子树，直至结束。

输出：二叉树中序遍历节点序列

**图 10－15　二叉树中序遍历算法**

对于同样的二叉树示例（如图 10－13 所示），对其中序遍历过程如下：

①中序遍历左子树（a）。对左子树（a）进行中序遍历，先访问（a）的左子树节点 D，则左子树（a）的左子树访问完毕，接着访问左子树（a）的根节点 B。接下来遍历以节点 B 为根节点的右子树（b），同样先访问右子树（b）的左子树节点 F，然后再访问（b）的根节点 E，最后访问右子树节点 G。这样就将左子树（a）按照中序遍历方式遍历完毕。这一步遍历得到的节点序列为 D，B，F，E，G。如图 10－16 所示。

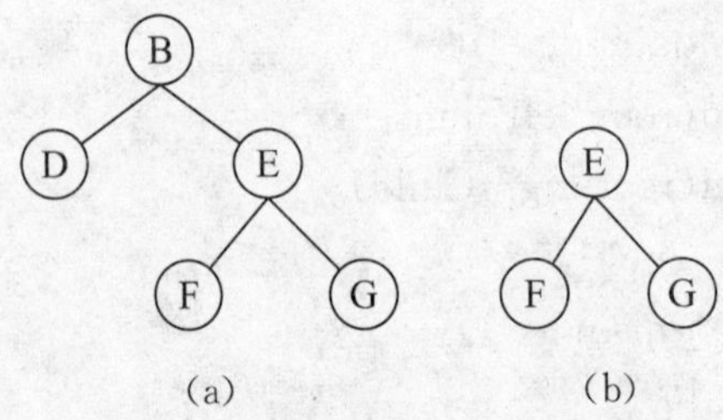


**图 10－16　二叉树的中序遍历**

②访问根节点 A。

③中序遍历以节点 A 为根节点的右子树，由于右子树只有节点 C，所以最后得到遍历节点序列 C，右子树遍历完毕。

对二叉树示例中序遍历结束后得到中序遍历序列：DBFEGAC。因此，总结一下中序遍历就是按照“左子树→根→右子树”的次序依次遍历二叉树。

Python 实现二叉树中序遍历：

示例代码：

```
'''
    定义二叉树节点(节点值、左子节点、右子节点)
'''
class Node:
    def __init__(self,nodeValue=None,leftChild=None,rightChild=None):
        self.nodeValue=nodeValue
        self.leftChild=leftChild
        self.rightChild=rightChild
'''
    二叉树中序遍历(遍历顺序:左子树->根节点->右子树)
'''
def inorder_traversal(root):
    if root==None:
        return
    inorder_traversal(root.leftChild)
    print(root.nodeValue,end=' ')
    inorder_traversal(root.rightChild)

if __name__=='__main__':
    # 初始化一棵二叉树
    right_chichild=Node(nodeValue='E',
                        leftChild=Node(nodeValue='F'),
                        rightChild=Node(nodeValue='G'))
    left_child=Node(nodeValue='B',
                    leftChild=Node(nodeValue='D'),
                    rightChild=right_chichild)
    root=Node(nodeValue='A',
              leftChild=left_child,
              rightChild=Node(nodeValue='C'))      #先序遍历该二叉树
    #中序遍历该二叉树
    print('中序遍历结果:')
    inorder_traversal(root)
```

程序执行结果：
中序遍历结果：
D B F E G A C

(3) 后序遍历。

二叉树后序遍历算法如图 10－17 所示。

输入：一棵非空二叉树

后序遍历步骤：
①后序遍历左子树（左子树按照同样的方式遍历）。
②后序遍历右子树（右子树按照同样的方式遍历）。
③访问根节点。

输出：二叉树后序遍历节点序列

**图 10－17　二叉树后序遍历算法**

对于同样的二叉树示例（如图 10－13 所示），对其后序遍历过程如下：

①后序遍历左子树（a）。对左子树（a）进行后序遍历，先访问（a）的左子树节点 D，则左子树（a）的左子树访问完毕，接着访问左子树（a）的右子树（b），先访问右子树（b）的左子树节点 F，然后再访问右子树（b）的右子树节点 G，接着访问右子树（b）的根节点 E，右子树（b）遍历完毕，最后访问左子树（a）的根节点 B。这样就将左子树（a）按照后序遍历方式遍历完毕。这一步遍历得到的节点序列为 D，F，G，E，B。如图 10－18 所示。

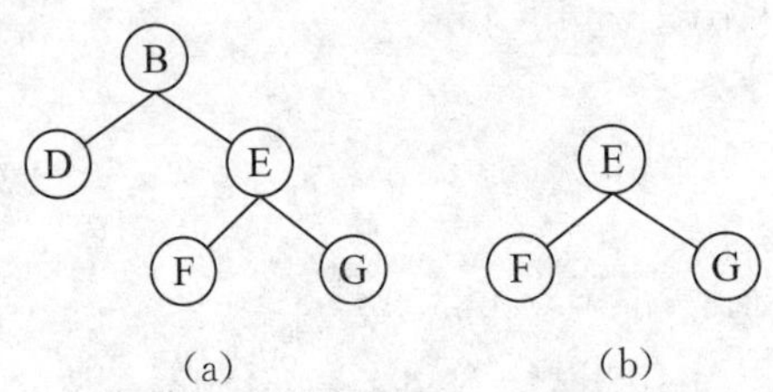


**图 10－18　二叉树的后序遍历**

②后序遍历以节点 A 为根节点的右子树，由于右子树只有节点 C，所以最后得到遍历节点序列 C，右子树遍历完毕。

③访问根节点 A。

对二叉树示例后序遍历结束后得到后序遍历序列：DFGEBCA。因此，总结一下后序遍历就是按照“左子树→右子树→根”的次序依次遍历二叉树。

Python 实现二叉树后序遍历：

示例代码：

```
'''
    定义二叉树节点(节点值、左子节点、右子节点)
```

```
'''
class Node:
    def __init__(self,nodeValue=None,leftChild=None,rightChild=None):
        self.nodeValue=nodeValue
        self.leftChild=leftChild
        self.rightChild=rightChild
'''
    二叉树后序遍历(遍历顺序:左子树->右子树->根节点)
'''
def postorder_traversal(root):
    if root==None:
        return
    postorder_traversal(root.leftChild)
    postorder_traversal(root.rightChild)
    print(root.nodeValue,end='')

if __name__=='__main__':
    # 初始化一棵二叉树
    right_chichild=Node(nodeValue='E',
                        leftChild=Node(nodeValue='F'),
                        rightChild=Node(nodeValue='G'))
    left_child=Node(nodeValue='B',
                    leftChild=Node(nodeValue='D'),
                    rightChild=right_chichild)
    root=Node(nodeValue='A',
              leftChild=left_child,
              rightChild=Node(nodeValue='C'))       #先序遍历该二叉树
    # 后序遍历该二叉树
    print('后序遍历结果:')
    postorder_traversal(root)
```

本节详细介绍了先序遍历、中序遍历和后序遍历的过程，下面再通过一个实例来对比一下上述 3 种不同的二叉树遍历方式。

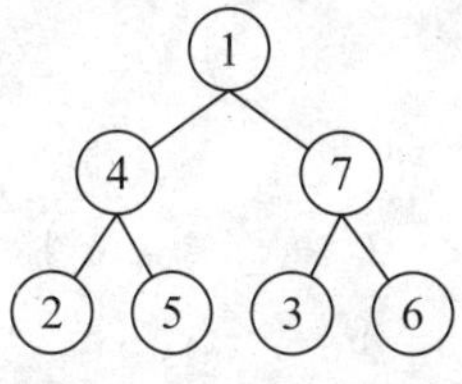


图 10-19　二叉树举例

先序遍历序列：1、4、2、5、7、3、6。

中序遍历序列：2、4、5、1、3、7、6。

后序遍历序列：2、5、4、3、6、7、1。

## 10.4 哈夫曼树与哈夫曼编码

我们可以发现，前面所描述的树的节点都用某种符号进行表示，如节点 A、节点 B。但在许多实际应用中，树的节点都被赋予了一个具有某种意义的值，在这里我们将某节点的数值称为该节点的权。本节将围绕具有带权路径长度最短的树——哈夫曼（Huffman）树进行介绍。

### 10.4.1 哈夫曼树的基本概念

在许多实际应用中，树的节点都被赋予了一个具有某种意义的值，在这里我们将这个值称为该节点的权。此外，在哈夫曼树的定义中还涉及路径、路径长度、权、带权路径长度等基本概念。

（1）路径：从树的一个节点到另一个节点之间的路径序列。如图 10－20 所示的二叉树中，从根节点到 a 节点之间的路径为＜p1，p3＞。同理，从根节点到 d 节点之间的路径为＜p1，p4，p6＞。

（2）路径长度：从树的一个节点到另一个节点之间的经历的路径数量。如图 10－20 所示的二叉树中，从根节点到 a 节点之间的路径为＜p1，p3＞，因此这两节点间的路径长度为 2。同理，从根节点到 d 节点之间的路径长度为 3。

（3）节点的权：在具体应用场合下对节点所赋予的某一具体数值。如图 10－20 所示，节点 a 的权为 2，节点 b 的权为 3，节点 c 的权为 5，节点 d 的权为 6。

（4）节点的带权路径长度：从树的根节点到该某节点的路径长度与该节点权的乘积，称为节点的带权路径长度。如图 10－20 所示的二叉树中，a 节点的带权路径长度为：2×2＝4。同理，d 节点的带权路径长度为：3×6＝18。

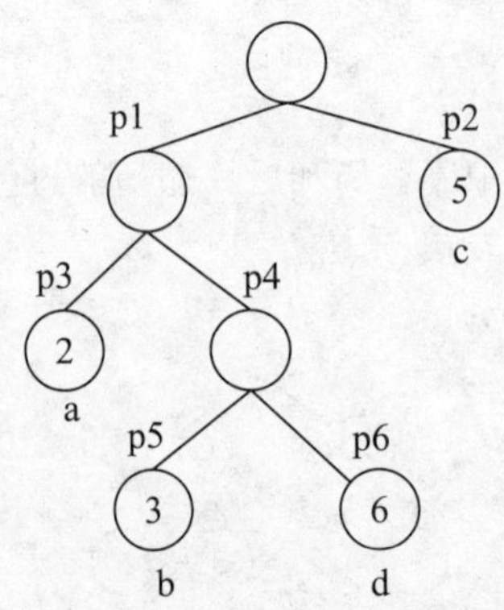


图 10－20　具有带权路径长度的二叉树

（5）树的带权路径长度：整个树中所有叶子节点的带权路径之和，称为树的带权路径长度。若树中有 $n$ 个叶子节点，对应的权值分别为 $w_1$，$w_2$，$w_3$，…，$w_n$，对应的路径长度分别为 $l_1$，$l_2$，$l_3$，…，$l_n$，那么这棵树的带权路径长度 WPL（Weighted Path Length）表示为

$$\mathrm{WPL} = \sum_{i=1}^{n} w_i \times l_i$$

如图 10－20 所示的二叉树的带权路径长度 WPL=2×2+3×3+3×6+1×5=36。

在给定 $n$ 个带权值的叶子节点后，我们可以构建出若干棵以这 $n$ 个带权节点为叶子节点的二叉树，但这些二叉树中却具有不同的带权路径长度 WPL，我们将其中带权路径长度 WPL 最小的二叉树叫作最优二叉树，也称为哈夫曼树。

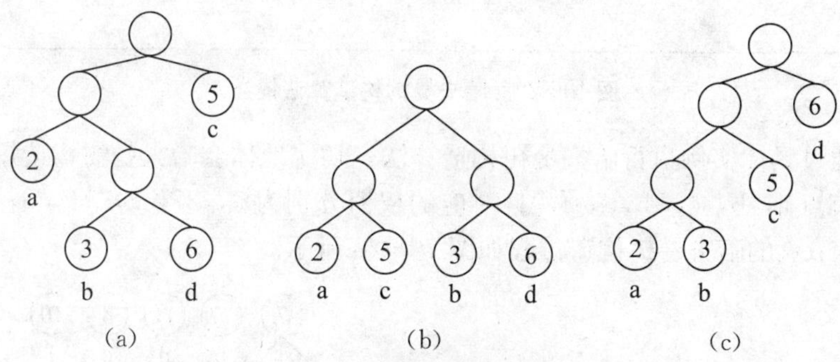


图 10－21 具有不同带权路径长度的二叉树

如图 10－21 所示的 3 棵具有不同带权路径长度的二叉树，其中二叉树（a）的带权路径长度 WPL=2×2+3×3+3×6+1×5=36，二叉树（b）的带权路径长度 WPL=2×2+2×5+2×3+2×6=32，二叉树（c）的带权路径长度 WPL=2×3+3×3+2×5+1×6=31。按照如图 10－21 所示的 4 个节点还可以构造若干棵二叉树，但可以发现二叉树（c）的带权路径长度值为最小，因此二叉树（c）就是一棵哈夫曼树。

## 10.4.2 哈夫曼树构造算法

在对哈夫曼树的基本概念有所了解后，现在来思考如果给定了 $n$ 个带权值节点，其权值分别为 $w_1$，$w_2$，$w_3$，…，$w_n$，那么该怎样构造一棵带权路径长度最小的树（即哈夫曼树）呢？我们可以发现，在哈夫曼树中权重越大的节点距离树的根节点就越近。因此，根据这种思想可以大致描述构造哈夫曼树的算法，如图 10－22 所示。

输入：$n$个带权节点，且权值分别$w_1$，$w_2$，$w_3$，…，$w_n$

算法步骤：
①将$n$个带权节点分别作为一棵仅含有1个节点的二叉树，形成由$n$棵树构成的森林F。
②引入一个新节点，并从F中选出两棵根节点权值最小的树分别作为这个新节点的左子树和右子树，然后将新节点的权值更新为左子树根节点的权值与右子树根节点的权值之和。
③从森林F中去除上一步选出的两棵树，然后将以新节点为根的树加入到F中。
④重复执行步骤②和步骤③，直到F中只有一棵树。

输出：F中剩下的唯一一棵树即为构造的哈夫曼树

**图 10－22　哈夫曼树构造算法描述**

下面将通过具体实例执行哈夫曼树构造算法，切实地体会哈夫曼树构造过程。现给定了 6 个带权节点 a，b，c，d，e，f，且对应的权值分别为 5，27，2，11，8，10，则以这 6 个节点为叶节点的哈夫曼树构造过程如图 10－23 所示。

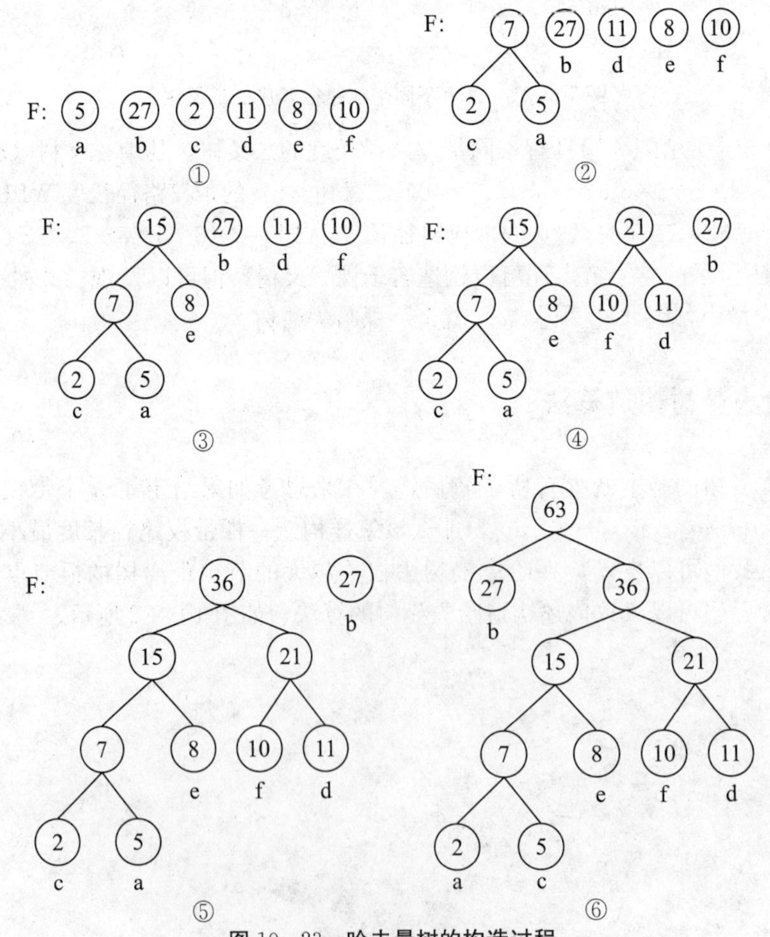


**图 10－23　哈夫曼树的构造过程**

以上述 6 个节点为叶节点的哈夫曼树构造结果如图 10－23 图中⑥所示 F，此时 F 中只剩下唯一的一棵二叉树，因此构造哈夫曼树算法终止。我们可以计算该哈夫曼树的带权路径长度 WPL=4×5+4×2+3×8+3×10+3×11+1×27=142。

### 10.4.3　哈夫曼树编码

在计算机处理字符时需要使用二进制位来表示每个字符。如果每个字符都使用相同长度的二进制位表示，那么这样的编码方式叫作定长编码，例如，ASCII 码中的字符通常用一个字节（8 位二进制）表示。但是在某些应用场合中，并不是所有的字符都会以相同频率被使用，因此，可以根据字符使用频率对字符采用变长编码（即每个字符的编码长度不一定相同）来更有效地节约字符编码存储空间。例如，可以用更短的编码表示高频字符，这样能够使平均的字符编码长度减少，达到一种数据压缩的效果。目前，哈夫曼编码依然被广泛用于图像、视频以及语音等多个领域的数据压缩任务中。

现在我们考虑如何使用哈夫曼树思想进行字符编码，结合前面给的例子，假设现在有 6 个字符 a，b，c，d，e，f，它们在某段文本中出现的频数分别为：5，27，2，11，8，10，那么它们对应的频率分别为：0.079，0.429，0.032，0.175，0.127，0.159。我们可以将频率大小作为对应字符的权值，使用哈夫曼树构造算法来构造相应的哈夫曼树，其中我们将每个父节点与左子节点相连的边标为 0，将每个父节点与右子节点相连的边标为 1。由于使用频率或频数并不会影响各个子树根节点权值的相对大小，因此，下面哈夫曼编码树中的各节点均以频数作为权值。

根据前面所述实例，以上 6 个字符构成的哈夫曼编码树构造如图 10－24 所示。

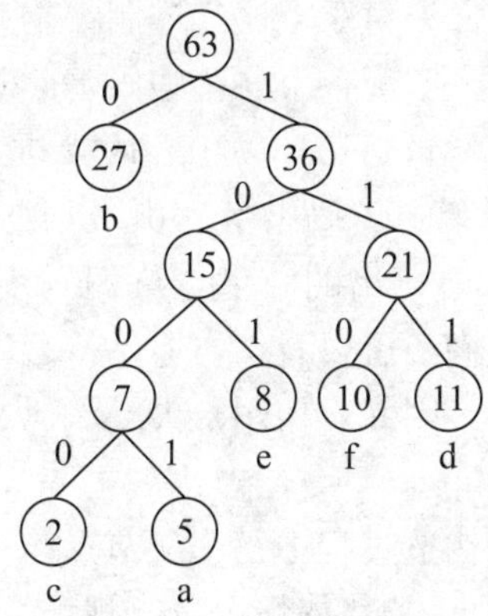


图 10－24　哈夫曼树编码实例

当我们在得到以上 6 个字符对应的哈夫曼编码树后，便可以对各个每个字符进行新的编码表示，例如：

字符 a 编码为：1001

字符 b 编码为：0

字符 c 编码为：1000

字符 d 编码为：111

字符 e 编码为：101

字符 f 编码为：110

下面我们来说明一下为什么采用哈夫曼树编码进行变长编码后能起到数据压缩的效果。

根据上面实例可以看出文本中一共有 6 种字符，且总的字符数为 63。如果每个字符采用 1 字节定长编码，那么此时编码这段文本总共需要 63×8=504 bit。如果此时我们使用上述哈夫曼树编码表示文本，则需要：WPL=4×5+4×2+3×8+3×10+3×11+1×27=142 bit。

此时哈夫曼编码压缩了的数据为

$$\frac{504-142}{504}\times 100\%\approx 71.8\%$$

现在假设我们有个字符串“addcef”需要进行哈夫曼编码，那么使用上面构造的哈夫曼编码树可以将该字符串编码为如下形式的二进制串：

1001111111000101110

对于定长编码的字符来说，总是使用相同位数的二进制对字符进行编码，那么在解码时也是对相同长度的二进制位进行解码得到相应的字符。而变长编码由于字符二进制编码长度并不固定，那么计算机在解码时应该怎样解码呢？这种变长解码结果是否正确呢？

下面我们介绍哈夫曼编码后如何正确解码。首先可以看到上例中 a：1001，b：0，c：1000，d：111，e：101，f：110，可以直观地看到每个字符的编码都是唯一确定的，并且每个字符并不互为前缀码。前缀码可认为是两个字符串中其中一个字符串是另一个字符串的最左子串，例如，编码“1001”是编码“1001001”的前缀码，可以看出前缀码会导致解码出现歧义。

由于哈夫曼编码表示字符时每个字符编码形式唯一确定并且互不为彼此的前缀码，这样就避免了解码时可能出现的歧义。对于上述二进制编码“1001111111000101110”的解码来说，我们首先用二进制编码去匹配各个字符编码，此时前 4 个 bit 可以匹配到字符 a，所以解码出字符 a。然后再解码“111111000101110”，同样去匹配各个字符编码，可以根据前 3 个 bit 匹配到字符 d，所以再解码出字符 d，以此类推，可以将二进制编码形式的串唯一解码为字符串“addcef”。解码出的结果与待编码字符串相同，因此验证了哈夫曼解码的正确性和合理性，并且我们还可以看出，原始待编码结果与最终解码结果相同，说明哈夫曼编码还是一种无损编码。因此，使用哈夫曼编码方式进行数据压缩是一种无损的数据压缩方式。

提示：在实际哈夫曼编码树构造过程中每个父节点与子节点连接的边未必必须是左边为 0，右边为 1，这个可以根据自己的建树情况进行规定，本节的例子只是默认左边为 0，右边为 1。

本节主要介绍了哈夫曼编码相关的内容，如哈夫曼树相关的基本概念、如何构建哈夫曼树以及如何使用哈夫曼树对字符进行编码和解码等。我们可以直观地看到哈夫曼编码的实际效果，尤其是其编码的核心思想是按照字符被使用频率，对高频字符使用更短的编码进行表示，对于低频使用字符，使用略长的编码进行表示，从而减少了字符的平均编码长度，达到了数据压缩效果。不过，从这一点来看，如果所有字符被使用频率都十分相近，那么此时使用哈夫曼编码的效果就会有所下降。读者可以自行实验对比效果。

Python 实现哈夫曼树编码：

示例代码：

```
#定义哈夫曼树中的节点：
class TreeNode(object)：
    def __init__(self, data)：
        #传入的数据是一个元组(字符,对应的频数)
        self.char=data[0]
        self.frequency=data[1]
        self.leftChild=None
        self.rightChild=None
        self.code=""  #记录该节点的哈夫曼编码

'''
    定义森林 F 中各树的根节点
    主要涉及的操作有：
    ①去除 F 中的某个节点：pop()
    ②添加新引入的节点：add()
'''
class Forest(object)：
    def __init__(self, dataSet)：
        q=[]  #定义一个列表用于存储初始节点
        #依次将初始传入的字符节点作为初始森林中的独立子树节点
        for data in dataSet：
            q.append(TreeNode(data))
        self.queue=q

        #定义当前森林中节点数量
        self.size=len(self.queue)

    #定义森林节点出队(去除)操作
    def pop(self)：
        self.size-=1  #当前队列大小减1
        return self.queue.pop(0)#去除队列第一个节点元素

    #定义森林节点入队(添加)操作
    def add(self,newNode)：

        #在当前森林节点中引入一个新节点
        def AddnewNodeToForest(queue, nodeNew)：
```

```
            ＃如果当前队列为空，则直接返回这个新节点作为队列元素
            if len(queue)==0:
                return [nodeNew]

            ＃如果当前队列中所有节点的频数都比新节点小，则直接将该节点加入
到队尾
            if queue[len(queue)-1].frequency <nodeNew.frequency:
                return queue+[nodeNew]

            ＃依次比较新节点与队列中节点的频数，按照频数从小到大插入新节点
            for i in range(len(queue)):
                if queue[i].frequency>=nodeNew.frequency:
                    return queue[:i]+[nodeNew]+queue[i:]

        ＃向当前节点队列中增加新节点
        self.queue=AddnewNodeToForest(self.queue, newNode)
        self.size+=1

＃统计传入字符串中各个字符的频数，并将统计结果按照频数排序
def StatisticsChar(string):
    dict={}
    for char in string:
        if not char in dict:
            dict[char]=1
        else:
            dict[char]+=1
    return sorted(dict.items(),key=lambda x:x[1])

＃根据传入的 Forest 节点队列依次生产哈夫曼树
def HuffmanTree(Forest):
    ＃构造哈夫曼树结束条件：直到森林节点队列中只剩一个节点
    while Forest.size !=1:

        ＃取出节点队列中权值第一小和第二小的节点
        first_small=Forest.pop()
        second_small=Forest.pop()

        '''
        定义引入的新节点，其权值为第一小和第二小的节点权值之和，
```

```
        且第一小和第二小分别作为新节点的左右孩子节点
        '''
        newNode = TreeNode([None, first_small.frequency + second_small.frequency])
        newNode.leftChild=first_small
        newNode.rightChild=second_small
        Forest.add(newNode)
    return Forest.pop()

#定义两个字典分别记录字符转为哈夫曼编码的结果以及哈夫曼编码转为字符的结果
CharToHuffman={}
HuffmanToChar={}

#根据构建的哈夫曼树进行哈夫曼编码
def HuffmanCode(Node,x):
    if Node:
        #当前节点与其左子节点的边用'0'表示
        HuffmanCode(Node.leftChild, x+'0')
        Node.code+=x
        if Node.char:
            CharToHuffman[Node.char]=Node.code
            HuffmanToChar[Node.code]=Node.char
        #当前节点与其左子节点的边用'1'表示
        HuffmanCode(Node.rightChild, x+'1')

#对传入的字符串进行哈夫曼编码
def TransEncode(string):
    global CharToHuffman
    transcode=""
    for char in string:
        transcode+=CharToHuffman[char]
    return transcode

#将传入的哈夫曼编码解码为字符串
def TransDecode(huffmanCode):
    global HuffmanToChar
    code=""
    result=""
    for char in huffmanCode:
```

```
            code+=char
            if code in HuffmanToChar:
                result+=HuffmanToChar[code]
                code=""
        return result
```

#构造一段文本,其中包括5个 a 字符、27个 b 字符、2个 c 字符、11个 d 字符、8个 e 字符、10个 f 字符

```
string='aaaaabbbbbbbbbbbbbbbbbbbbbbbbbbbccdddddddddddffffffffffeeeeeeee'

forest=Forest(StatisticsChar(string))
huffmanTree=HuffmanTree(forest)
HuffmanCode(huffmanTree, '')

print('原始字符串:\n',string)
print('\n字符对应的哈夫曼编码:\n',CharToHuffman)
print('\n哈夫曼编码解码为对应字符:\n',HuffmanToChar)
print('\n将原始字符串进行哈夫曼编码的结果:')
huffmanCode=TransEncode(string)
print(huffmanCode)
print('\n将哈夫曼编码结果进行解码的结果:')
huffmanTostring=TransDecode(huffmanCode)
print(huffmanTostring)
```

程序运行结果:

```
原始字符串:
aaaaabbbbbbbbbbbbbbbbbbbbbbbbbbbccdddddddddddffffffffffeeeeeeee
字符对应的哈夫曼编码:
{'b':'0', 'c':'1000', 'a':'1001', 'e':'101', 'f':'110', 'd':'111'}
哈夫曼编码解码为对应字符:
{'0':'b', '1000':'c', '1001':'a', '101':'e', '110':'f', '111':'d'}
将原始字符串进行哈夫曼编码的结果:
10011001100110011001000000000000000000000000000000100010001111111111111111111111111111111111110110110110110110110110110101101101101101101101
将哈夫曼编码结果进行解码的结果:
Aaaaabbbbbbbbbbbbbbbbbbbbbbbbbbbccdddddddddddffffffffffeeeeeeee
```

# 习　题

1. 编写一个函数，给定二叉树的根节点，计算二叉树的叶节点数。

2. 编写一个函数，给定二叉树的根节点，计算二叉树的高度。

3. 编写一个函数，给定二叉树的根节点，求二叉树的所有节点之和。

4. 编写程序，输入一棵二叉树，判断该二叉树是否是平衡二叉树。输入一行数字，表示一个二叉树，按层从左到右输入，每个数字表示一棵树节点，用，号隔开，若不是完全二叉树，空节点用 $ 代替。

如输入：

6，3，7，1，4

输出：

True

5. 编写程序，输入两棵二叉树 A，B，判断 B 是不是 A 的子结构（子树）。（我们约定空树不是任意一个树的子结构）

输入两行数字，一行表示一个二叉树，按层从左到右输入，每个数字表示一棵树节点，用，号隔开，若不是完全二叉树，空节点用 $ 代替。

如输入：

1，2，3，4，5，$，6

3，$，6

输出：

True

6. 编写程序求二叉树中和为某一值的路径。输入一棵二叉树的根节点和一个整数，打印出二叉树中节点值的和为输入整数的所有路径。

7. 编写程序，实现如图 10－25 所示的二叉树的先序遍历，并输出结果。

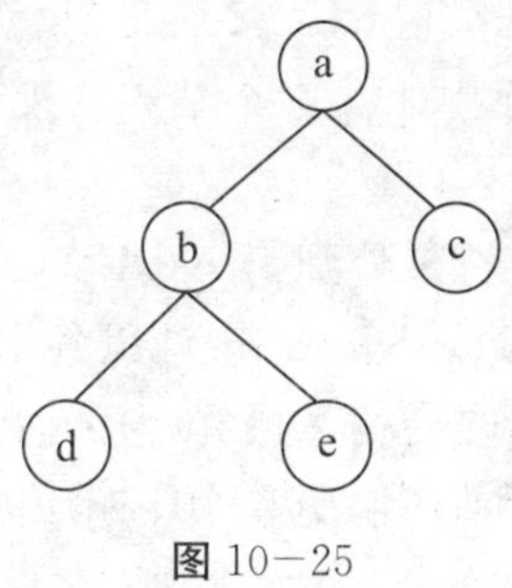


图 10－25

8. 编写程序，实现如图 10－26 所示的二叉树的中序遍历，并输出结果。

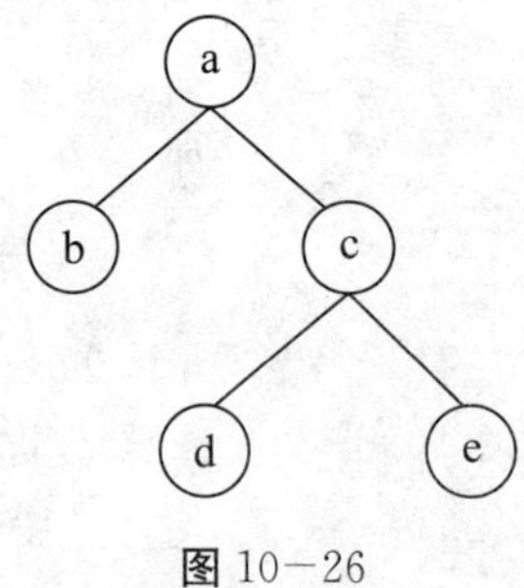


图 10-26

9. 编写程序，实现如图 10-27 的二叉树的后序遍历，并输出结果。

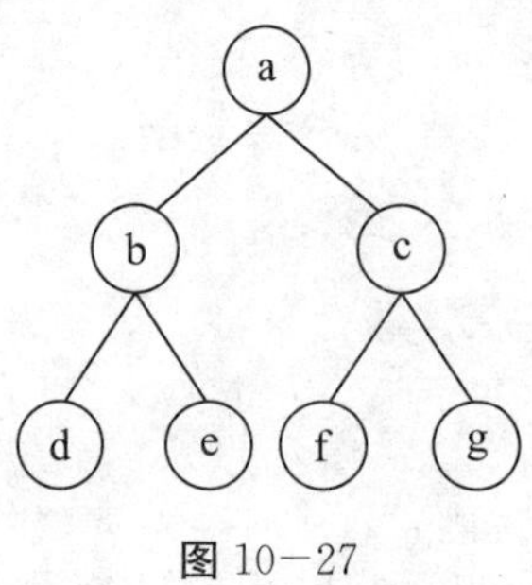


图 10-27

10. 假设一棵哈夫曼树中有叶子节点的数量为 $M$，那么该哈夫曼树中一共有（　　）个非叶子节点。

A. $M$　　B. $M-1$　　C. $2M$　　D. $2M-1$

11. 下列关于哈夫曼树说法中正确的是（　　）。

A. 哈夫曼树中可能存在度为 1 的节点

B. 相同的一组带权节点构成的哈夫曼树一定是相同的

C. 给定的一组带权节点形成的所有树中哈夫曼树具有最小的带权路径长度

D. 哈夫曼树一定是满二叉树

12. 如果哈夫曼编码的最大长度为 4，并且已有两个字符编码分别是 1 和 01，那么此时最多还能编码多少个字符？

13. 假设存在一棵哈夫曼树总共具有 $k$ 个节点，那么该哈夫曼树能够编码多少个不同的字符？

14. 在一段文本中共有 7 种字符，分别为 A，B，C，D，E，F，G，并且它们在文本中出现的频数分别为 5，7，2，3，6，8，9，现请以各个字符对应的频数作为其权值，编程实现以这些带权字符为节点的哈夫曼树，最终程序输出该哈夫曼树的带权路径长度。

15. 编写程序，根据二叉树的前序遍历和中序遍历的结果，重建出该二叉树。

# *第11章　图

## 11.1　图的定义和术语

### 11.1.1　定义

图是一种表示对象之间关系的方式。一个图通常由一系列称为顶点的对象，以及这些对象间的联系（被称作边）组成。图在许多领域都有应用，包括地图、运输、计算机网络等。接下来我们正式引入图的定义。

一个图是一个二元组 G=（V，E），其中，V 表示非空有穷的顶点集合，E 表示边的集合。

图根据是否有方向分为有向图和无向图。有向图中的边是顶点的有序对，而无向图中的边则是顶点的无序对。为了方便叙述，我们使用 u∈V，v∈V 代表图中的任意两个顶点，组成的二元组（u，v）∈E 代表一条边。在有向图中，（u，v）和（v，u）表示的是不同边；而在无向图中，（u，v）和（v，u）则表示相同边。

如果构成图的所有边都是有向的，该图称为有向图；如果构成图的所有边都是无向的，该图称为无向图；如果图里的边既有有向边，又有无向边，这样的图称为混合图。无向图和混合图都可以转化为有向图，只需要图中的无序顶点对（u，v）表示为（u，v）和（v，u）即可。

为了方便理解图，人们提出了图的一种图示形式。在图的图示中，顶点用小圆圈表示，顶点的标记写在旁边，边则用两个顶点之间的连线表示。在有向图中，使用带箭头的连线表示边的方向。（u，v）这样一条有向边在图示中表示为从 u 出发，在 v 结束的箭头连线，并且我们称 u 为弧尾，v 为弧头。

图 11－1 是两种图的图示，左边是有向图，右边是无向图。

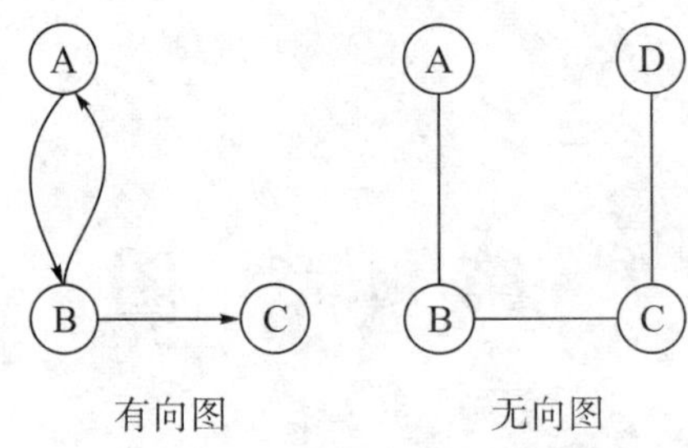


图 11-1　有向图与无向图

### 11.1.2　术语

为了方便后面的讨论，在这里我们将引入一些关于图的术语。

邻接点：如果在图 G 里有边（u，v)，则称 v 为 u 的邻接顶点或邻接点（无向图中邻接关系是双向的)，这条边也称为 u 的邻接边。

完全图：任意两个顶点之间有边连接的图称为完全图。显然，$n$ 个顶点的无向完全图有 $n*n(n-1)/2$ 条边，$n$ 个顶点的有向完全图有 $n*n(n-1)$ 条边。

度（顶点的度)：连接一个顶点的边的条数称为度。有向图中，度又分为入度和出度，分别表示顶点的入边数和出边数。无论对于有向图还是无向图，顶点数 $n$、边数 $e$ 和顶点度数 $D$ 满足以下关系：

$$e = \frac{1}{2}\sum_{i} D(v_i)$$

式中，$D(v_i)$ 表示顶点 $v_i$ 的度数，这里表示对所有顶点的度数求和。

路径：对于图 G=(V，E)，如果存在顶点序列序列 u，v，…，y，z，使得（u，v)，…，(y，z)∈E，则称顶点 u 到 z 存在路径，并称（u，v，…，z）是从顶点 u 到 z 的一条路径。显然路径的长度等于该路径上边的条数。如果路径的起点和终点相同，则该路径称为回路（环)。如果路径内部不存在回路，我们称这种路径为简单路径。

连通图：在无向图 G 中，如果从顶点 u 到 v 有路径存在，则称 u 和 v 是连通的。如果对于图中任意两个顶点，都是连通的，则称 G 是连通图。图 11-2（a）是完整图，而图 11-2（b）是它的一个子图，图中顶点 A，B，C，D 都是连通的，所以它是连通无向图。类似地，可以定义有向图的连通，对于有向图 G 中的任意两个顶点 u，v，如果从 u 到 v 连通并且从 v 到 u 连通，则称 G 为强连通有向图。

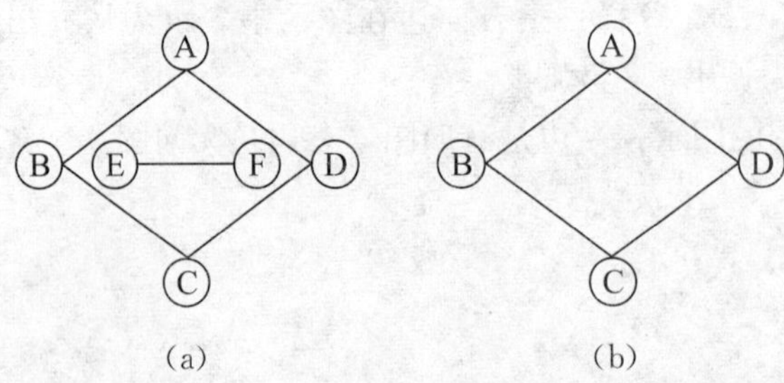


图 11-2　连通图

连通子图：首先，我们先定义一下子图。顾名思义，子图是原图的一部分，子图中的顶点和边都属于原图，图本身也是其子图之一。因此，有些图可能不是连通的，但是子图是连通的，这样的子图称为连通子图（对于有向图，是强连通子图）。一个图的（强）连通子图，如果加入任意一个顶点都使得它不再连通，这样的（强）连通子图称为极大（强）连通子图。图 11-2（b）中，如果再添加任意一个顶点（E 或者 F），都会导致它不连通，所以图 11-2（b）是图 11-2（a）的一个极大连通子图。

## 11.2　图的存储表示

图的存储结构较线性表和树来说，更加复杂。接下来我们讨论常见的两种图的存储方式，这些存储方式在顶点的存储上基本一致，但是对于边的处理差别很大。因此，为了提高效率，应该根据图的具体情况选择适合的存储方式。

### 11.2.1　邻接矩阵

图的一个基本存储方法是邻接矩阵，邻接矩阵表示的是图中顶点间的邻接关系。邻接矩阵的存储是采用两个数组实现的，即一个一维数组和一个二维数组。一维数组存储顶点信息，二维数组存储边的信息。

设图 G 有 $n$ 个顶点，则邻接矩阵是一个 $n \times n$ 的方阵，定义为

$$A_{ij}=\begin{cases}1，如果\ u_i\ 到\ u_j\ 有边\\0，如果\ u_i\ 到\ u_j\ 无边\end{cases}$$

对于带权图，可以把 1 改为权值。我们来看一个无向图的邻接矩阵实例，如图 11-3 所示。

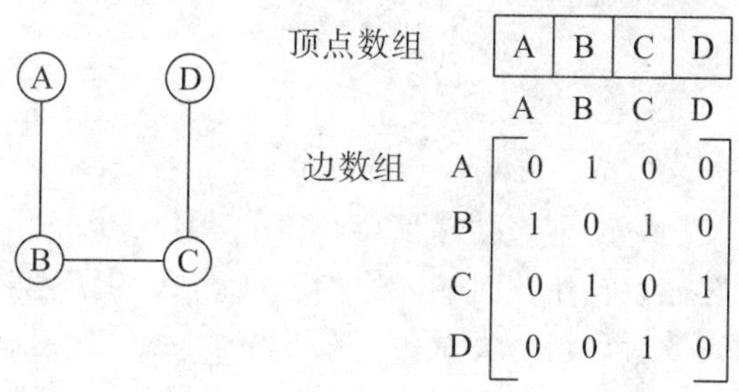


图 11-3　无向图邻接矩阵

从图中可以看出，无向图的邻接矩阵是一个对称矩阵。那么邻接矩阵的具体实现是怎么样的呢？代码如下：

```
class MGraph:
    def __init__(self, edges, directed=False):
        self.directed=directed
        self.edges=edges
        self.vertex=[]
```

```
        self.vnum=0
        self.edge_mat=[]
        self.init_vertex(edges)
        self.init_edge_mat(edges)

    def init_vertex(self, edges):
        vertex=[]
        #遍历所有边,统计顶点
        for edge in edges:
            if edge[0] not in vertex:
                vertex.append(edge[0])
            if edge[1] not in vertex:
                vertex.append(edge[1])
        self.vertex=vertex
        self.vnum=len(vertex)

    def init_edge_mat(self, edges):
        zeros_mat=[]
        for i in range(self.vnum):
            zeros_mat.append([0 for i in range(self.vnum)])
        #使用一个方阵存储边
        for edge in edges:
            u, v=self.vertex.index(edge[0]), self.vertex.index(edge[1])
            zeros_mat[u][v]=1
            if not self.directed:
                zeros_mat[v][u]=1
        self.edge_mat=zeros_mat
```

如代码所示，我们使用一个列表存储顶点，然后使用一个嵌套列表作为邻接矩阵。这段代码实现的是静态图存储，初始化时输入边列表（[(A, B), (B, C)]）即可。如果要实现动态增加顶点和边，读者可自行尝试。

### 11.2.2　邻接表

邻接矩阵是一种不错的存储结构，但是如果一个图的边数相对顶点较少的话，会浪费很大的存储空间。因此，我们需要考虑另外一种存储方式。回忆之前我们学过的树存储结构时，有一种孩子表示法，即先把节点存入数组，然后把节点的孩子进行链式存储，这样一来就不会存在空间浪费情况。图的存储也使用这种结构，我们称这种数组与链表相结合的存储方法为邻接表法。

邻接表的存储分两步：

（1）顶点采用一个一维数组存储，同时还要存储第一个邻接点信息。

（2）图中每个顶点的邻接点构成一个线性表，由于邻接点不确定，采用一个单链表存储。

一个无向图的邻接表结构如图 11－4 所示。

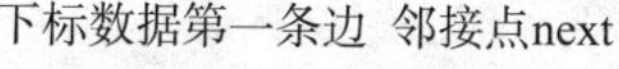


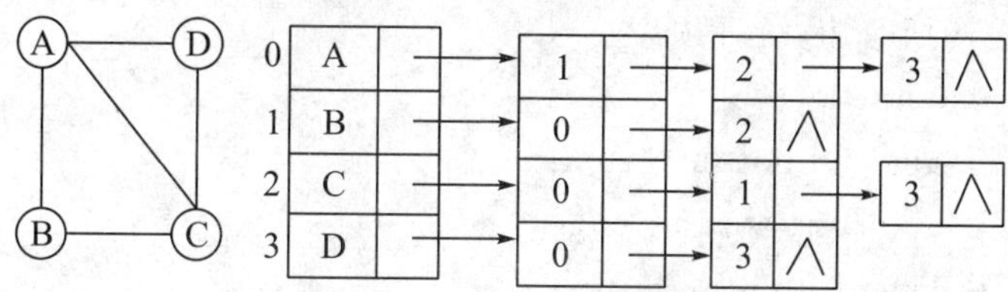

**图 11－4　无向图邻接表**

有向图的邻接表结构类似。但是，由于有向图的边是有方向的，如果以顶点为起点来存储边表，这样很容易地得到每个顶点的出度。但是有时候为了确定顶点的入度或以顶点为终点的边，可以建立一个有向图的逆邻接表，如图 11－5 所示。

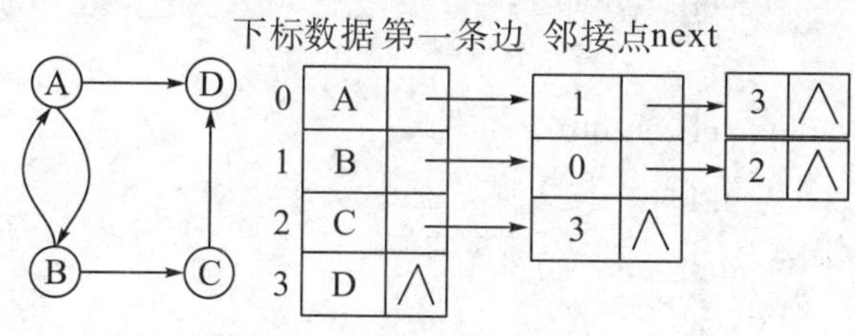


（a）邻接表

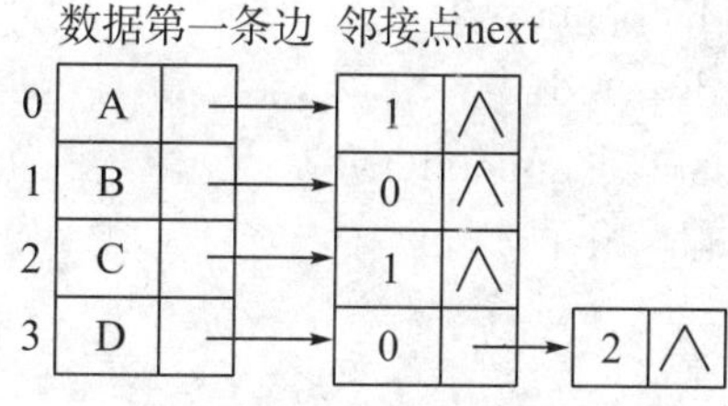


（b）逆邻接表

**图 11－5　有向图邻接表**

对于邻接表的 Python 实现，具体如下（逆邻接表的实现大同小异，读者可自行实现）。

示例代码：

```
class GraphAL:
    def __init__(self, edges, directed=False):
        self.directed=directed
        self.edges=edges
        self.vertex=[]
        self.vnum=0
        self.adj_list=[]
```

```
        self.init_vertex(edges)
        self.init_adj_list(edges)

    def init_vertex(self, edges):
        vertex=[]
        # 遍历所有边,统计顶点
        for edge in edges:
            if edge[0] not in vertex:
                vertex.append(edge[0])
            if edge[1] not in vertex:
                vertex.append(edge[1])
        self.vertex=vertex
        self.vnum=len(vertex)

    def init_adj_list(self, edges):
        adj_list=[]
        for i in range(self.vnum):
            adj_list.append([])
        # 建立邻接表
        for edge in edges:
            u, v=self.vertex.index(edge[0]), self.vertex.index(edge[1])
            adj_list[u].append(v)
            if not self.directed:
                adj_list[v].append(u)
        self.adj_list=adj_list
    def get_vertex(self):
        return self.vertex

    def get_adj_list(self):
        return self.adj_list

    def get_edges(self):
        return self.edges
```

这里我们实现邻接表使用的结构基本和邻接矩阵相似，不过邻接表里存储的是边序号。

# 11.3　图的遍历

图的遍历和树的遍历类似，我们希望从图中某一顶点出发访问图中其余顶点，且使每个顶点仅被访问一次，这一过程就称为图的遍历。通常有两种遍历次序方案：深度优先遍历和广度优先遍历。

## 11.3.1　深度优先

假定从指定顶点 v 出发，深度优先遍历的做法如下：

(1) 访问顶点 v，并将其标记为已访问。

(2) 从 v 的邻接点中选取一个尚未访问的顶点，从该顶点出发继续进行深度优先遍历。

(3) 重复上述操作，直到从 v 出发可达的所有顶点都已访问。

(4) 如果图中还存在未访问的顶点，则选出一个未访问的点，重复前述操作。

深度优先遍历其实就是一个递归的过程，通过深度优先遍历顺序得到的顶点序列称为该图的深度优先搜索（Depth-First Search）序列，简称 DFS 序列。如果对任一顶点的邻接点采用不同的访问顺序，得到的 DFS 序列也不同。但是如果规定了邻接点顺序，也就确定了 DFS 序列。

如果我们采用邻接表的方式，代码如下：

```
def dep_traverse(graph, v0):
    vertex=graph.get_vertex()
    not_visited=vertex.copy()
    adj_list=graph.get_adj_list()
    def _traverse(v):
        if v not in not_visited:
            return
        else:
            print(v)
            not_visited.remove(v)
            v_adj=adj_list[vertex.index(v)]
            if len(v_adj)> 0:
                _traverse(vertex[v_adj[0]])
    while len(not_visited)> 0:
        _traverse(v0)
        if len(not_visited)> 0:
            v0=not_visited[0]
```

这里我们采用了递归实现深度遍历，函数接受一个邻接表对象和指定的开始点，然后输出 DFS 序列。

对于 $n$ 个顶点、$e$ 条边的图来说，深度优先遍历算法的复杂度主要取决于存储结构。如果采用邻接矩阵的存储方式，遍历需要花费 $O(n^2)$ 的时间。但是采用邻接表的话，找邻接点所需时间取决于顶点数和边的数量，所以是 $O(n+e)$。因此，如果是点多边少的稀疏图，采用邻接表做存储结构效率更高。

### 11.3.2 广度优先

广度优先遍历通过广度优先搜索的方式实施遍历，其具体做法如下：

(1) 访问顶点 v，并将其标记为已访问。

(2) 依次访问 v 的所有邻接顶点 $v_{i_0}$，$v_{i_1}$，$v_{i_2}$，…，$v_{i_m}$，再依次访问与 $v_{i_0}$，$v_{i_1}$，$v_{i_2}$，…，$v_{i_m}$ 邻接的所有未访问的顶点……如此进行下去直到所有可达顶点都已访问。

(3) 如果图中还存在未访问的顶点，则选出一个未访问点，重复前述操作。

通过广度优先遍历得到的顶点序列，称为广度优先搜索（Breadth-First Search）序列，或者 BFS 序列。与 DFS 的情况类似，如果规定了各顶点的邻接点顺序，BFS 序列就确定了。

具体实现如下：

```
def bfs_traverse(graph, v0):
    vertex=graph.get_vertex()
    not_visited=vertex.copy()
    adj_list=graph.get_adj_list()
    while len(not_visited)> 0:
        if v0 in not_visited:
            print(v0)
            not_visited.remove(v0)
        v_adj=adj_list[vertex.index(v0)]
        for i in v_adj:
            if vertex[i] in not_visited:
                print(vertex[i])
                not_visited.remove(vertex[i])
        if len(not_visited)> 0:
            v0=not_visited[0]
```

与深度优先遍历算法相比，广度优先遍历算法在时间复杂度上是一样的，只是对顶点的访问顺序不同。因此，两种遍历算法并没有优劣之分，应该视情况选择合适的算法。

## 11.4 图的最小生成树

这一节我们讨论带权图上的最小生成树问题，介绍最小生成树并讲解两个求最小生成树的算法：Prim 算法和 Kruskal 算法。

### 11.4.1　最小生成树问题

对于任意的连通图 G=(V，E)，如果边集 E′能够连通图中的所有顶点而又不形成任何回路，则称图 G′=(V，E′) 是图 G 的一棵生成树。而对于一个各条边都带有权值的连通图，我们称之为带权连通图，它的一棵生成树中所有边的权值之和称为该生成树的权。

对于一个连通图 G 的生成树 G′，必定包含全部 $n$ 个顶点构成的点集，以及 $n-1$ 条边。向 G′中再加入一条边会构成回路，若再减少一条边，则 G′不能构成连通图，G′中一条边的两个端点仅由一条边唯一连接。

对于同一个连通图 G，它可以产生多棵生成树，其中权最小的生成树被称为最小生成树（Minimum Spanning Tree，MST）。对于一个连通图，必定有最小生成树，但最小生成树有可能不唯一。

最小生成树在现实生活中有广泛的运用，如城市通信节点的布置、煤气或者暖气管线的规划等，在这些实际应用中，通常将一片区域看作节点，连接 $n$ 个节点只需要 $n-1$ 条边，且所有连接边的花费（权重）之和最低。

### 11.4.2　Prim 算法

Prim 算法是一个简单的求最小生成树的算法，它的基本思想是：初始化最小生成树的顶点集和边集为空，将一个初始顶点加入顶点集，并选择与这个顶点的最短连接边进入边集，扩充已经被边连接的顶点进入生成树的顶点集，直到顶点集中包含了图中的所有顶点，或者最终确定这个图不是连通图无法生成最小生成树。

整个算法的基本流程如下：

(1) 对于图 G 初始化两个空集作为顶点集 U 和边集 E，选择图 G 的顶点集 V 中一个顶点 V0 作为初始顶点加入集合 U 中，这时 U={V0}，E={}。

(2) 找出所有一个端点在集合 U 中而另一个端点在 V−U 中的边，然后选择其中权值最小的边加入边集 E 中，同时将这条边连接的那个不在 U 中的顶点加入到点集 U 中，最小生成树得到了扩充。

(3) 重复步骤 (2) 直到图 G 中所有的顶点都加入 U 中（U=V），这时顶点集 V 和边集 E 构成的图 M 就是图 G 的一棵最小生成树；或者 U 中还没有包含图 G 的所有顶点，但此时一个端点在集合 U 中而另一个端点在 V−U 中的边已经不存在，表明图 G 不是连通图，不存在最小生成树。

**例 11.1**　如图 11−6 所示，图 G 是一个拥有 9 个节点的连通图，我们选择节点 $V_1$ 作为初始节点。初始时最小生成树的顶点集 U={$V_1$} 和边集 E={}，与 $V_1$ 相连但另一端点不属于 U 的边有<$V_1$，$V_2$>，<$V_1$，$V_9$>，<$V_1$，$V_8$>，选择权值最小的边<$V_1$，$V_9$>加入集合 E，同时将顶点 $V_9$ 加入集合 U 中；然后一个端点在 U 中但另一个端点不在 U 中的边有 4 条，选择权值最小的边<$V_2$，$V_9$>加入 E，并将节点 $V_2$ 加入 U 中；继续检查从 U 出发到达非 U 顶点的边，选择其中权值最小的边加入 E，对应边的另一个端点加入 U 中，最终可以得到最小生成树。

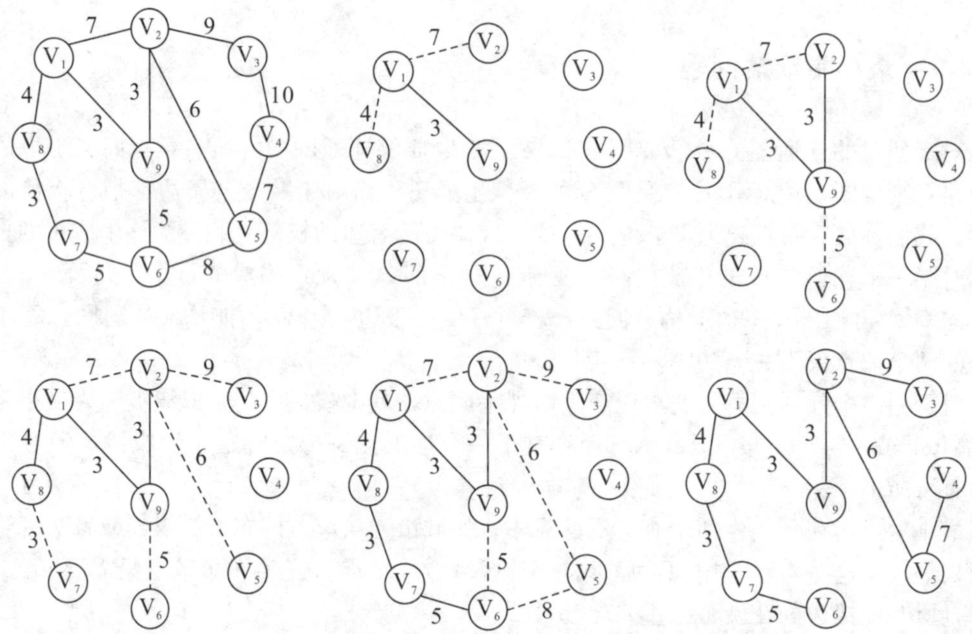

图 11－6　Prim 算法构造最小生成树的过程

Prim 算法的实现可以通过不断维护候选边列表的递增序列实现，对于图 G=(V，E)，我们将边表示为((i，j)，len)，i 和 j 是节点的标号，len 是端点为节点 i 和节点 j 的边长度，如果两个节点没有直接相连的边，则它们之间的长度 len 表示为无穷大 inf。mst 是用于存储最小生成树边的数组，数组中每个元素初始化为 None，mst[m] 存储的是边((m，k)，length)，表示从节点 m 出发到节点 k 的边是构成最小生成树的边之一，这条边的权值为 length，如果 mst[i] 为 None，则代表节点 i 还没有存储在 U 中。

具体的算法实现细节如下：

(1) 我们选择从节点 0 开始进行最小生成树的生成，将边((0，0)，0)加入列表 candidate 中，candidate 中存储的边是最小生成树的候选边。同时将节点 0 加入最小生成树顶点集 U 中，将顶点 0 到其余顶点的边存入 candidate。

(2) 在 candidate 中寻找长度最短的边((u，v)，len)，如果它的两个端点分别属于顶点集 U 和 V－U，即 u 是属于 U 的顶点且 v 是属于 V－U 的顶点，则将这条边存储在 mst[u]中，同时将顶点 v 到其余顶点的边存入 candidate 中，否则将这条边从 candidate 中丢弃。

(3) 循环步骤(2)，直到 U 中存储了图 G 的所有 $n$ 个顶点，这时 mst 记录了最小生成树的所有边；或者优先队列 candidate 为空，此时表明图 G 不连通，无法生成最小生成树。

通过上面描述的算法具体细节，我们使用代码简单实现了 Prim 算法的核心部分：

```
def Prim(graph):
    node_num=graph.node_num
    mst=[None]*node_num
    selected_node=set()        #记录已经选择的节点
```

```
        candidate=[]            #记录候选边
        candidate.append((0, 0, 0))
        selected_node.add(0)
        while len(selected_node)!=node_num and len(candidate)!=0:
            (start, end, weight), candidate=find_shortest_edge(candidate)
            #寻找候选边中最短
            if mst[end] is not None:
            #判断邻接节点是否已经被选中
                continue
            else:
                selected_node.add(end)
                mst[start]=(start, end, weight)
                for edge in graph.out_edges(end):
                    if mst[edge.end_index] is None:
                    #添加符合条件的边进入候选边列表
                        candidate.append((edge.start_index, edge.end_index,
edge.weight))
        return mst
```

这里我们简单遍历候选边列表选择最短边弹出，也可以使用优先队列或者使用最小堆等方法实现。如果最后选择的节点列表包含了图 G 的所有节点或者返回的数组 mst 中有 $n-1$条边不是 None，则 mst 中这$n-1$条边就构成了图 G 的最小生成树，否则该图不连通，无最小生成树。

基础的 Prim 算法的缺点是会将一些无价值的冗余边也存入优先队列 candidate 中，导致算法空间复杂度的增大，可以考虑使用堆结构来获取每次迭代需要的最短边等，这里读者可以思考 Prim 算法的改进，留作练习。

### 11.4.3　Kruskal 算法

Kruskal 算法也是一种用于产生最小生成树的算法，设计思想与 Prim 算法不同，想法较为简单，通过不断选择图 G 中的最短边和对应的端点，直到最后选择的边包含所有的顶点且不形成回路。

整个算法的基本流程如下：

(1) 对于图 G=(V, E)，|V|=n，使用列表 mst 存储最小生成树的边，初始化 mst=[]，对于图中每条边使用（(i, j), len）表示，i 和 j 是节点的标号，len 是端点为节点 i 和节点 j 的边长度，如果两个节点没有直接相连的边，则它们之间的长度 len 表示为无穷大 inf。

(2) 将图 G 中所有边构成的集合 E 按照每条边的长短（权值）从小到大排序，在构造最小生成树的过程中不断检查这个有序集合，找到权值最小且不会导致回路出现的边加入列表 mst 中。

（3）重复步骤（2）直到列表 mst 的长度为 $n-1$，这时 mst 中的边构成的图 M 就是图 G 的一棵最小生成树；如果最终 mst 的长度不能达到 $n-1$，表明 mst 中所有边的端点并不能包含图 G 的所有顶点，此时图 G 不连通，没有最小生成树。

**例 11.2** 如图 11−7 所示，图 G 是一个拥有 9 个节点的连通图，初始化最小生成树的边集 mst=[]。首先选择最短的边（($V_1$，$V_9$)，3），将这条边加入 mst。接着继续选择边（($V_2$，$V_9$)，3）（($V_8$，$V_7$)，3）（($V_1$，$V_8$)，4）（($V_7$，$V_6$)，5）依次加入 mst 中，此时最短的边为（($V_6$，$V_9$)，5），但选择这条边会造成回环的出现，因此丢弃这条边选择（($V_2$，$V_5$)，6）（($V_5$，$V_4$)，7）（($V_2$，$V_3$)，9），最终 mst 中包含了 8 条边以及图 G 中所有的节点，停止计算，得到最小生成树。

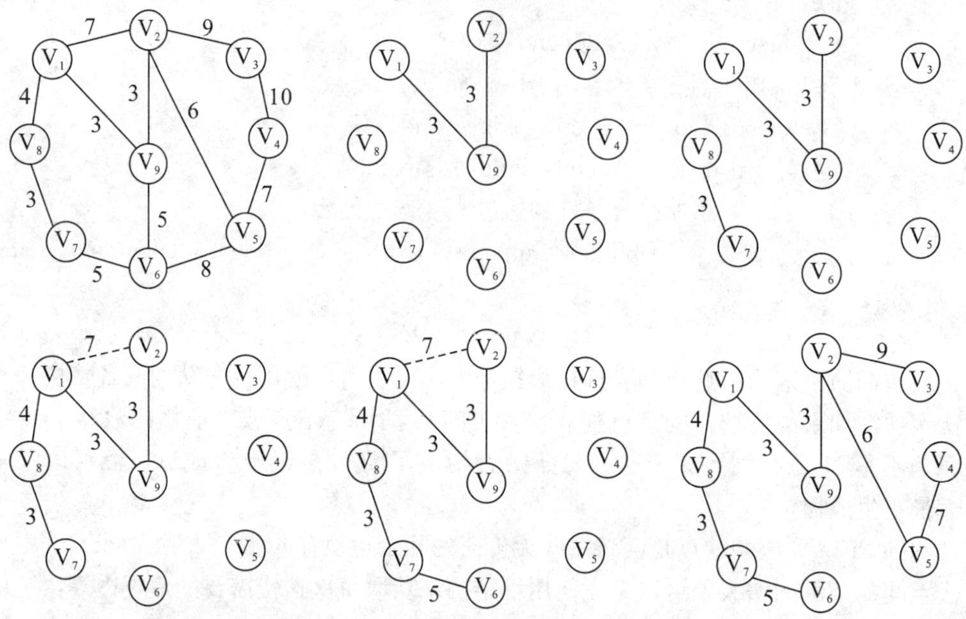

**图 11−7　Kruskal 算法构造最小生成树的过程**

对于算法的具体实现，和 Prim 算法一样，需要对当前最短边进行选取，因此也可以使用优先队列、堆结构、简单遍历等方法。但是 Kruskal 算法还需要考虑当前的图是否形成回环，我们可以简单地为每个节点分配一个所谓的“连通标记”，具有相同“连通标记”的节点被认为是在同一个连通图中。两个连通图合并会更新“连通标记”，使合并后的连通图中每个节点具有相同的“连通标记”，初始化每个节点的“连通标记”为该节点的标号。

具体的算法实现代码如下：

```
def Kruskal(graph):
    node_num=graph.node_num
    mst=[]
    reps=[i for i in range(node_num)]      #记录每个节点的连通标记
    edge_list=[]                           # 记录所有边
    for edge in graph.edge_list:
```

```
        edge_list.append((edge.start_index, edge.end_index, edge.weight))
    sorted_edges=sorted(edge_list, key=lambda x:x[2], reverse=False)
    for edge in sorted_edges:
        if reps[edge[0]] !=reps[edge[1]]:
            mst.append((edge[0], edge[1], edge[2]))
            if len(mst)==node_num-1:#有 n-1条表示能够构成最小生成树
                break
            else:
                for j in range(node_num):  #改变连通节点的连通标记
                    if reps[j]==reps[edge[1]]:
                        reps[j]=reps[edge[0]]
return mst
```

与 Prim 算法相比，Kruskal 算法在寻找最小生成树节点之前，需要根据权重大小对所有边进行排序，通常 Kruskal 算法用于边比较稀疏的图的最小生成树查询，而 Prim 算法因为每次只加入一个顶点，所以对于边比较密集的图会有更好的效果。

## 11.5　有向无环图的应用

有向无环图（Directed Acyclic Graph，DAG）是有向图的一种，表明有向图中不存在回路。现实生活中常常会存在一些事件依赖于其他的事件，导致事件之间的发生存在一定的顺序，而有向无环图就被用来表示事件之间的驱动依赖关系，管理任务之间的调度，如课程的选修需要其他先导课程的通过、电影的拍摄需要剧本确定等实际活动。

### 11.5.1　拓扑排序

拓扑排序是对有向无环图的顶点进行排序，使得对每一条有向边（u，v），均有 u（在排序记录中）比 v 先出现。亦可理解为对某点 v 而言，只有当 v 的所有源点均出现了，v 才能出现，最终所有顶点排序得到的线性序列称为拓扑序列。

带有回路的有向图不存在拓扑序列，因为存在回路代表一些活动的开始需要以自己的完成作为先决条件，这是相互矛盾的，同时一个有向无环图的拓扑序列未必唯一，如图 11－8 所示的有向无环图中的两个拓扑序列为

$$V_1, V_2, V_3, V_4, V_5$$

$$V_1, V_3, V_2, V_4, V_5$$

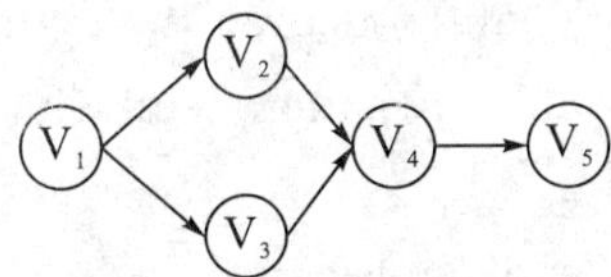


图 11－8　拓扑排序实例

任何有向无环图都可以得到拓扑序列，具体的拓扑排序算法很简单，流程如下：

(1) 从有向无环图 G 中选取一个入度为 0 的节点作为拓扑序列的下一个节点。

(2) 删除所选节点和它的所有出边。

(3) 重复步骤 (1) 和步骤 (2)，直到选出图 G 的所有节点，或者找不出入度为 0 的节点。

如果选出了图 G 的所有节点，则按照选择顺序排列的节点就是拓扑排序得到的拓扑序列；如果没有选出所有节点，但已经找不到入度为 0 的节点，则表明图 G 中存在回路，不存在拓扑序列。

对于拓扑排序的实现，我们需要考虑所有正确的拓扑序列，同时在所有节点中寻找入度为 0 的节点会导致算法复杂度的增加，如何提高算法的效率并且降低开销是一个重要的问题。

这里我们先考虑单个拓扑序列的算法，可以使用一张整数表 indegree 存储每个节点的入度，每次只需要在这张表中寻找到入度为 0 的节点作为拓扑序列的下一个节点，然后更新这个节点所有出边连接的节点的入度即可，但是这也需要反复遍历整个表来寻找符合条件的节点，效率依然低下。注意到只有每次更新时入度减 1 的节点以及原来入度就为 0 的节点可能作为拓扑序列中下一个节点的候选，因此可以思考维护一个只存储入度为 0 的表 zerodegree，每次只从这张表中取出节点。

具体的实现代码如下：

```
def Toposort(graph):
    node_num=graph.node_num
    topo_sequence=[]                          # 存储拓扑序列
    indegree=[0]*node_num                     #每个节点的入度表
    zerodegree=[]                             #存储0入度节点,为0度表
    next_index=0                              #从0度表取节点的指针
    for i in range(node_num):
      for edge in graph.in_edges(i):          # 建立初始入度表
            indegree[edge.end_index]+=1
    for j in range(node_num):                 #建立初始0度表
        if indegree[j]==0:
            zerodegree.append(j)
    if len(zerodegree)==0:                    #最初就没有0入度节点,则不存
在拓扑序列
        return False
    while len(zerodegree)<node_num and next_index <len(zerodegree):
        topo_sequence.append(zerodegree[next_index])
        for edge in graph.out_edges(zerodegree[next_index]):        #更新邻接
节点的入度
            indegree[edge.end_index]-=1
            if indegree[edge.end_index]==0:
```

```
                zerodegree.append(edge.end_index)
            next_index+=1
        if len(zerodegree)==node_num:
            return topo_sequence
        else:
            return False
```

### 11.5.2　关键路径

之前介绍的拓扑排序主要是为解决一个工程能否顺序进行的问题，但有时我们还需要解决工程完成需要的最短时间问题。如果我们要对一个流程图获得最短时间，就必须要分析它们的拓扑关系，并且找到当中最关键的流程，这个流程的时间就是最短时间。

在学习关键路径前，先了解 AOV 网和 AOE 网的概念。

用顶点表示活动，用弧表示活动间的优先关系的有向图称为顶点表示活动的网（Activity On Vertex Network），简称 AOV 网。与 AOV 网对应的是 AOE（Activity On Edge）网，即边表示活动的网。AOE 网是一个带权的有向无环图，网中只有一个入度为零的点（称为源点）和一个出度为零的点（称为汇点）。其中，顶点表示事件（Event），弧表示活动，权表示活动持续的时间。

我们把路径上各个活动所持续的时间之和称为路径长度，从源点到汇点具有最大长度的路径称为关键路径，在关键路径上的活动称为关键活动。

完成整个工程的最短时间就是关键路径的长度，也就是关键路径上边的权值的总和。因为关键活动影响了整个工程的时间，如果关键活动不能按时完成的话，整个工程的完成时间就会延长。因此，只要找到了关键活动，就找到了关键路径，就可以得出最短完成时间。

求解关键路径算法一般有以下几个参数：

（1）事件 Vk 的最早发生时间 Ve(k)：指从开始顶点 V 到 Vk 的最长路径长度。

（2）事件 Vk 的最迟发生时间 Vl(k)：指在不推迟整个工程完成的前提下，该事件最迟必须发生的时间。

（3）活动 ai 的最早开始时间 e(i)：指该活动的起点所表示的事件最早发生时间。

（4）活动 ai 的最迟开始时间 l(i)：指该活动的终点所表示的事件最迟发生时间与该活动所需时间之差。

（5）一个活动的最迟开始时间 l(i) 和其最早开始时间 e(i) 的差额 d(i)=l(i)−e(i)：指该活动完成的时间余量，是在不增加完成整个工程所需的总时间的情况下，活动 ai 可以拖延的时间。如果一个活动的时间余量为 0，说明该活动必须要如期完成，否则就会拖延整个工程的进度，所以称 l(i)−e(i)=0，即 l(i)=e(i)的活动 ai 是关键活动。

求解关键路径的算法的步骤以下：

（1）求 AOE 网中所有事件的最早发生时间 Ve()。

（2）求 AOE 网中所有事件的最迟发生时间 Vl()。

（3）求 AOE 网中所有活动的最早开始时间 e()。

(4) 求 AOE 网中所有活动的最迟开始时间 l()。

(5) 求 AOE 网中所有活动的差额 d(),找出所有 d()=0的活动构成关键路径。

图 11-9 为求解关键路径的过程,由此图可以得到该 AOE 网的关键路径为($V_1$,$V_3$,$V_4$,$V_6$)。

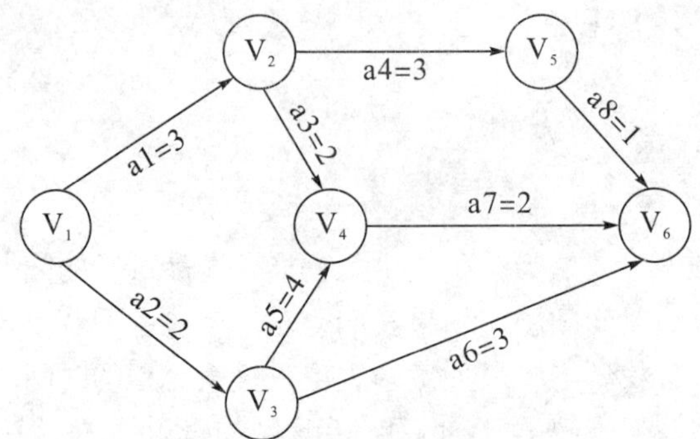


图 11-9 求解关键路径

表 11-1

| | $V_1$ | $V_2$ | $V_3$ | $V_4$ | $V_5$ | $V_6$ |
|---|---|---|---|---|---|---|
| Ve(i) | 0 | 3 | 2 | 6 | 6 | 8 |
| Vl(i) | 0 | 4 | 2 | 6 | 7 | 8 |

表 11-2

| | a1 | a2 | a3 | a4 | a5 | a6 | a7 | a8 |
|---|---|---|---|---|---|---|---|---|
| e(i) | 0 | 0 | 3 | 3 | 2 | 2 | 6 | 6 |
| l(i) | 1 | 0 | 4 | 4 | 2 | 5 | 6 | 7 |
| l−e | 1 | 0 | 1 | 1 | 0 | 3 | 0 | 1 |

## 11.6 最短路径问题

### 11.6.1 带权图

图的边可以有方向,这一节里我们将探讨边的另一个特性——权值。

如果图的每条边上都有一个对应的权值,则这类图称为带权图。例如,如果带权图的顶点代表城市,边的权可能代表城市之间的距离,或者城市之间的路费,或者之间的车流量,等等。

带权图如图 11-10 所示,带权图的最常见的应用就是最短路径问题。

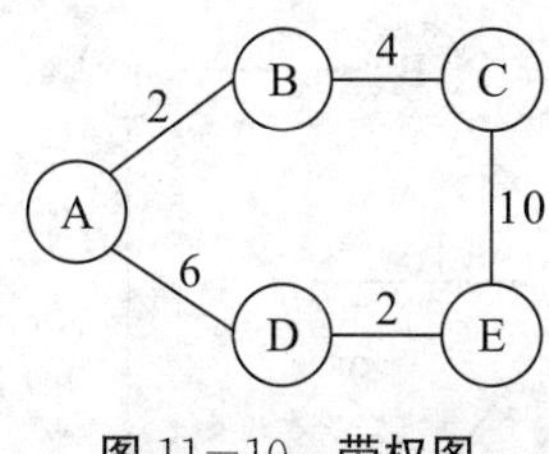


图 11－10　带权图

## 11. 6. 2　Dijkstra 算法

Dijkstra 算法是由荷兰计算机科学家狄克斯特拉于 1959 年提出的，因此又叫作狄克斯特拉算法。这是从一个顶点到其余各顶点的最短路径算法，解决的是有向图中最短路径问题。狄克斯特拉算法的主要特点是以起始点为中心向外层扩展，直到扩展到终点为止。

Dijkstra 算法的基本思想如下：

（1）通过 Dijkstra 计算图 G 中的最短路径时，需要指定起点 s（即从顶点 s 开始计算）。

（2）引进两个集合 S 和 U。S 的作用是记录已求出最短路径的顶点（以及相应的最短路径长度），而 U 则是记录还未求出最短路径的顶点（以及该顶点到起点 s 的距离）。

（3）初始时，S 中只有起点 s；U 中是除 s 之外的顶点，并且 U 中顶点的路径是“起点 s 到该顶点的路径”。然后，从 U 中找出路径最短的顶点，并将其加入 S 中；接着，更新 U 中的顶点和顶点对应的路径。最后，再从 U 中找出路径最短的顶点，并将其加入 S 中；接着，更新 U 中的顶点和顶点对应的路径……重复该操作，直到遍历完所有顶点。

我们通过以下实例进行算法讲解。

初始状态：S 是已计算出最短路径的顶点集合，U 是未计算除最短路径的顶点的集合。如图 11－11 所示。

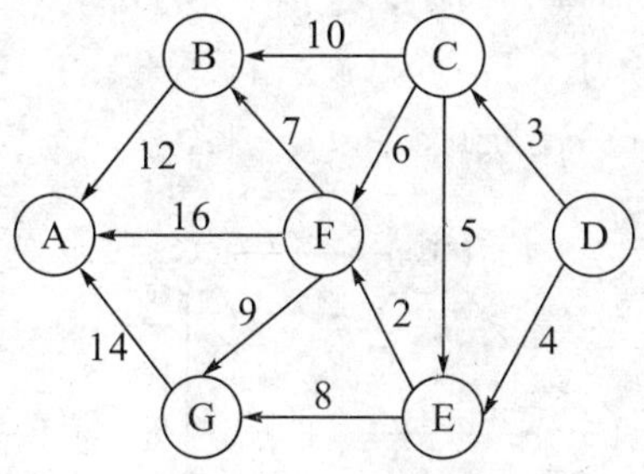


图 11－11　初始状态

第一步：将顶点 D 加入 S 中。如图 11－12 所示。

此时，S＝｛D（0）｝，U＝｛A（∞），B（∞），C（3），E（4），F（∞），G（∞）｝。注：C（3）表示 C 到起点 D 的距离是 3。

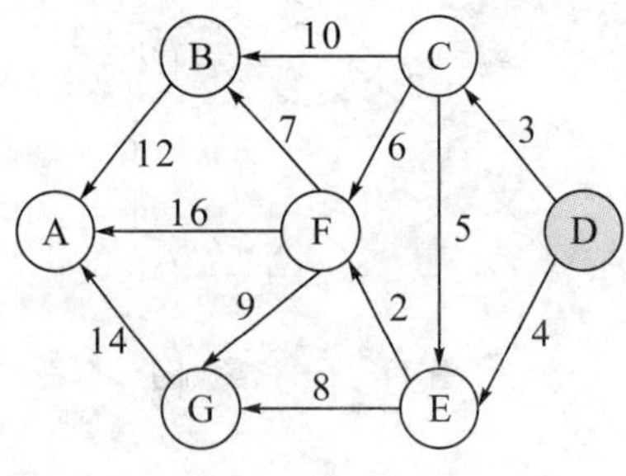


图 11-12　第一步

第二步：将顶点 C 加入 S 中。如图 11-13 所示。

上一步操作之后，U 中顶点 C 到起点 D 的距离最短，因此，将 C 加入 S 中，同时更新 U 中顶点的距离。以顶点 F 为例，之前 F 到 D 的距离为∞，但是将 C 加入 S 之后，F 到 D 的距离为 9=(F，C)+(C，D)。

此时，S= {D (0)，C (3)}，U= {A (∞)，B (13)，E (4)，F (9)，G (∞)}。

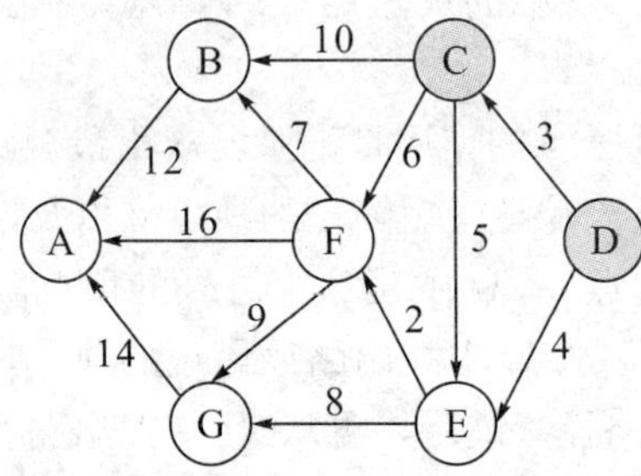


图 11-13　第二步

第三步：将顶点 E 加入 S 中。如图 11-14 所示。

上一步操作之后，U 中顶点 E 到起点 D 的距离最短，因此，将 E 加入 S 中，同时更新 U 中顶点的距离。还是以顶点 F 为例，之前 F 到 D 的距离为 9，但是将 E 加入 S 之后，F 到 D 的距离为 6=(F，E)+(E，D)。

此时，S= {D (0)，C (3)，E (4)}，U= {A (∞)，B (13)，F (6)，G (12)}。

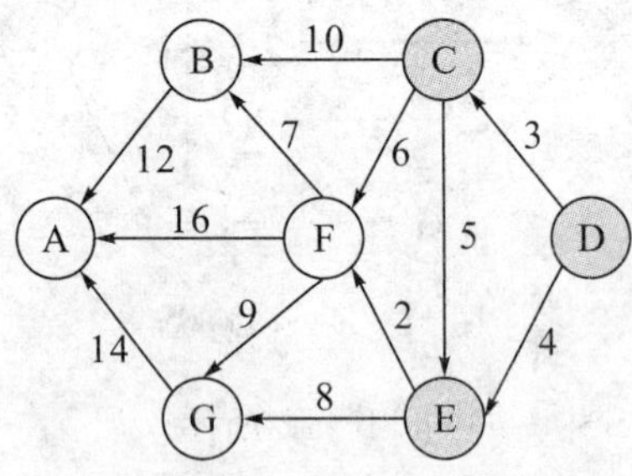


图 11-14　第三步

第四步：将顶点 F 加入 S 中。如图 11-15 所示。

此时，S= {D (0)，C (3)，E (4)，F (6)}，U= {A (22)，B (13)，G (12)}。

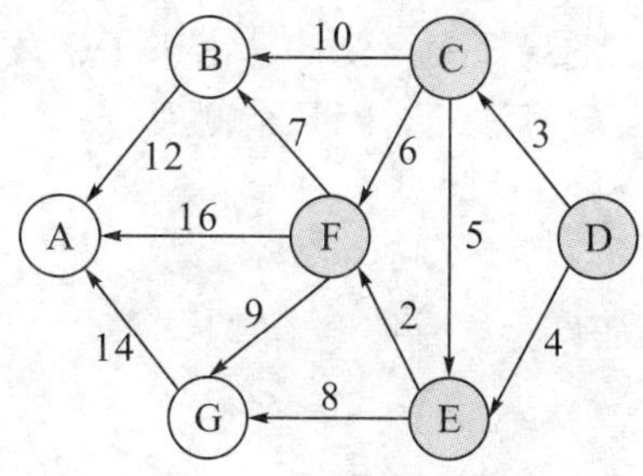


图 11－15　**第四步**

第五步：将顶点 G 加入 S 中。如图 11－16 所示。

此时，S＝｛D（0），C（3），E（4），F（6），G（12）｝，U＝｛A（22），B（13）｝。

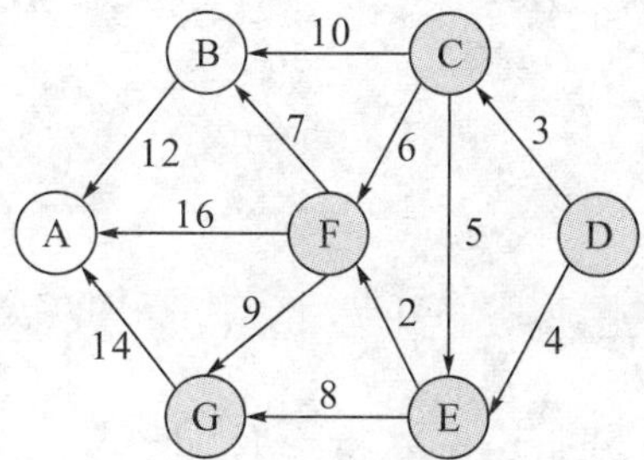


图 11－16　**第五步**

第六步：将顶点 B 加入 S 中。如图 11－17 所示。

此时，S＝｛D（0），C（3），E（4），F（6），G（12），B（13）｝，U＝｛A（22）｝。

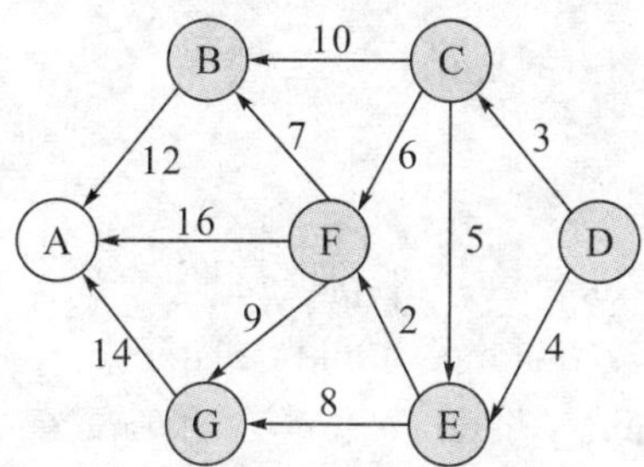


图 11－17　**第六步**

第七步：将顶点 A 加入 S 中。如图 11－18 所示。

此时，S＝｛D（0），C（3），E（4），F（6），G（12），B（13），A（22）｝。

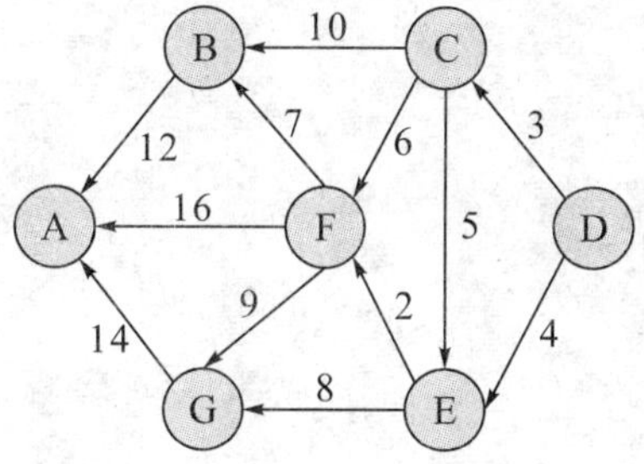


图 11－18　**第七步**

因此，起点 D 到各个顶点的最短距离就计算出来了：A（22）B（13）C（3）D（0）E（4）F（6）G（12）。Dijkstra 算法的时间复杂度为 N^2。

下面是附加的 Python 代码：

```
def dijkstra(graph,src):
    #判断图是否为空,如果为空直接退出
    if graph is None:
        return None
    nodes=[i for i in range(len(graph))]  #获取图中所有节点
    visited=[]  # 表示已经路由到最短路径的节点集合
    if src in nodes:
        visited.append(src)
        nodes.remove(src)
    else:
        return None
    distance={src:0}  # 记录源节点到各个节点的距离
    for i in nodes:
        distance[i]=graph[src][i]  # 初始化
    # print(distance)
    path={src:{src:[]}}  #记录源节点到每个节点的路径
    k=pre=src
    while nodes:
        mid_distance=float('inf')
        for v in visited:
            for d in nodes:
                new_distance=graph[src][v]+graph[v][d]
                if new_distance <mid_distance:
                    mid_distance=new_distance
                    graph[src][d]=new_distance  # 进行距离更新
                    k=d
                    pre=v
        distance[k]=mid_distance  # 最短路径
        path[src][k]=[i for i in path[src][pre]]
        path[src][k].append(k)
        #更新两个节点集合
        visited.append(k)
        nodes.remove(k)
        print(visited,nodes)  #输出节点的添加过程
    return distance,path
if __name__=='__main__':
```

```
    graph_list=[[0, 2, 1, 4, 5, 1],
                [1, 0, 4, 2, 3, 4],
                [2, 1, 0, 1, 2, 4],
                [3, 5, 2, 0, 3, 3],
                [2, 4, 3, 4, 0, 1],
                [3, 4, 7, 3, 1, 0]]
    distance,path=dijkstra(graph_list, 0)  # 查找从源点0开始到其他节点的最短路径
print(distance,path)
```

## 习　题

1. 图中有关路径的定义是（　　）。

A. 由顶点和相邻顶点序偶构成的边所形成的序列

B. 由不同顶点所形成的序列

C. 由不同边所形成的序列

D. 以上定义都不是

2. 具有 $n$ 个节点的无向连通图 G，它最多有______条边，它的最小生成树有______条边。

A. $n*(n-1)/2$, $n$

B. $n*(n-1)/2$, $n-1$

C. $n*(n-1)$, $n-1$

D. $n*(n-1)$, $n$

3. 若一个有向图具有有序的拓扑排序序列，那么它的邻接矩阵必定为（　　）。

A. 对称

B. 稀疏

C. 三角

D. 一般

4. 图的广度优先生成树的树高，比深度优先生成树的树高（　　）。

A. 小或相等

B. 小

C. 大或相等

D. 大

5. 对 $n$ 个顶点的无向图和有向图，分别采用邻接矩阵和邻接表存储时，试问：

（1）如何判断图中有多少条边？

（2）如何判断任意两个顶点 i 和 j 是否有边相连？

6. 对于一个无向连通图 G，它的最小生成树是否唯一？如果唯一，请说明理由；如果不唯一，请找出图 11-6 中的所有最小生成树（从节点 $V_1$ 开始）。

7. 如果采用 11.2 节中的邻接矩阵存储图，现要求在原代码基础上实现动态添加边的方法。边以元组形式存储［（‘A’，‘B’），…］，写出具体代码。

8. 如果采用邻接表形式存储，那么该如何动态添加边呢？

9. 写出图的深度优先搜索算法的非递归实现。

10. 根据 11.4.2 节对于 Prim 算法的描述以及核心代码，自行定义图的数据结构和寻找最短边的 find _ shortest _ edge 函数实现 Prim 算法。

11. Prim 算法和 Kruskal 算法都需要寻找集合中权值最小的边，在本书中两种算法都采用的最简单的遍历集合方法，请你根据自己的想法自定义一种更好的寻找权值最小边的算法并在 Prim 算法中实现，书中有供参考的建议。

12. 在 11.5.1 节中的拓扑排序算法是通过维护一张 0 度表实现的，现在请你根据相关代码改编，只通过维护入度表来实现拓扑排序算法。

13. 给定一张有 $N$ 个节点的图，每两点间都有一条道路相连。求出任意两点间经过 $M$ 条边的最短路径的距离，并打印输出。

14. 现在你总共有 $n$ 门课需要选，记为 0 到 $n-1$。在选修某些课程之前需要完成一些先修课程。例如，想要学习课程 0，你需要先完成课程 1，我们用一个匹配来表示它们：[01]，给定课程总量以及它们的先决条件，判断是否可能完成所有课程的学习。

示例：输入：2，[[1，0]]，输出：true。

15. 给定一个机票的字符串二维数组［from，to］，子数组中的两个成员分别表示飞机出发和降落的机场地点，对该行程进行重新规划排序。所有这些机票都属于一个从 JFK（肯尼迪国际机场）出发的先生，所以该行程必须从 JFK 出发。

说明：

如果存在多种有效的行程，你可以按字符自然排序返回最小的行程组合。例如，行程［"JFK","LGA"］与［"JFK","LGB"］相比就更小，排序更靠前。

所有的机场都用三个大写字母表示（机场代码）。

假定所有机票至少存在一种合理的行程。

示例 1：

输入：[["MUC","LHR"]，["JFK","MUC"]，["SFO","SJC"]，["LHR","SFO"]]

输出：["JFK","MUC","LHR","SFO","SJC"]

# ＊＊第 12 章　查找

## 12.1　查找的基本概念

查找是指通过某种方式从一组数据中一步一步地找到指定数据。查找是计算机的基础算法之一。在计算机科学中，我们搜索数据的快与慢常取决于我们选择的查找算法是否合适。

实际中，所有的查找算法都通过一个搜索键（key）来运行。查找算法应当返回一个成功或者失败状态，通常用布尔类型 true/false 来标识。我们有许多查找算法，查找的效率依赖于数据的类型以及查找算法的使用方式。

线性查找算法是所有查找算法中最基础的，例如二分查找。其他类型的查找算法包括深度优先遍历（depth-first search）和广度优先遍历（breadth-first search）等。

## 12.2　静态表的查找

静态查找表是查找中最为简单的。仅仅是在固定的表中对元素的查找，而不涉及修改表中的元素。静态查找表的表结构不是在查询过程中动态生成的，它可分为顺序查找（无序）、有序表的查找。

### 12.2.1　顺序查找

从第一个或者最后一个记录开始，将每个记录的关键字与给定值比较，若相等，则查找成功。

```
def order_search(key, ls):
        """
        顺序查找
        :param key:要查找的值
        :param ls:要查找的表
        :return:布尔值,查找成功为 True,查找失败为 False
        """
```

```
    for item in ls:
        if key==item:
            return True
return False
```

**例 12.1** 设计一个函数，实现在一个序列（下标从 1 开始）中查找一个给定的值，输出该值第一次出现的位置，若值不存在，输出−1。

```
def find_value(seq, value):
    for i in range(0,len(seq)):
        if value==seq[i]:
            return i+1
            return-1
```

## 12.2.2 有序表的查找

元素是有序排列的，且是顺序存储的。主要包括二分查找、插值查找和斐波那契查找。

(1) 二分查找。

基本思想如下：

①与中间元素比较，其中 mid=low+1/2*(low+high)。

②等于中间元素，则查找成功。

③大于中间元素，在它的右半区查找，重复①；小于中间元素，在它的左半区查找，重复①，直到找到给定值。

```
def binary_search(key, ls):
    """
    二分查找
    :param key:要查找的值
    :param ls:要查找的表
    :return:布尔值,查找成功为 True,查找失败为 False
    """

    low=0 #定义最低下标
    high=len(ls)-1 #定义最高下标
    while low<=high:
            mid=int((low+high)/ 2)#中间下标
            if key <ls[mid]:
                    high=mid-1 #小于中间元素,到左半区查找
            elif key> ls[mid]:
                    low=mid+1 #大于中间元素,到右半区查找
            else:
```

```
            return True
    return False
```

二分查找的时间复杂度为$O(\log N)$。

（2）插值查找。

插值查找就是对二分查找的优化，将二分查找中的 mid=(low+high)/ 2改为 mid=low+(high-low)*(key-a[low])/(a[high]-a[low])。插值查找是根据将查找关键字 key 与查找表中最大最小记录关键字比较后的查找方法，核心在于插值计算公式(key-a[low])/(a[high]-a[low])。

```
def interpolation_search(key, ls):
    """
    插值查找
    :param key:要查找的值
    :param ls:要查找的表
    :return:布尔值,查找成功为 True,查找失败为 False
    """
    low=0 #定义最低下标
    high=len(ls)-1 #定义最高下标
    while low<=high:
        mid=int(low+(high-low)*(key-ls[low])/(ls[high]-ls[low])) #中间下标,仅此处与二分查找不同
        if key <ls[mid]:
            high=mid-1 #小于中间元素,到左半区查找
        elif key> ls[mid]:
            low=mid+1 #大于中间元素,到右半区查找
        else:
            return True
        return False
```

时间复杂度依旧为$O(\log N)$。对于表长较大，而关键字分布比较均匀的查找表来说，平均性能要比折半好很多。如果数组中的分布类似{1，100，200，1000，10000，…，10000}这种极端不均匀的数据，用插值法也不太合适。

（3）斐波那契查找。

对二分查找进行一种改进，不是在每一步使用中间元素，而是更准确地猜测所寻找的 key 会落在的区间。这个改进的版本称为斐波那契查找。斐波那契查找不是在中间拆分数组，而是拆分对应于斐波那契数的数组，这些数字按以下方式定义：F0=0，F1=1，对于 n>=2，Fn=Fn-1+Fn-2。

```
def fibonacci_search(key, ls):
"""
    斐波那契查找
    :param key:要查找的值
```

```
    :param ls:要查找的表
    :return:布尔值,查找成功为 True,查找失败为 False
    """

    F=[0,1]
    count=1
    low=0
    length=len(ls)
    high=length-1
    while F[count]<length:  #生成斐波那契数列
        F.append(F[count-1]+F[count])
        count=count+1
    low=F[0]
    high=F[count]

while length-1<F[count-1]:  #将数据个数补全
        ls.append(ls[length-1])
        length=length+1
    while(low<=high):
        mid=low+F[count-1]  #计算当前分割下标
        if(ls[mid]> key):     #若查找记录小于当前分割记录
            high=mid-1        #调整分割记录
            count=count-1
        elif(ls[mid] <key):  #若查找记录大于当前分割记录
            low=mid+1
            count=count-2
        else:  #若查找记录等于当前分割记录
            return True
    if(ls[mid] !=key):  #数据 key 不在查询列表 data 中返回错误
        return False
```

**例 12.2** 设计一个函数，在一个非降序列中，查找与给定值最接近的元素。如果有两个同样最相近的元素，则输出最小的，例如 1，3 与 2 同样相近，返回 1。

```
def binary_find_value(seq, value):
    if seq[0]>value:#最小值大于给定值,返回最小值
        return seq[0]
    if seq[len(seq)-1]<value:#最大值小于给定值,返回最大值
        return seq[len(seq)-1]
    low=0
    high=len(seq)-1
```

```
    while low <high-1:
        mid=int((low+high)/2)
        if seq[mid]> value:
            high=mid
        elif seq[mid] <value:
            low=mid
        elif seq[mid]==value:
            return seq[mid]
    if(value-seq[low])<=(seq[high]-value):
            return seq[low]
    else:
            return seq[high]
```

## 12.3　动态查找

当所有的静态查找结构添加和删除一个数据的时候，整个结构都需要重建。这对于常常需要在查找过程中动态改变数据而言，是灾难性的。因此，人们就必须去寻找高效的动态查找结构。动态查找表的特点是表结构本身在查找过程中动态生成，即对给定的关键字 key，若表中存在其关键字等于 key 的记录，则查找成功返回，否则插入关键字等于 key 的记录。例如二叉查找树。

### 12.3.1　二叉查找树

顾名思义，二叉查找树是以一棵二叉树来组织的，这样的一棵树可以用一个链表数据结构来表示，每个节点除了 key 和卫星数据（除了二叉树节点的基本数据以外人为添加的数据，这些数据和树的基本结构无关）外，还有 left、right、parent，分别指向节点的左孩子、右孩子和父节点，如果对应的节点不存在，则指向 NIL 节点（因为最简单的二叉查找树中的 NULL 节点里并没有有用的信息，所以在实现的时候简单地指向 null 也可以，本书的代码部分都会这么处理）。

二叉查找树又称二叉排序树或二叉搜索树，具有以下性质：

(1) 若左子树不空，则左子树上所有节点的值均小于它的根节点的值。

(2) 若右子树不空，则右子树上所有节点的值均大于或等于它的根节点的值。

(3) 左、右子树也都为二叉排序树。

(4) 没有键值相等的节点。

图 12-1 就是一个典型的二叉查找树。

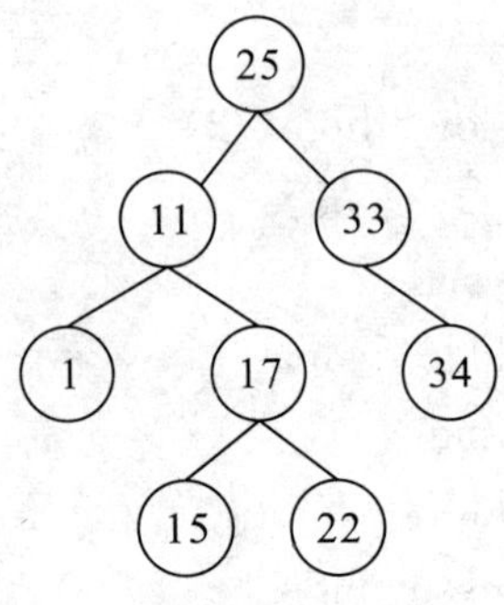


图 12-1

二叉查找树的示例代码如下：

```
class TreeNode:
    def __init__(self,val):
        self.val=val
        self.left=None
        self.right=None
def insert(root,val):
    if root is None:
        root=TreeNode(val)
    else:
        if val<root.val:
            root.left=insert(root.left,val)#递归地插入元素
        elif val>root.val:
            root.right=insert(root.right,val)
    return root

def query(root,val):
    if root is None:
        return
    if root.val is val:
        return 1
    if root.val <val:
        return query(root.right,val);  #递归地查询
    else:
        return query(root.left,val)
def findmin(root):
    if root.left:
        return findmin(root.left)
    else:
        return root
```

```
def delnum(root,val):
    if root is None:
        return
    if val<root.val:
        return delnum(root.left,val)
    elif val>root.val:
        return delnum(root.right,val)
    else:# 删除要区分左、右孩子是否为空的情况
        if(root.left and root.right):
            tmp=finmin(root.right)#找到后继节点
            root.val=tmp.val
            root.right=delnum(root.right,val)#实际删除的是这个后继节点
        else:
            if root.left is None:
                root=root.right
            elif root.right is None:
                root=root.left
        return root
```

示例操作：

```
root=TreeNode(3)
root=insert(root, 2)
root=insert(root, 1)
root=insert(root, 4)
print(query(root, 1))
root=delnum(root, 1)
print(query(root, 1))
```

**例 12.3**　设计函数，给定一组无序整数，以第一个元素为根节点，生成一棵二叉查找树，对其进行中序遍历和先序遍历。

```
#利用示例代码创建树
class TreeNode:
    def __init__(self,val):
        self.val=val
        self.left=None
        self.right=None
def insert(root,val):
    if root is None:
        root=TreeNode(val)
    else:
```

```
        if val<root.val:
            root.left=insert(root.left,val) #递归地插入元素
        elif val>root.val:
            root.right=insert(root.right,val)
    return root
def generate_binary_search_tree(seq):
    root=None
    for item in seq:
        root=insert(root,item)
    return root

#先序遍历
def preorder(seq):
    node1=generate_binary_search_tree(seq)
    list1=[]
    def recurse(node2):
        if node2:
            list1.append(nodc2.val)
            recurse(node2.left)
            recurse(node2.right)
    recurse(node1)
    return list1
#中序遍历
def inorder(seq):
    node1=generate_binary_search_tree(seq)
    list1=[]
    def recurse(node2):
        if node2:
            recurse(node2.left)
            list1.append(node2.val)
            recurse(node2.right)
    recurse(node1)
    return list1
#后序遍历
def postorder(seq):
    node1=generate_binary_search_tree(seq)
    list1=[]
    def recurse(node2):
        if node2:
```

```
            recurse(node2. left)
            recurse(node2. right)
            list1. append(node2. val)
    recurse(node1)
    return list1
```

示例操作：

```
print(preorder([1,5,7,4,3,2,9]))
print(inorder([1,5,7,4,3,2,9]))
print(postorder([1,5,7,4,3,2,9]))
```

## 12. 3. 2　AVL 树

### 12. 3. 2. 1　AVL 树的基本概念

AVL 树是平衡二叉查找树的一种，以它们的发明者 Adelson-Velskii 和 Landis 命名。它们并不是完美平衡的，但左、右子树的高度差最多为 1，维持 $O(\log n)$ 搜索时间。添加和删除操作也需要 $O(\log n)$ 时间。

如图 12-2 所示，左边为 AVL 树，右边为不平衡二叉查找树。

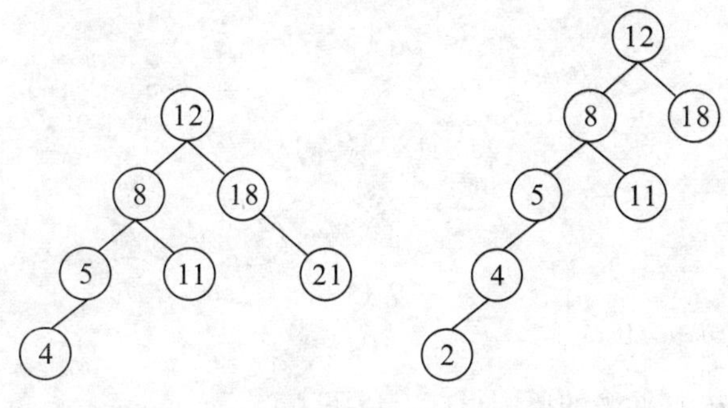


图 12-2

(1) AVL 树。

| 此节点向下 | 左孩子 | | 右孩子 | | 结果 |
|---|---|---|---|---|---|
| 12 的节点平衡因子是 | 3 | − | 2 | = | 1 |
| 8 的节点平衡因子是 | 2 | − | 1 | = | 1 |
| 5 的节点平衡因子是 | 1 | − | 0 | = | 1 |
| 18 的节点平衡因子是 | 0 | − | 1 | = | −1 |

叶子节点都是为 0。

(2) 不平衡二叉查找树。

| 此节点向下 | 左孩子 | | 右孩子 | | 结果 |
|---|---|---|---|---|---|
| 12 的节点平衡因子是 | 4 | − | 1 | = | 3 |
| 8 的节点平衡因子是 | 3 | − | 1 | = | 2 |
| 5 的节点平衡因子是 | 2 | − | 0 | = | 2 |

4 的节点平衡因子是 1 − 0 = 1

叶子节点都是为 0。

现在我们假设有一种极端情况，如图 12−3 所示。

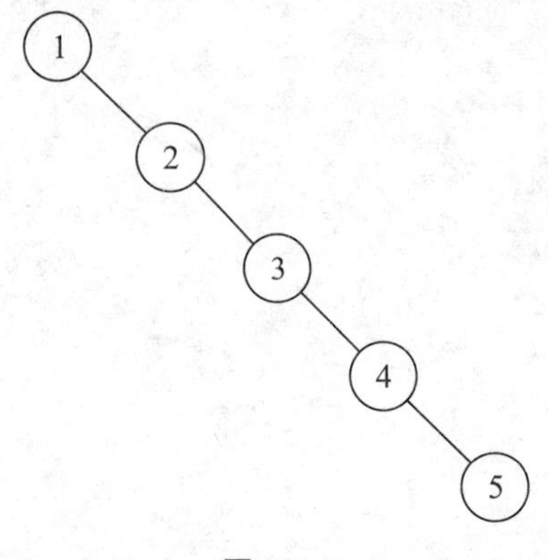


图 12−3

很明显二叉查找树在这里退化为一个链表，也就是说，它在查找上已经毫无优势了，在这种极端情况下，查找一个节点的时间复杂度是 $O(N)$。

而如果是一个如图 12−4 所示的 AVL 树，可以看出，AVL 树的平均查找复杂度为 $O(\log(N))$，也就是大量随机数据中 AVL 树的表现更好。

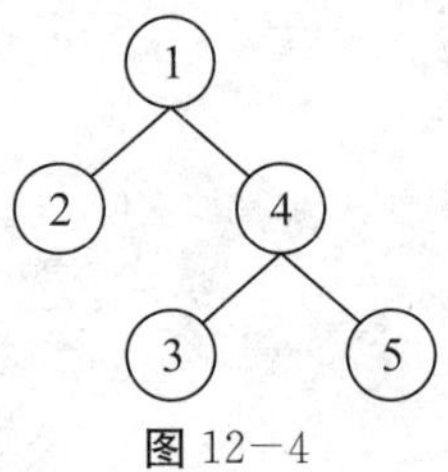


图 12−4

#### 12.3.2.2 AVL 树旋转

（1）造成 AVL 树不平衡的原因可能有以下 4 点：

①对该节点的左孩子的左子树进行了一次插入。

②对该节点的左孩子的右子树进行了一次插入。

③对该节点的右孩子的左子树进行了一次插入。

④对该节点的右孩子的右子树进行了一次插入。

（2）旋转。

由于 AVL 树需要做到平衡，所以每次插入叶子节点，如果发现不平衡，都需要进行旋转以保持平衡。旋转操作用来重新平衡树的某个部分。通过重新安排节点，使节点之间的关系始终保持左子节点小于父节点，父节点小于右子节点。使得该树仍然是二叉查找树。旋转过后，旋转子树中的所有节点的平衡因子都为+1、−1 或 0。

AVL 树的旋转类型有 4 种，分别是 LL（left-left）旋转、LR（left-right）旋转、RR（right-right）旋转和 RL（right-left）旋转。

为方便理解在何时执行哪一种旋转，设 X 代表刚插入 AVL 树中的节点，设 A 为离 X 最近且平衡因子更改为 2 的绝对值的祖先。

①LL 旋转。

如图 12－5 所示，当 X 位于 A 的左子树的左子树上时，执行 LL 旋转。

设 left 为 A 的左子树，要执行 LL 旋转，将 A 的左指针指向 left 的右子节点，left 的右指针指向 A，将原来指向 A 的指针指向 left。旋转过后，将 A 和 left 的平衡因子都改为 0。所有其他节点的平衡因子没有发生变化。

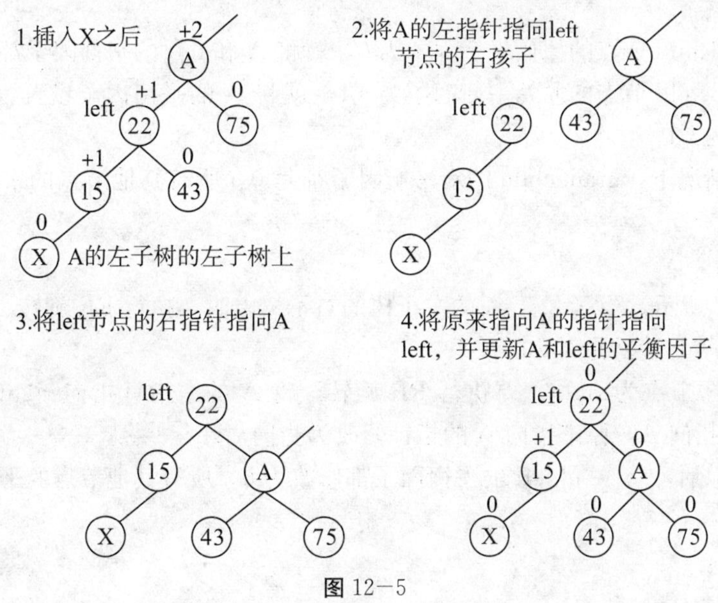


图 12－5

②LR 旋转。

如图 12－6 所示，当 X 位于 A 的左子树的右子树上时，执行 LR 旋转。

设 left 是 A 的左子节点，并设 A 的子孙节点 grandchild 为 left 的右子节点。

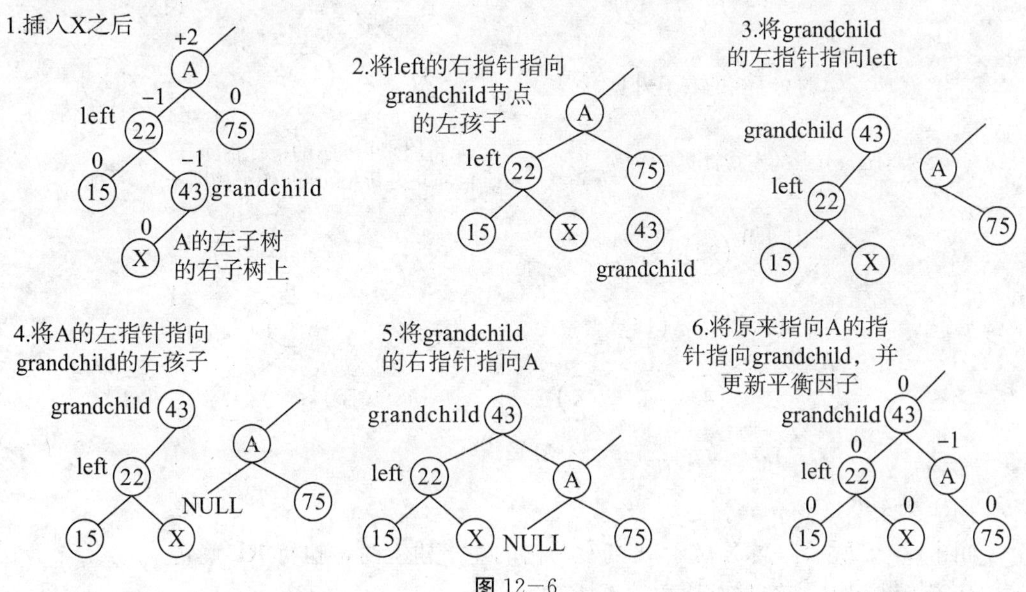


图 12－6

要执行 LR 旋转，将 left 的右子节点指向 grandchild 的左子节点，grandchild 的左子节点指向 left，A 的左子节点指向 grandchild 的右子节点，再将 grandchild 的右子节点指向 A，最后将原来指向 A 的指针指向 grandchild。

执行 LR 旋转之后，调整节点的平衡因子取决于旋转前 grandchild 节点的原平衡因子值。

如果 grandchild 节点的原始平衡因子为+1，就将 A 的平衡因子设为−1，将 left 的平衡因子设为 0。

如果 grandchild 节点的原始平衡因子为 0，就将 A 和 left 的平衡因子都设置为 0。

如果 grandchild 节点的原始平衡因子为−1，就将 A 的平衡因子设置为 0，将 left 的平衡因子设置为+1。

在所有的情况下，grandchild 的新平衡因子都是 0。所有其他节点的平衡因子都没有改变。

③RR 旋转。

如图 12−7 所示，当 X 位于 A 的左子树的右子树上时，执行 RR 旋转。

RR 旋转与 LL 旋转是对称的关系。

设 A 的右子节点为 right。要执行 RR 旋转，将 A 的右指针指向 right 的左子节点，right 的左指针指向 A，原来指向 A 的指针修改为指向 right。

完成旋转以后，将 A 和 left 的平衡因子都修改为 0。所有其他节点的平衡因子都没有改变。

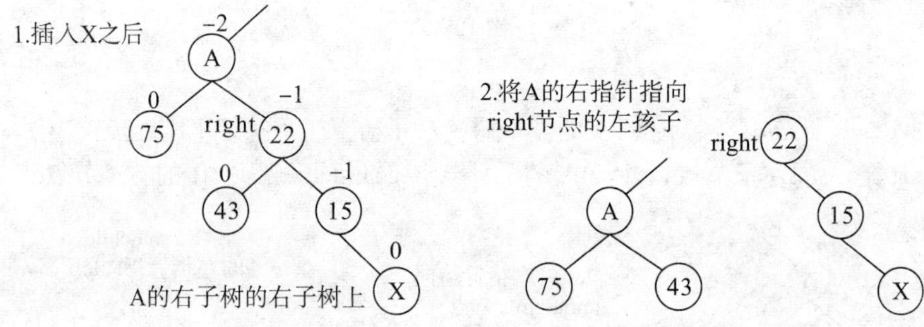

图 12−7

④RL 旋转。

如图 12−8 所示，当 X 位于 A 的右子树的左子树上时，执行 RL 旋转。

RL 旋转与 LR 旋转是对称的关系。

设 A 的右子节点为 right，right 的左子节点为 grandchild。要执行 RL 旋转，将 right

节点的左子节点指向 grandchild 的右子节点，将 grandchild 的右子节点指向 right，将 A 的右子节点指向 grandchild 的左子节点，将 grandchild 的左子节点指向 A，最后将原来指向 A 的指针指向 grandchild。

执行 RL 旋转以后，调整节点的平衡因子取决于旋转前 grandchild 节点的原平衡因子。这里也有三种情况需要考虑：如果 grandchild 的原始平衡因子值为+1，将 A 的平衡因子更新为 0，right 的更新为−1；如果 grandchild 的原始平衡因子值为 0，将 A 和 right 的平衡因子都更新为 0；如果 grandchild 的原始平衡因子值为−1，将 A 的平衡因子更新为+1，right 的更新为 0。

在所有情况下，都将 grandchild 的新平衡因子设置为 0。所有其他节点的平衡因子不发生改变。

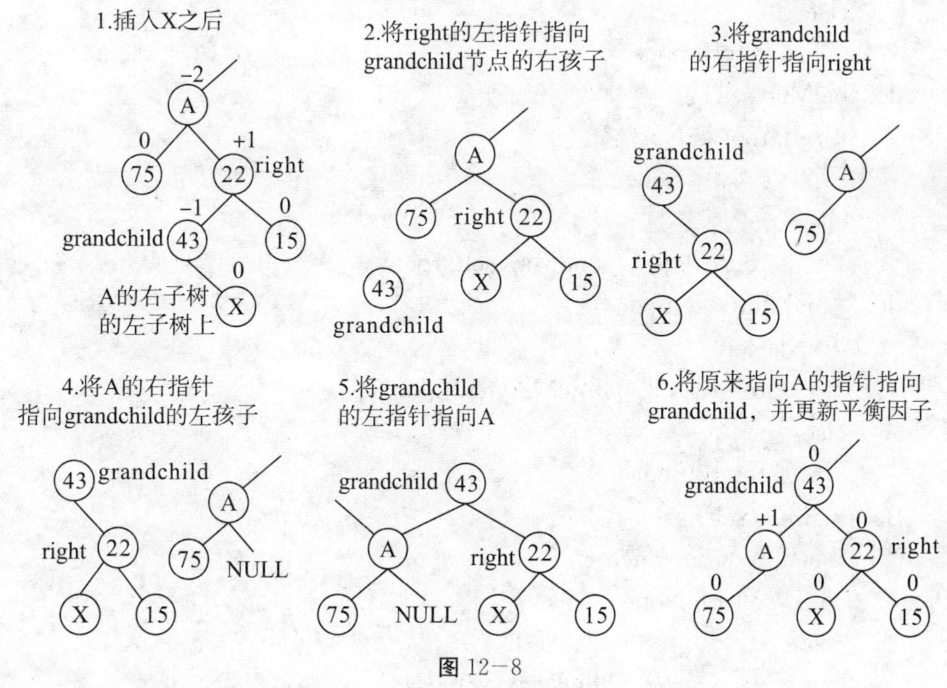


图 12−8

AVL 树的实现：

```
class Node(object):
    def __init__(self,key):
        self.key=key
        self.left=None
        self.right=None
        self.height=0
class AVLTree(object):
    def __init__(self):
        self.root=None
    def find(self,key):
        if self.root is None:
```

```
            return None
        else:
            return self._find(key,self.root)
    def _find(self,key,node):
        if node is None:
            return None
        elif key<node.key:
            return self._find(key,self.left)
        elif key>node.key:
            return self._find(key,self.right)
        else:
            return node
    def findMin(self):
        if self.root is None:
            return None
        else:
            return self._findMin(self.root)
    def _findMin(self,node):
        if node.left:
            return self._findMin(node.left)
        else:
            return node
    def findMax(self):
        if self.root is None:
            return None
        else:
            return self._findMax(self.root)
    def _findMax(self,node):
        if node.right:
            return self._findMax(node.right)
        else:
            return node
    def height(self,node):
        if node is None:
            return-1
        else:
            return node.height

    def singleLeftRotate(self,node):
```

```
        k1=node.left
        node.left=k1.right
        k1.right=node
        node.height=max(self.height(node.right),self.height(node.left))+1
        k1.height=max(self.height(k1.left),node.height)+1
        return k1
    def singleRightRotate(self,node):
        k1=node.right
        node.right=k1.left
        k1.left=node
        node.height=max(self.height(node.right),self.height(node.left))+1
        k1.height=max(self.height(k1.right),node.height)+1
        return k1
    def doubleLeftRotate(self,node):
        node.left=self.singleRightRotate(node.left)
        return self.singleLeftRotate(node)
    def doubleRightRotate(self,node):
        node.right=self.singleLeftRotate(node.right)
        return self.singleRightRotate(node)
    def put(self,key):
        if not self.root:
            self.root=Node(key)
        else:
            self.root=self._put(key,self.root)
    def _put(self,key,node):
        if node is None:
            node=Node(key)
        elif key<node.key:
            node.left=self._put(key,node.left)
            if(self.height(node.left)-self.height(node.right))==2:
                if key<node.left.key:
                    node=self.singleLeftRotate(node)
                else:
                    node=self.doubleLeftRotate(node)
        elif key>node.key:
            node.right=self._put(key,node.right)
            if(self.height(node.right)-self.height(node.left))==2:
                if key<node.right.key:
                    node=self.doubleRightRotate(node)
```

```
                else:
                    node=self. singleRightRotate(node)
            node. height=max(self. height(node. right),self. height(node. left))+1
            return node
        def delete(self,key):
            self. root=self. remove(key,self. root)
        def remove(self,key,node):
            if node is None:
                raise KeyError('Error,key not in tree')
            elif key<node. key:
                node. left=self. remove(key,node. left)
                if(self. height(node. right)-self. height(node. left))==2:
                    if self. height(node. right. right)>=self. height(node.
right. left):
                        node=self. singleRightRotate(node)
                    else:
                        node=self. doubleRightRotate(node)
                node. height=max(self. height(node. left),self. height(node. right))+1
            elif key>node. key:
                node. right=self. remove(key,node. right)
                if(self. height(node. left)-self. height(node. right))==2:
                    if self. height(node. left. left)>=self. height(node. left. right):
                        node=self. singleLeftRotate(node)
                    else:
                        node=self. doubleLeftRotate(node)
                    node. height=max(self. height(node. left),self. height
(node. right))+1
                elif node. left and node. right:
                    if node. left. height<=node. right. height:
                        minNode=self. _findMin(node. right)
                        node. key=minNode. key
                        node. right=self. remove(node. key,node. right)
                    else:
                        maxNode=self. _findMax(node. left)
                        node. key=maxNode. key
                        node. left=self. remove(node. key,node. left)
                    node. height=max(self. height(node. left),self. height
(node. right))+1
            else:
```

```
                    if node. right:
                    node=node. right
          else:
                    node=node. left
                return node
```

**例 12.4**　设计函数，给定一组无序整数，以第一个元素为根节点，生成一棵二叉平衡树，对其进行中序遍历和先序遍历。

```
#利用示例 AVL 树代码
def generate_AVL_tree(seq):
    tree=AVLTree()
    for item in seq:
            tree. put(item)
    return tree. root
#先序遍历
def preorder(seq):
    list1=[]
    node1=generate_AVL_tree(seq)
          def recurse(node2):
                    if node2:
                          list1. append(node2. key)
                          recurse(node2. left)
                          recurse(node2. right)
                    recurse(node1)
                    return list1
#中序遍历
def inorder(seq):
    list1=[]
    node1=generate_AVL_tree(seq)
    def recurse(node2):
                    if node2:
                          recurse(node2. left)
                          list1. append(node2. key)
                          recurse(node2. right)
    recurse(node1)
    return list1
#后序遍历
def postorder(seq):
    list1=[]
    node1=generate_AVL_tree(seq)
```

```
def recurse(node2):
if node2:
            recurse(node2.left)
            recurse(node2.right)
            list1.append(node2.key)
recurse(node1)
return list1
```

### 12.3.3 红黑树

#### 12.3.3.1 红黑树的概念

红黑树是二叉平衡树的一种，它具有如下性质：

（1）每个节点都有颜色（红或者黑）。

（2）根节点是黑的。

（3）每个叶节点（指树尾端 NIL 指针或 NULL 节点）都是黑的。

（4）如果一个节点是红的，那么它的儿子都是黑的。

（5）对于任意节点而言，其到叶节点树尾端 NIL 指针的每条路径都包含相同数目的黑节点。

图 12－9 为一棵红黑树（图中红节点用白色圆表示）。

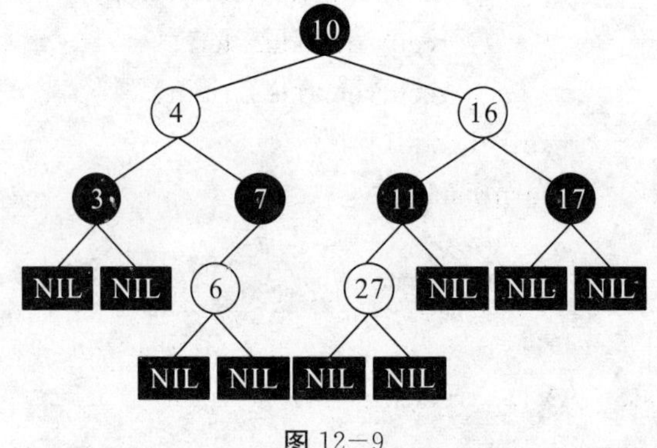


图 12－9

#### 12.3.3.2 树的旋转

类似 AVL 树，红黑树作为二叉平衡树的一种，也需要通过旋转操作来保持树的平衡，下面将简单回顾树的旋转。

树的旋转分为左旋和右旋，下面借助图 12－10 来介绍一下左旋和右旋这两种操作。

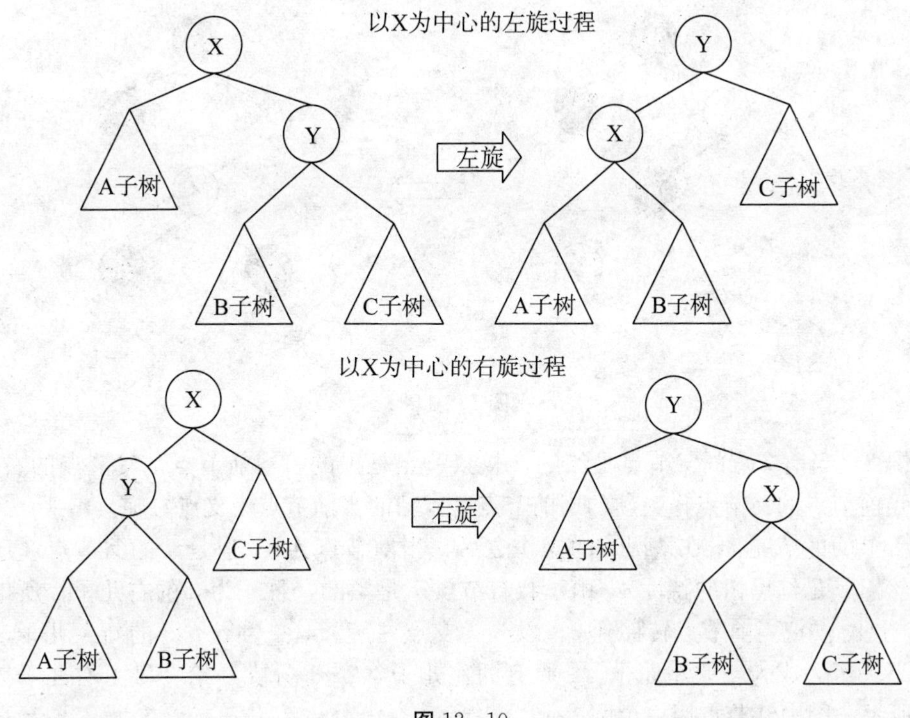


图 12－10

左旋的过程是将 X 的右子树绕 X 逆时针旋转，使得 X 的右子树成为 X 的父亲，同时修改相关节点的引用。旋转之后，二叉查找树的属性仍然满足。右旋的过程是将 X 的左子树绕 X 顺时针旋转，使得 X 的左子树成为 X 的父亲，同时修改相关节点的引用。旋转之后，二叉查找树的属性仍然满足。

### 12.3.3.3　红黑树的插入

红黑树的插入与二叉查找树的插入方式是一样的，也是通过不断比较大小，插入到合适位置，只不过插入后需要做调整，以满足红黑树的 5 个特性。主要分以下 3 种情况。

情况 1：当前节点的父节点是红色，且祖父节点的另一个子节点（叔叔节点）也是红色。此时，我们只考虑当前节点是父节点的左儿子，因为当前节点和父节点都是红色，不满足红黑树的特性 4（如果一个节点是红的，它的两个儿子节点都是黑的）。对策：把父节点和叔叔节点变黑，爷爷节点涂红，然后把当前节点指针给到爷爷节点，让爷爷节点那层继续循环，接受红黑树特性检测。新插入节点 1，父亲节点 2 和叔叔节点 6 都是红的，所以把 2 和 6 都变成黑的，爷爷节点变成红的。如图 12－11 所示，图中红节点用白色圆表示。

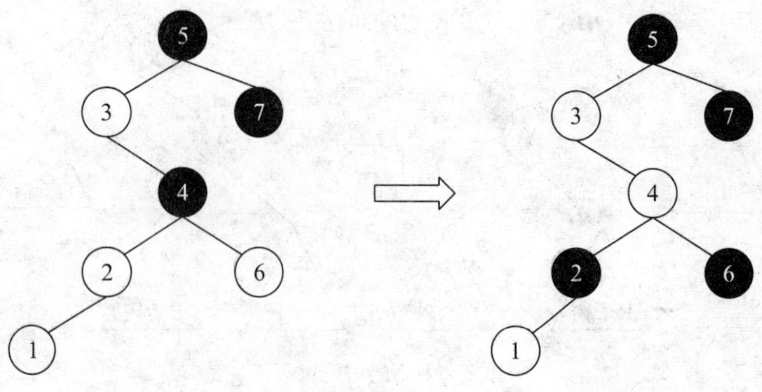


图 12-11

情况 2：当前节点的父节点是红的，叔叔节点是黑的，当前节点是父节点的右子树。对策：当前节点的父节点作为新的当前节点，以新的当前节点为支点左旋。

接着上面的情况 1，在情况 1 的操作之后，当前节点为 4，但是 4 的父节点 3 还是红的，仍然不满足红黑树的特性 4，由于叔叔节点 7 是黑的，且 4 为 3 的右儿子，所以满足情况 2，这时候把当前节点转移到 3，以 3 为支点左旋。4 变为爷爷 5 的新左儿子，而原来的 3 下去了，成为 4 的左儿子。4 原有的左儿子（2-1 分支）给 3 做了右儿子。如图 12-12所示，图中红节点用白色圆表示。

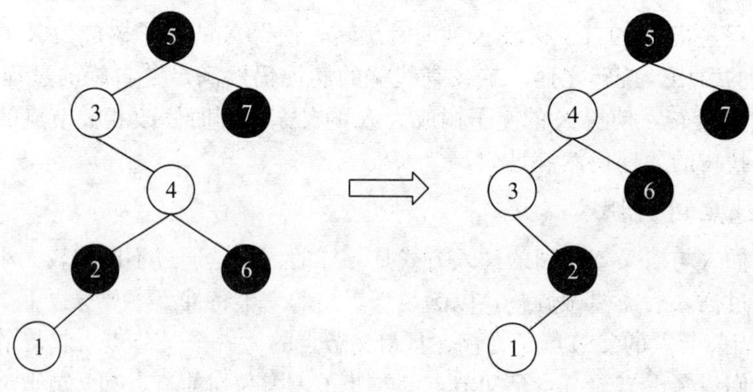


图 12-12

情况 3：当前节点的父节点是红色，叔叔节点是黑色，且当前节点是其父节点的左儿子。对策：父节点变黑，祖父变红，以祖父节点为支点右旋。接着上面的情况 2，当前节点变成了 3，由于父节点 4 为红，叔叔节点 7 为黑，且 4 为 5 的左儿子，所以满足情况 3，所以需要将父节点 4 变黑，祖父 5 变红，并且右旋，右旋后，4 的右儿子 6 跟着 5 做了左儿子，5 成了 4 的右儿子。如图 12-13 所示，图中红节点用白色圆表示。

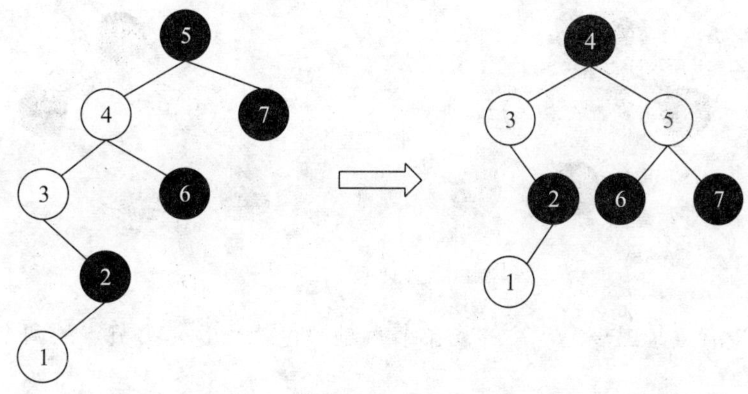


图 12-13

#### 12.3.3.4 红黑树的删除操作

删除操作首先需要做普通二叉查找树的删除操作，删除操作会删除对应的节点，若是叶子节点就直接删除，如果是非叶子节点，就会用中序遍历的后继节点来顶替要删除的节点，有的书上也会用前驱节点来顶替。删除后也需要做修复操作，来满足红黑树的特性。删除修复操作在遇到被删除的节点是红色节点或者到达 root 节点时，修复操作完毕。

在删除一个节点后，如果删除的节点是红色节点，那么红黑树的性质并不会被影响，此时不需要修正；如果删除的节点是黑色节点，原红黑树的性质就会被改变，此时我们需要做修正。

当黑色节点被删除后，假设该节点为 y，会产生以下 3 个问题：

(1) 如果 Y 原来是根节点，而 Y 的一个红色孩子成为新的根，则违反了性质 2。

(2) 如果 Y 的子节点和 Y 的父节点都是红色，那么 Y 被删除后，两个连续的红色节点连接起来，违反了性质 4。

(3) 删除 Y 将导致先前包含 Y 的任何路径上的黑色节点个数少 1，性质 5 被破坏。

现在我们假设，顶替删除节点的那个节点继承了被删除的黑色节点的那层黑色，也就是说，顶替的节点具有双重颜色，如果原来是黑色，那么现在就是黑+黑；如果原来是红色，现在就是红+黑。因为有了这层额外的黑色，所以性质 5 还是能保持的，现在只需要恢复它的性质即可。

如果当前节点是红+黑色，直接把当前节点染成黑色，此时红黑树性质全部恢复。

如果当前节点是黑+黑且是根节点，此时什么都不用做，直接结束。

如果当前节点是黑+黑，但是不是根节点，那么又可以分为以下 4 种情况（设删除节点为 X 节点）：

情况 1：X 节点是黑+黑，且 X 的兄弟节点是红色（X 的父节点和兄弟节点的子节点都是黑色）。

因为兄弟节点 7 必须有黑色孩子，我们可以改变 4 和 7 的颜色，再对 4 做一次左旋，而且红黑性质继续保存。完成这两个操作后，尽管所有路径上黑色节点的数目没有改变，但现在删除节点有了一个黑色的兄弟和一个红色的父亲（它的新兄弟是黑色，因为它是原先红 7 的一个儿子），所以我们可以接下去按情形 2、情形 3 或情形 4 来处理。如图 12-14 所示，图中红节点用白色圆表示。

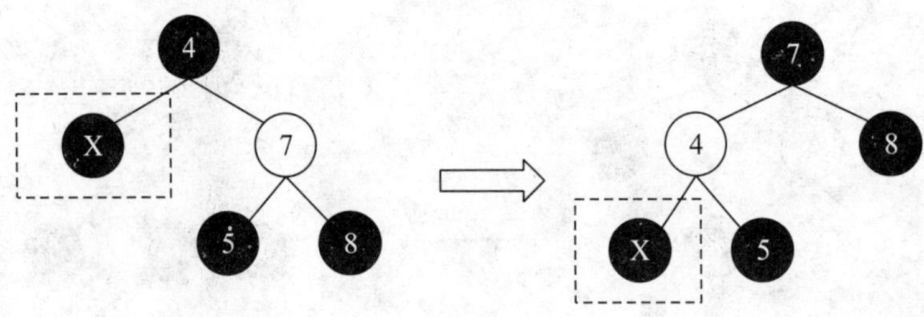


图 12-14

情况 2：X 节点是黑+黑，X 的兄弟节点是黑色（X 的兄弟节点的两个孩子都是黑色）。

如图 12-15 所示（图中红节点用白色圆表示），此时我们把 X 的兄弟节点转变为红色，设置 X 的父节点为新的当前节点。其实这样做的思想是把原先 X 中的一个黑色属性上移。原先的 X 变成单纯的黑色节点，而它的父节点 4 此时变成了红+黑，如果 4 原来就是黑，那么此时变成黑+黑。左边分支的黑色节点数没有变化，但是右边 4、7 那一条分支，黑色节点数增加了 1，因为此时 4 也包含黑属性，所以需要减 1 个黑色节点，因为兄弟节点 7 的子节点都是黑的，所以直接把 7 变成红的。

经过上面的步骤，黑色属性转移到 4 中去了，这时候继续对 4 进行处理。

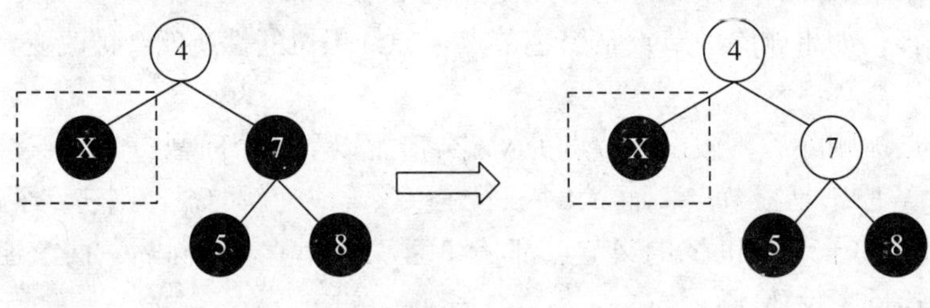


图 12-15

情况 3：X 节点是黑+黑节点，X 的兄弟节点是黑色（X 的兄弟节点的左儿子是红色，右儿子是黑色）。

如图 12-16 所示（图中红节点用白色圆表示），此时我们把 X 的兄弟节点的左儿子设为黑色，将兄弟节点设为红色，再对兄弟节点进行右旋。重新设置旋转后，X 的兄弟节点此时是 5。

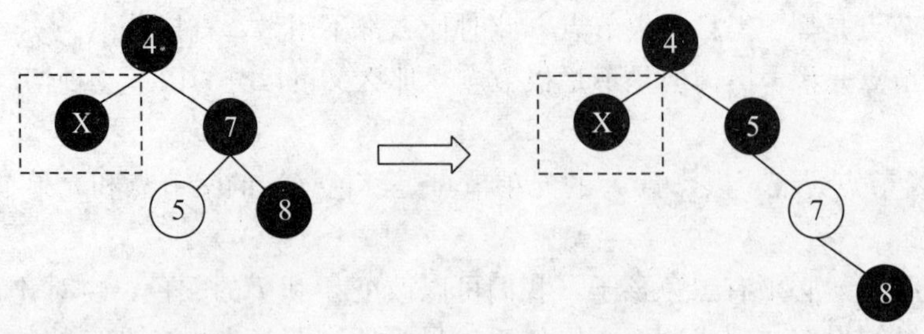


图 12-16

其实这一步只是一个中间状态，并且不是平衡的，目的是为了得到情况 4 的状态。

情况 4：X 节点是黑+黑节点，X 的兄弟节点是黑色（X 的兄弟节点的右儿子是红色，左儿子随意)。

如图 12－17 所示(图中红节点用白色圆表示),此时,把 X 的父节点的颜色赋给 X 的兄弟节点,把父节点设为黑色,将 X 的兄弟节点的右子节点设为黑色,再对 X 的父节点进行左旋。这一步的操作正是节点的借调操作,通过将兄弟节点以及兄弟节点的右节点借调过来,并将兄弟节点的右子节点变成红色来达到借调两个黑色节点的目的,这样的话,整棵树还是符合红黑树的定义的。

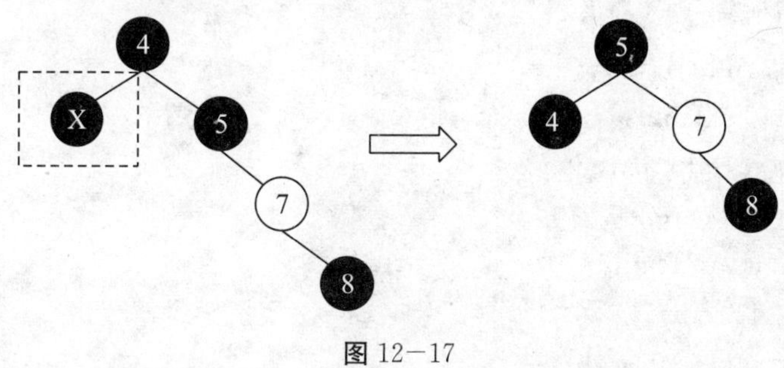


图 12－17

红黑树的实现:

```
#定义红黑树
class RBTree(object):
        def __init__(self):
                self.nil=RBTreeNode(0)
                self.root=self.nil
class RBTreeNode(object):
        def __init__(self, x):
                self.key=x
                self.left=None
                self.right=None
                self.parent=None
                self.color='black'
                self.size=None
#左旋转
def LeftRotate(T, x):
        y=x.right
        x.right=y.left
        if y.left !=T.nil:
                y.left.parent=x
        y.parent=x.parent
        if x.parent==T.nil:
                T.root=y
        elif x==x.parent.left:
                x.parent.left=y
```

```
    else:
            x.parent.right=y
    y.left=x
    x.parent=y
#右旋转
def RightRotate(T, x):
    y=x.left
    x.left=y.right
    if y.right !=T.nil:
            y.right.parent=x
    y.parent=x.parent
    if x.parent==T.nil:
            T.root=y
    elif x==x.parent.right:
            x.parent.right=y
    else:
            x.parent.left=y
    y.right=x
    x.parent=y
#红黑树的插入
def RBInsert(T, z):
    y=T.nil
    x=T.root
    while x !=T.nil:
            y=x
            if z.key <x.key:
                    x=x.left
    else:
                    x=x.right
    z.parent=y
    if y==T.nil:
            T.root=z
    elif z.key <y.key:
            y.left=z
    else:
            y.right=z
    z.left=T.nil
    z.right=T.nil
    z.color='red'
```

```
    RBInsertFixup(T, z)
    return z.key,'颜色为', z.color
#红黑树的上色
def RBInsertFixup(T, z):
    while z.parent.color=='red':
        if z.parent==z.parent.parent.left:
            y=z.parent.parent.right
            if y.color=='red':
                z.parent.color='black'
                y.color='black'
                z.parent.parent.color='red'
                z=z.parent.parent
            else:
                if z==z.parent.right:
                    z=z.parent
                    LeftRotate(T, z)
                    z.parent.color='black'
                    z.parent.parent.color='red'
                    RightRotate(T,z.parent.parent)
        else:
            y=z.parent.parent.left
            if y.color=='red':
                z.parent.color='black'
                y.color='black'
                z.parent.parent.color='red'
                z=z.parent.parent
            else:
                if z==z.parent.left:
                    z=z.parent
                    RightRotate(T, z)
                z.parent.color='black'
                z.parent.parent.color='red'
                LeftRotate(T, z.parent.parent)
    T.root.color='black'
def RBTransplant(T, u, v):
    if u.parent==T.nil:
        T.root=v
    elif u==u.parent.left:
        u.parent.left=v
```

```
    else:
            u.parent.right=v
    v.parent=u.parent

def RBDelete(T, z):
    y=z
    y_original_color=y.color
    if z.left==T.nil:
            x=z.right
            RBTransplant(T, z, z.right)
    elif z.right==T.nil:
            x=z.left
            RBTransplant(T, z, z.left)
    else:
            y=TreeMinimum(z.right)
            y_original_color=y.color
            x=y.right
            if y.parent==z:
                    x.parent=y
            else:
                    RBTransplant(T, y, y.right)
                    y.right=z.right
                    y.right.parent=y
            RBTransplant(T, z, y)
            y.left=z.left
            y.left.parent=y
            y.color=z.color
    if y_original_color=='black':
            RBDeleteFixup(T, x)
#红黑树的删除
def RBDeleteFixup(T, x):
    while x !=T.root and x.color=='black':
            if x==x.parent.left:
                    w=x.parent.right
                    if w.color=='red':
                            w.color='black'
                            x.parent.color='red'
                            LeftRotate(T, x.parent)
                            w=x.parent.right
```

```
                if w.left.color=='black' and w.right.color=='black':
                        w.color='red'
                        x=x.parent
                else:
                        if w.right.color=='black':
                                w.left.color='black'
                                w.color='red'
                                RightRotate(T, w)
                                w=x.parent.right
                        w.color=x.parent.color
                        x.parent.color='black'
                        w.right.color='black'
                        LeftRotate(T, x.parent)
                        x=T.root
            else:
                w=x.parent.left
                if w.color=='red':
                        w.color='black'
                        x.parent.color='red'
                        RightRotate(T, x.parent)
                        w=x.parent.left
                if w.right.color=='black' and w.left.color=='black':
                        w.color='red'
                        x=x.parent
                else:
                        if w.left.color=='black':
                                w.right.color='black'
                                w.color='red'
                                LeftRotate(T, w)
                                w=x.parent.left
                        w.color=x.parent.color
                        x.parent.color='black'
                        w.left.color='black'
                        RightRotate(T, x.parent)
                        x=T.root
    x.color='black'

def TreeMinimum(x):
    while x.left !=T.nil:
```

```
            x=x.left
        return x
    #中序遍历
    def Midsort(x):
        if x!=None:
            Midsort(x.left)
            if x.key!=0:
                print('key:', x.key,'x.parent',x.parent.key)
            Midsort(x.right)
```

## 12.4 散列表

### 12.4.1 散列表的概念

在我们介绍散列表之前，我们先谈谈使用散列表的原因。

散列表也叫哈希表（Hash Table），适用于快速搜索事物。例如，有一个充满数据的数组（例如 100 个项），如果我们知道特定项存储在数组中的位置，那么可以利用下标快速访问它。我们碰巧知道想要的项位于第 3 位，可以通过：

myitem=myArray［3］

有了这个，我们不必搜索数组中的每个元素，我们只需访问位置 3。问题是，我们如何知道位置 3 存储了我们感兴趣的数据呢？这就是散列表派上用场的地方。给定一些键，我们可以应用散列函数来查找我们想要访问的索引或位置。

### 12.4.2 构造散列函数的方法

散列函数有许多种。一些散列函数将采用整数键并将其转换为索引。常见的是除留余数法。假设我们要将以下数字映射到 10 个元素的数组中：

123456

123467

123450

除留余数法就是应用除法，将数字除以 10（或数组中的最大元素数），并使用余数（模数）作为索引。结果如下：

123456％10=6（除以 10 时余数为 6）

123467％10=7（除以 10 时余数为 7）

123450％10=0（除以 10 时余数为 0）

| 下标 | 0 | 1 | 2 | 3 | 4 | 5 | 6 | 7 | 8 | 9 |
|---|---|---|---|---|---|---|---|---|---|---|
| 关键字 | 123450 | | | | | | 123456 | 123467 | | |

现在，假设我们有新数据 123460 需要存放，123460%10=0，所以应该放在下标 0 中，然而下标 0 已经有了 123450，这就发生了冲突。

### 12.4.3　处理冲突的方法

哈希冲突就是指不同的键值 k1、k2 在哈希函数 $h(x)$ 映射下到达了相同的下标。自然，有冲突就会有解决方案。主要的解决方法有线性探测与链地址法。

（1）线性探测。

如果遇到冲突，线性探测表将查看后续的散列元素，直到找到第一个空闲空间。这种遍历被称为探测表，因为它一次只查看一个元素，所以它是线性探测。

| HashArray [index] | Index |
|---|---|
| 123450 | 0 |
| 123451 | 1 |
| 123452 | 2 |
| 123460 | 3 |
| | 4 |
| | 5 |
| 123456 | 6 |
| 123457 | 7 |
| | 8 |
| | 9 |

例如，当我们对如上散列表插入 123460 时，123460%10=0，应当插入数组下标 0 的位置，但是下标 0 已经存放了 123450，于是继续查看后续元素，即下标 1，下标 1 也存放了数据 123451，继续查看下标 2，下标 2 存放了数据 123452，查看下标 3，发现空余，于是 123460 就存放在数组下标 3 的位置。

（2）链地址法。

把一个哈希值产生冲突关键字放进一个链表里面，某个哈希值产生冲突了，就把这个关键字放到这个哈希值槽的链表里面。如图 12-18 所示。

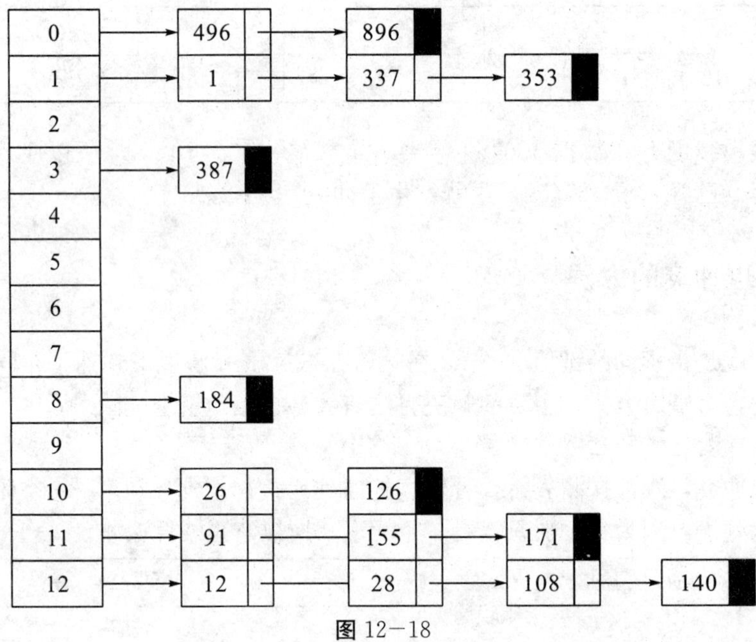


图 12-18

代码实现：

```
class MyDict:
    def __init__(self, num=100):# 指定列表大小
            self._num=num
            self._lst=[]
            for _ in range(self._num):
                    self._lst.append([])

    def update(self, key, value):# 添加 key-value
            key_index=hash(key)% self._num
            for i,(k, v)in enumerate(self._lst[key_index]):
            if key==k:
                    self._lst[key_index][i]=[key, value]
                    break
            else:
                    self._lst[key_index].append([key, value])

    def get(self, key):# 根据指定的 key 弹出值
            key_index=hash(key)% self._num
            for k, v in self._lst[key_index]:
            if k==key:
                    return v
            else:
```

```
            raise KeyError('No such {} key'. format(key))

    def pop(self, key):# 根据 key 弹出元素并且删除
        key_index=hash(key)% self. _num
        for i,(k, v)in enumerate(self. _lst[key_index]):
        if k==key:
            result=v
            self. _lst. pop(i)
            return resul
        else:
            raise KeyError('No such {} key'. format(key))

    def __getitem__(self, key):#可以通过下标来取值
        key_index=hash(key)% self. _num
        for k, v in self. _lst[key_index]:
        if k==key:
            return v
        else:
            raise KeyError('No such {} key'. format(key))

    def keys(self):# 取得所有的 key
        for index in range(self. _num):
            for k, v in self. _lst[index]:
                yield k

    def values(self):# 取得所有的 value
        for index in range(self. _num):
           for k, v in self. _lst[index]:
                yield v

    def items(self):# 取得所有的条目
        for index in range(self. _num):
           for item in self. _lst[index]:
                yield item
```

## 习　题

1. 给定一个整数 $n$，设计程序求以 1，…，$n$ 为节点组成的二叉查找树有多少种？

2. 给定二叉查找树的根节点和一个值。设计程序在树中找到节点值等于给定值的节点，返回以该节点为根的子树。如果节点不存在，则返回 NULL。

3. 给定一棵有相同值的二叉查找树，设计程序找出树中的所有众数（出现频率最高的元素）。

4. 给定一棵二叉查找树，编写程序来查找其中第 $k$ 个最小的元素。

5. 证明：在一棵红黑树中，从某节点 X 到其后代叶节点的所有简单路径中，最长的一条至多是最短一条的 2 倍。

6. 在一棵高度为 $k$ 的红黑树中，内节点最多有多少个？最少有多少个？

7. 在 $n$ 个关键字上构造出来的二叉树，红色节点与黑色节点个数的比值最大为多少？最小是多少？

8. 给定一棵二叉树，设计程序判断它是否是高度平衡的二叉树。

9. 给定一个有 $n$ 个元素的有序（升序）整型数组 nums 和一个目标值 target，设计程序搜索 nums 中的 target，如果目标值存在，返回下标，否则返回−1。

10. 给定一棵树，设计程序按中序遍历重新排列树，使树中最左边的节点现在是树的根，并且每个节点没有左子节点，只有一个右子节点。

11. 设计程序，要求给定一棵二叉查找树的根节点 root，返回树中任意两节点的差的最小值。

12. 设计程序，要求给定一棵所有节点为非负值的二叉查找树，求树中任意两节点的差的绝对值的最小值。

13. 在一棵二叉搜索树中，只有两个节点是被交换的。设计程序找到这些节点并交换，如果没有节点被交换，就返回原来的树的根节点.

14. 给定一棵具有不同节点值的二叉查找树，输入一个值，设计程序删除树中与给定值相同的节点。如果树中没有相同值的节点，就不做任何处理。要求处理之后的树仍是二叉查找树。

15. 给一棵非空二叉查找树以及一个目标值，设计程序找到在树中最接近给定值的节点值。

# * *第 13 章　排序

## 13.1　排序概述

排序是一种最重要且最好研究的计算问题。所谓排序，就是将一组乱序数据按关键字排列成一个有序的序列。排序后的数据常常有助于提高后续搜索任务的效率，用于解决其他问题的许多高级算法也常常将排序作为子例程。

Python 是一门面向对象的程序设计语言，对象的自然顺序通常使用“<”运算符来定义，具有传递性，即如果 k1<k2 且 k2<k3，则 k1<k3。传递性允许我们在不花时间执行某些比较的情况下推断这些比较的结果，从而提高算法的效率。

Python 以两种形式内置支持对数据排序。一方面，Python 的列表类型内置 sort()方法在原列表上进行排序；另一方面，Python 的内置全局排序函数 sorted()对可迭代的序列排序生成新的序列。因此，程序员通常只需要掌握调用这些内置排序函数的方法，避免从头开始实现排序算法。

值得注意的是，对于同一组数据，无论使用什么算法进行排序，其排序结果总是一样的。不同排序算法的差异主要体现在运行时间和内存占用上。本章将介绍一些排序算法，并分析其执行效率，以及序列初始状态对执行效率的影响，从而深入理解这些排序算法。对排序算法的分析主要包括以下 3 个方面：

(1) 时间复杂度：排序的时间复杂度可用算法执行过程中的数据比较次数和数据移动次数来衡量。通常考虑平均情况进行估算，然而对于受序列初始排序影响较大的算法，需要考虑最好情况和最坏情况。

(2) 空间复杂度：排序过程中需要使用的辅助存储空间。

(3) 稳定性：关键字取值相同的元素，排序前后的相对位置不变，则该排序是稳定的。

另外，为了便于理解和分析，本章将主要讨论对整数序列的排序，其关键字即序列元素本身。

# 13.2　插入排序

## 13.2.1　直接插入排序

直接插入排序是一种最基础的排序算法。其基本思想是不断构建有序序列，对于未排序数据，在已排序序列中从后向前扫描，找到相应位置并插入。

假设待排序序列为｛$A_1$，$A_2$，$A_3$，…，$A_n$｝。以从小到大排序为例，直接插入排序的步骤如下：

(1) 将 $A_1$看作有序序列，将 $A_2$到 $A_n$看作未排序序列。

(2) 从 $A_2$开始依次扫描未排序序列，直到将扫描到的每个元素插入有序序列的适当位置。对每一个待插入元素，从后向前扫描已排序元素，若已排序元素大于待插入元素，则需要把已排序元素逐步向后挪位，为待排序元素提供插入空间。若待插入元素与有序序列的某个元素相等，则将待插入元素插入到相等元素的后面。

使用插入排序从小到大排列序列［9，3，1，4，2，7，8，6，5］，如图 13-1 所示。

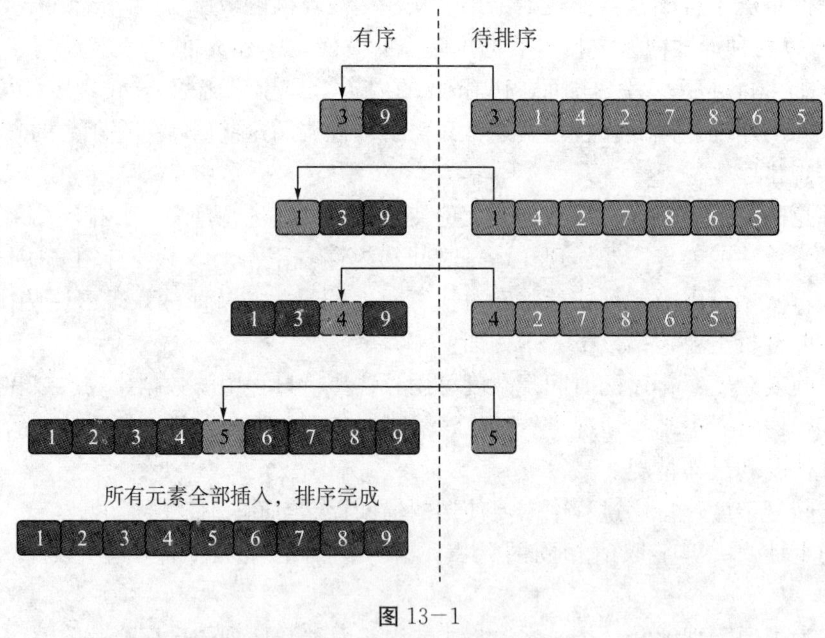


图 13-1

直接插入排序示例代码如下：

```
insert _ sort(A):
    """升序排列列表 A 中的元素"""
    length=len(A)
    for K in range(1,length):            #从1到 length-1依次扫描未排序元素
        cur=A[K]                         #当前待插入元素
```

```
        j=K                          #待插入元素的初始试探位置
        while j> 0 and A[j-1]> cur: #从后往前依次扫描已排序元素,直到待排序元素不小于已排序元素
            A[j]  =A[j-1]
            j-=1
        A[j]=cur                     #当前待插入元素 cur 的正确插入位置为 j
#测试
if __name__=="__main__":
    list1=[6, 5, 3, 1, 8, 7, 2, 4]
    insert_sort(list1)
    print(list1)
```

算法分析：

假设待排序序列长度为 $n$。最好情况下，待排序序列已经处于升序状态，此时需要比较 $n-1$ 次，无须交换元素，故最优时间复杂度为 $O(n)$；反之，最坏情况下，待排序序列为降序状态，此时仍需要比较 $n-1$ 次，且对于待排序序列的第 2 到第 $n$ 个元素，需要进行交换的次数依次为 1，2，…，$n-1$ 次，故最坏时间复杂度为 $O(n^2)$。因此，平均时间复杂度为 $O(n^2)$。

插入排序在实现上，通常采用就地排序（in-place），故空间复杂度为 $O(1)$。

另外，排序前后相同元素的相对位置不变，故直接插入排序是一个稳定算法。

**例 13.1**　现有一升序的整数列表，给定一个值为 value 的整数，将其插入到列表的合适位置，使得列表保持升序。

```
def insert_value(lst,value):
    """
    :param lst:升序整数序列
    :param value:待插入元素
    :return:排序好的列表    """
    length=len(lst)
    j=length-1                     # value 的初始试探位置
    while j>=0 and lst[j]>value: #从后往前依次扫描 lst,找到第一个不小于 value 的数,其下标为 j
        j-=1
    lst.insert(j+1,value)          #将 value 插入到下标为 j 的数之后
return lst
```

### 13.2.2　希尔排序

希尔排序（Shell Sort）是插入排序的一种，也称缩小增量排序（Diminishing Increment Sort），是直接插入排序更高效的改进版本。希尔排序是非稳定的排序，该方法

因 D. L. Shell 于 1959 年提出而得名。希尔排序是基于插入排序的以下两点性质而改进的：

(1) 插入排序对几乎已经排好序的数据操作时，效率高，即可以达到线性排序的效率。

(2) 插入排序一般来说是低效的，因为插入排序每次只能将数据移动一位。

为减少数据交换和移动的次数，希尔排序把记录按下标的一定增量分组，对每组使用直接插入排序；随着增量逐渐减少，每组包含的关键字越来越多，当增量减至 1 时，整个序列恰被分成一组，算法终止。

假设待排序元素个数为 $n$，希尔排序的排序过程为：先取一个正整数 $d_1<n$，把所有序号相隔 $d_1$ 的数组元素放一组，组内进行直接插入排序；然后取 $d_2<d_1$，重复上述分组和排序操作；直至 $d_i=1$，即将所有序列元素放进一个组中排序为止。如图 13-2 所示。

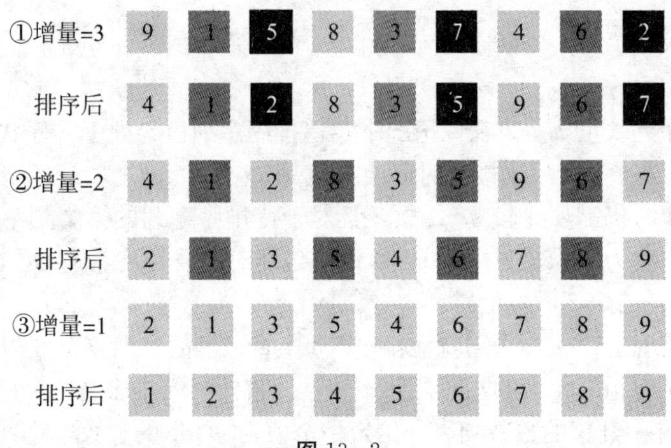


图 13-2

希尔排序示例代码如下：

```
def shell_sort(alist):
    """从小到大排列 alist 列表中的元素"""
    n=len(alist)
    #初始步长,gap 取整数
    gap=n//2
    while gap> 0:
        #按步长进行插入排序
        for i in range(gap, n):
            j=i
    #进行插入排序:将当前值与指定步长之前的值比较,若当前值小,则交换两个元素的位置
                while j>=gap and alist[j-gap]> alist[j]:
                    alist[j-gap], alist[j]=alist[j], alist[j-gap]
                    j-=gap
        #更新步长
        gap=gap//2
```

算法分析：

假设待排序序列长度为 $n$，希尔排序的时间复杂度与增量序列的选取有关，例如希尔增量的时间复杂度为 $O(n^2)$，而 Hibbard 增量的时间复杂度为 $O(n^{3/2})$。到目前为止还没有一个最好的增量序列。有人在大量的实验后得出结论：当 $n$ 在某个特定的范围后，希尔排序的比较和移动次数减少至 $n^{1.3}$ 次。但不管增量序列如何取值，都应该满足最后一个增量值为 1。

希尔排序按照不同步长对元素进行插入排序。刚开始元素很无序的时候，步长最大，故插入排序的元素个数很少，速度很快；当元素基本有序后，步长变小，而插入排序对有序序列排序的效率很高。因此，希尔排序的时间复杂度会比 $O(n^2)$ 好一些。空间复杂度与直接插入排序相同，为 $O(1)$。

另外，我们已经知道，一次插入排序是稳定的，不会改变相同元素的相对顺序，但希尔排序包含多次插入排序，在不同的插入排序过程中，相同的元素可能在各自的插入排序中移动，最后其稳定性就会被打乱，所以，希尔排序是不稳定的。

**例 13.2**　给定一组关键字（49，38，65，97，76，13，27，48，55，4），采用希尔排序实现升序排序。已知增量序列为：{5，3，1}，分别输出一趟、二趟和三趟排序后的结果。

```
def shell_test(alist,gap):
    """
    :param alist:待排序序列
    :param gap:增量初始值
    :return:排序后的列表    """
    n=len(alist)
    while gap> 0:  # 按步长进行插入排序
    for i in range(gap, n):
        j=i
        while j>=gap and alist[j-gap]> alist[j]:
            alist[j-gap], alist[j]=alist[j], alist[j-gap]
            j-=gap
    #一次增量排序结束,输出当前排序结果
      print("gap="+str(gap)+"时:")
      print(alist)
      # 更新步长
      gap=gap//2
    return alist

    # 测试
    if __name__=="__main__":
      alist=[49, 38, 65, 97, 76, 13, 27, 48, 55, 4]
```

```
shell _ test(alist,5)
"""
程序输出：
gap=5时：
[13, 27, 48, 55, 4, 49, 38, 65, 97, 76]
gap=2时：
[4, 27, 13, 49, 38, 55, 48, 65, 97, 76]
gap=1时：
[4, 13, 27, 38, 48, 49, 55, 65, 76, 97]
"""
```

## 13.3 交换排序

### 13.3.1 冒泡排序

冒泡排序（Bubble Sort）也是一种简单的排序算法。它重复地遍历要排序的序列，一次比较两个元素，如果它们的顺序错误就把它们交换过来。以升序排序为例，冒泡排序第一次遍历使序列的最大数经过交换慢慢“浮”到序列顶端，第二次遍历使次大数“浮”到次顶端，以此类推，直到序列有序。

以升序为例，冒泡排序的步骤如下：

（1）比较相邻的元素，如果第一个比第二个大，就交换这两个元素的位置。

（2）从开始第一对到结尾最后一对，比较每一对相邻元素；一次遍历后，序列最后一个元素是最大的数。

（3）针对所有的元素重复以上步骤，除了最后一个。

（4）每次对越来越少的元素重复上述步骤，直到序列有序。

冒泡排序第一次遍历的交换过程如图 13-3 所示。

——第一次遍历——→

| | | | | | | | | | |
|---|---|---|---|---|---|---|---|---|---|
| 54 | 26 | 93 | 17 | 77 | 31 | 44 | 55 | 20 | 交换 |
| 26 | 54 | 93 | 17 | 77 | 31 | 44 | 55 | 20 | 不交换 |
| 26 | 54 | 93 | 17 | 77 | 31 | 44 | 55 | 20 | 交换 |
| 26 | 54 | 17 | 93 | 77 | 31 | 44 | 55 | 20 | 交换 |
| 26 | 54 | 17 | 77 | 93 | 31 | 44 | 55 | 20 | 交换 |
| 26 | 54 | 17 | 77 | 31 | 93 | 44 | 55 | 20 | 交换 |
| 26 | 54 | 17 | 77 | 31 | 44 | 93 | 55 | 20 | 交换 |
| 26 | 54 | 17 | 77 | 31 | 44 | 55 | 93 | 20 | 交换 |
| 26 | 54 | 17 | 77 | 31 | 44 | 55 | 20 | 93 | 第一次遍历后，93就位 |

图 13-3

冒泡排序示例代码如下：

```
def bubble_sort(alist):
    """从小到大排列 alist 列表中的元素"""
    length=len(alist)
    for j in range(length-1,0,-1):
        # j 表示每次遍历需要比较的次数,是逐渐减小的
        for i in range(j):
            if alist[i]> alist[i+1]:
                alist[i], alist[i+1]=alist[i+1], alist[i]
```

算法分析：

假设待排序序列长度为 $n$。示例代码的外层循环需要进行 $n-1$ 次遍历，最好情况下，待排序序列完全升序，内层循环不用交换元素，故时间花销为 $[n(n-1)]/2$，最优时间复杂度为 $O(n^2)$；最坏情况下，待排序序列完全降序，内层循环每一次都要交换两个元素，则时间花销为 $[2n(n-1)]/2$（其中，比最好情况多花的时间在于交换元素的时间开销），最坏时间复杂度为 $O(n^2)$。平均时间复杂度为 $O(n^2)$。

需要注意的是，由于 Python 的变量并不直接存储值，只是引用一个内存地址，故交换变量时，只是交换了地址引用，变量本身的位置并没有改变。当对列表中的元素进行增删改操作时，不会影响列表自身整体的地址，只会改变其内部元素的地址引用。可是，当我们对一个列表重新初始化（赋值）时，会给这个列表变量重新赋予一个地址，并覆盖原本列表的地址。故冒泡排序没有使用辅助内存空间，其空间复杂度为 $O(1)$。

另外，冒泡排序是稳定的排序算法。

最后，冒泡排序可能在经过少数几次外层循环后已经有序，当某一次外层循环没有发生交换时停止算法，可以节省不必要的时间开销。最好情况下，对于一个已经有序的序

列，算法在第一次外层循环后就结束，实际上只发生了 $n-1$ 次比较，故冒泡排序的最优时间复杂度可达到 $O(n)$。据此对冒泡排序进行优化，示例代码如下：

```
def bubble_sort_enhanced(alist):
    """使用改进的冒泡排序从小到大排列 alist 列表中的元素"""
    length=len(alist)
    for j in range(length-1,0,-1):
            indicator=False   # 用于优化:没有交换时表示已经有序,结束循环
            for i in range(j):  # j 表示每次遍历需要比较的次数,是逐渐减小的
                if alist[i]> alist[i+1]:
                    alist[i], alist[i+1]=alist[i+1], alist[i]
                    indicator=True
            if not indicator:  #如果没有交换说明列表已经有序,结束循环
                    break
```

**例 13.3** 使用冒泡排序升序排列 [54, 26, 93, 17, 77, 31, 44, 55, 20]，输出每次冒泡的结果及排序最少遍历次数。

```
def bubble_sort_enhanced(alist):
    """
    使用改进的冒泡排序升序排列 alist 中的元素,
    输出每趟冒泡排序的结果及总的遍历次数
    """
    length=len(alist)
    count=0;      #记录遍历次数
    for j in range(length-1,0,-1):
        count+=1
        indicator=False   # false 表示本次遍历没有发生交换,即序列已经有序,排序结束
        for i in range(j):
            if alist[i]> alist[i+1]:
                alist[i], alist[i+1]=alist[i+1], alist[i]
                indicator=True
        print(alist)
        if not indicator:#没有发生交换则排序结束,输出遍历次数
            print("冒泡排序最少遍历次数为:"+str(count))
            break
#测试
if __name__=="__main__":
        alist=[54,26,93,17,77,31,44,55,20]
        bubble_sort_enhanced(alist)
        """
```

```
程序输出为：
[26, 54, 17, 77, 31, 44, 55, 20, 93]
[26, 17, 54, 31, 44, 55, 20, 77, 93]
[17, 26, 31, 44, 54, 20, 55, 77, 93]
[17, 26, 31, 44, 20, 54, 55, 77, 93]
[17, 26, 31, 20, 44, 54, 55, 77, 93]
[17, 26, 20, 31, 44, 54, 55, 77, 93]
[17, 20, 26, 31, 44, 54, 55, 77, 93]
[17, 20, 26, 31, 44, 54, 55, 77, 93]
冒泡排序遍历次数为:8
"""
```

### 13.3.2 快速排序

快速排序（Quicksort）是对冒泡排序的一种改进。由 C. A. R. Hoare 在 1962 年提出，又叫划分交换排序（Partition-exchange Sort）。其基本思想是：通过一趟排序将要排序的数据分割成独立的两部分，其中一部分的所有数据都比另外一部分的所有数据小，然后再按此方法对这两部分数据分别进行快速排序，整个排序过程可以递归进行，以此使整个序列有序。

以升序排列数列为例，使用递归实现快速排序的步骤如下：

（1）从数列中挑出一个元素，作为“基准”（pivot）。

（2）双向遍历序列，小于基准值的元素放在基准值左边，大于基准值的元素放在基准值右边（相同元素可以到任一边）。一次划分结束之后，该基准就处于数列的中间位置。

（3）递归地（recursive）对基准值两侧的子序列进行快速排序，直到子序列为空或只有一个元素。

快速排序的效率与基准的选取有关。基准的选取主要有以下 3 种方法：

（1）固定位置基准值：每次取待排序序列的第一个或最后一个元素为基准值。此方法在整个数列已经趋于有序时效率低。比如对有序数列 [0, 1, 2, 3, 4, 5, 6, 7, 8, 9]，当我们选取 0 为基准值时，需要将后面的元素每个都交换一遍，效率很低。

（2）随机选取基准值：即选取待排序列中任意一个数作为基准值。当待排序序列趋于有序时，随机选取基准值能够提高排序效率。但当序列元素全部相等时，随机选取基准值的效率依然很低，其时间复杂度为 $O(n^2)$，但出现这种最坏情况的概率非常低，故随机选取基准值还算是一种效率比较好的方法，时间复杂度一般能够达到 $O(n\log n)$。

（3）三数取中法：其思想是取序列第一个位置、中间位置和最后一个位置上三个数的中间值作为基准。三数取中法很好地解决了很多特殊问题，但对于具有很多重复元素的序列，效果依然不好。

对序列 [52, 49, 80, 36, 14, 58, 61, 97, 23, 75]，选取第一个元素作为基准值，一趟快速排序的过程如图 13−4 所示。

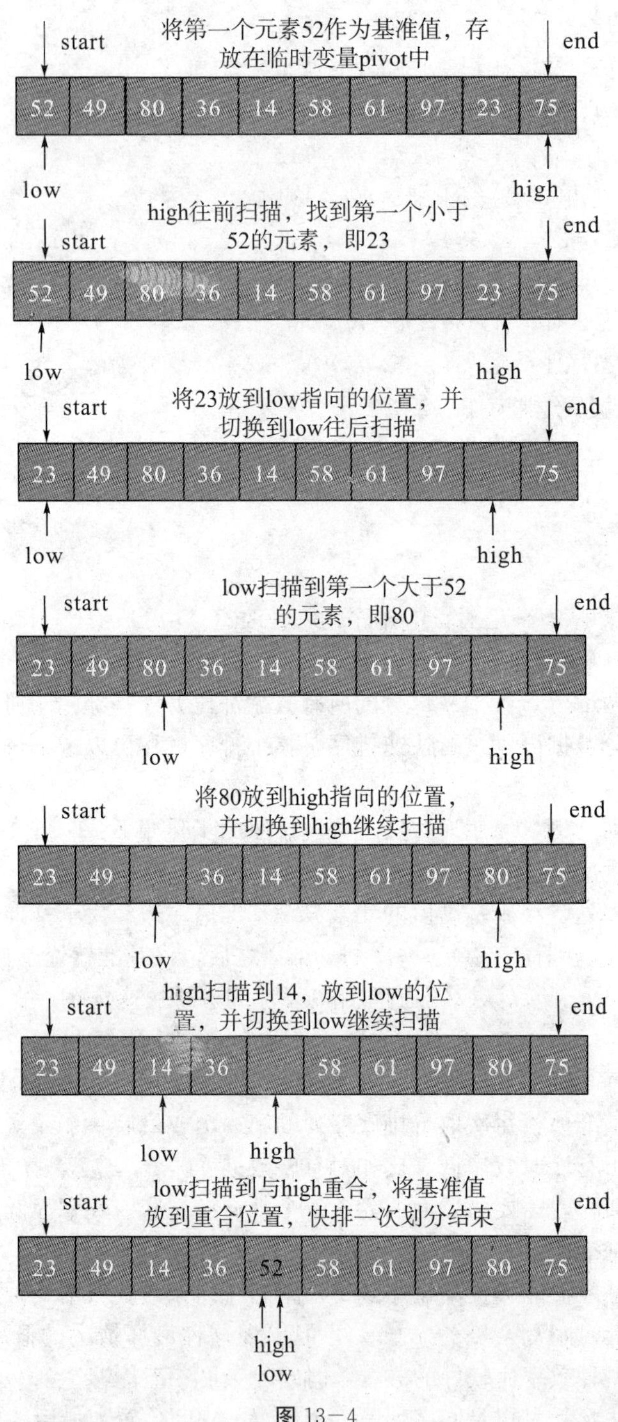


图 13-4

快速排序示例代码如下：

```
def inplace _ quick _ sort(alist, start, end):
    """使用快速排序升序排列 alist 列表的元素"""
    #递归的退出条件
```

```
    if start>=end:
        return
    #设定待排序序列的起始元素为基准元素
    pivot=alist[start]
    # low 为序列左边的由左向右移动的游标
    low=start

    # high 为序列右边的由右向左移动的游标
    high=end

    while low <high:

    #如果 low 与 high 未重合,且 high 指向的元素不比基准元素小,则 high 向左移动
        while low <high and alist[high]>=pivot:
            high-=1

        #若 high 指向的元素小于基准值,则将 high 指向的元素放到 low 的位置上
        alist[low]=alist[high]

    #如果 low 与 high 未重合,且 low 指向的元素比基准元素小,则 low 向右移动
        while low <high and alist[low] <pivot:
            low+=1

        #若 low 指向的元素大于基准值,则将 low 指向的元素放到 high 的位置上
        alist[high]=alist[low]

    #退出循环后,low 与 high 重合,共同指向基准元素的正确位置
    #将基准元素放到该位置
    alist[low]=pivot

    #对基准元素左边的子序列进行快速排序
    inplace_quick_sort(alist, start, low-1)

    #对基准元素右边的子序列进行快速排序
    inplace_quick_sort(alist, low+1, end)

#测试
if __name__=='__main__':
    alist=[25,26,93,17,38,31,46,55,20]
```

```
    inplace_quick_sort(alist,0,len(alist)-1)
    print(alist)   #排序结果为:[17, 20, 25, 26, 31, 38, 46, 55, 93]
```

算法分析：

假设待排序序列长度为 $n$。最好情况下，快速排序每一次取到的基准值正好平分整个序列，由二分法的思想可知，递归的深度为 $\log n+1$，每一层递归实际上都对 $n$ 个元素进行了遍历判断（如图 13-5 所示），故时间复杂度为 $O(n*(\log n+1))=O(n\log n)$。

最坏情况下，每一次划分使得基准元素的左侧或右侧只有一个元素，需要递归调用 $n$ 次，每层递归实际上都对 $n$ 个元素进行了遍历判断，此时快速排序退化为冒泡排序，时间复杂度为 $O(n^2)$。

平均情况下，每次都随机选取数组中的一个元素作为基准值，平均时间复杂度为$O(n\log n)$。

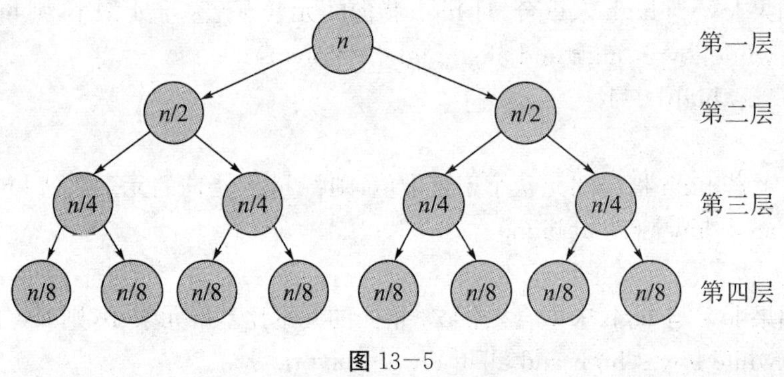


图 13-5

对于空间复杂度，如果采用非就地排序，也就是说，使用了辅助数组，则空间复杂度与元素个数有关。上述示例算法采用就地排序，没有占用额外空间，故一次快速排序的空间复杂度为常数级，即 $O(1)$；真正消耗空间的是递归调用，因为每次递归都要保持一些数据，最优情况下，每一次都平分序列，空间复杂度为 $O(\log n)$，最差情况下退化为冒泡排序，空间复杂度为 $O(n)$。

对示例代码中基本的快速排序，还可以进行以下优化：

(1) 示例代码中，总是选取待排序列的第一个元素作为基准。我们已经知道，取到序列中间值时，快速排序的效率最高，而第一个值未必是序列中间值；并且，若待排序序列为有序序列，则每次划分只能排序一个元素，效率很低。三数取中法可以在一定程度上消除待排序序列顺序不好的情况。

(2) 当待排序序列的长度分割到一定大小后，使用插入排序。因为当待排序序列长度很小或基本有序时，插入排序的效率更高。因此，可以定义快速排序的最小序列长度，如 $N=10$，当待排序序列长度被分割到 10 时，采用插入排序。

(3) 一次排序后，将与基准值相等的元素放在一起，在下一次分割时可以不考虑这些元素。如图 13-6 所示。

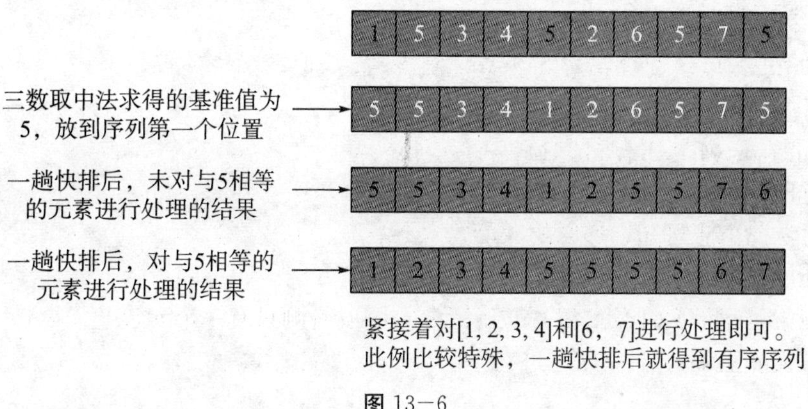


图 13-6

**例 13.4**　使用随机化基准值实现三路快排，即每次快速排序都把和基准值相等的元素放在中间，比基准值小的放在左边，比基准值大的放在右边，从而提高重复元素过多时的排序效率。

```
def quicksort(arr, left, right):
    #递归的退出条件
    if left>=right:
        return
    #在列表里随机选一个数来作为基准元素
    random_index=random.randint(left, right)
    #把基准元素和第一个元素交换
    arr[left], arr[random_index]=arr[random_index], arr[left]
    pivot=arr[left]
    #定义 lt:小于基准值部分结束的下标,初始为空,因为 arr[left]是基准元素
    lt=left # arr[left,...,lt-1] <random_index
    #定义 gt:大于基准值部分开始的下标,初始为空
    gt=right+1 # arr[gt,...,right]> random_index
    i=left+1 # arr[lt,...,gt-1]==random_index
    #终止条件:下标 i=gt,一次快排结束
    while i <gt:
        if arr[i] <pivot:
            arr[i], arr[lt+1]=arr[lt+1], arr[i]
            lt+=1
            i+=1
        elif arr[i]> pivot:
            arr[i], arr[gt-1]=arr[gt-1], arr[i]
            gt-=1
        else:
            i+=1
    #一次快排结束后,把第一个元素(基准元素)放到 lt 的位置
```

```
        arr[left], arr[lt]=arr[lt], arr[left]
        print(arr)
        #递归排序
        quicksort(arr, left, lt-1)
        quicksort(arr, gt, right)
#测试
if __name__=="__main__":
        arr=[2, 1, 2, 4, 1, 3, 5, 1, 0]
        quicksort(arr,0,len(arr)-1)
        """
        程序输出为:
        [0, 1, 1, 1, 3, 5, 2, 4, 2]
        [0, 1, 1, 1, 2, 2, 4, 3, 5]
        [0, 1, 1, 1, 2, 2, 4, 3, 5]
        [0, 1, 1, 1, 2, 2, 3, 4, 5]
        """
```

## 13.4 选择排序

### 13.4.1 简单选择排序

简单选择排序是一种简单直观的排序算法。其工作原理：首先在未排序序列中找到最小（大）元素，存放到排序序列的末尾，然后再从剩余未排序元素中继续寻找最小（大）元素，放到已排序序列的末尾。以此类推，直到所有元素均排序完毕。

以升序排列序列 [$45^2$,23, 77, $45^1$, 56] 为例，将两个相同数据 45 用上标 1 和 2 进行区分，每次选择最大数放在未排序序列末尾，过程如下：

第一次：[$45^2$, 23, 77, $45^1$, 56]

第二次：[$45^2$, 23, $45^1$, 56, 77]

第三次：[$45^2$, 23, $45^1$, 56, 77]（由于是从序列的头部开始寻找最大值，故 $45^2$ 的优先级高于 $45^1$）

第四次：[23, $45^1$, $45^2$, 56, 77]

第五次：[23, $45^1$, $45^2$, 56, 77]

由上述过程可以看出 $45^2$ 的位置在排序后和 $45^1$ 发生了交换，所以选择排序不稳定。

简单选择排序示例代码如下：

```
def select_sort1(alist):
    """使用选择排序升序排列列表 lists 中的元素:将小数提前"""
    n=len(alist)
```

```
    for j in range(n-1):
        min_index=j    #元素下标
        for i in range(j+1, n):
            if alist[min_index]> alist[i]:
                min_index=i
        alist[j], alist[min_index]=alist[min_index], alist[j]
```

算法分析：

假设待排序序列长度为 $n$。简单选择排序第一次内循环比较 $n-1$ 次，然后是 $n-2$ 次，$n-3$ 次，…，最后一次内循环比较 1 次，共比较的次数是 $(n-1)+(n-2)+\cdots+1$，故时间复杂度为 $O(n^2)$。虽然选择排序和冒泡排序的时间复杂度一样，但实际上，简单选择排序的交换操作很少，最多发生 $n-1$ 次交换；而冒泡排序最坏情况下约发生 $n^2/2$ 次交换，从这个意义上讲，简单选择排序的性能略优于冒泡排序。而且，简单选择排序比冒泡排序的思想更加直观。

由于交换操作只是交换两个元素的值，未使用额外空间，故空间复杂度为 $O(1)$。

**例 13.5** 利用“大数坠后法”实现简单选择排序，即每次将未排序列的最大值放到序列末尾。

```
def select_sort2(alist):
    """将大数坠后的简单选择排序"""
    n=len(alist)
    count=1
    for j in range(n-1):
        max_index=0        # 每一次选择排序初始化最大值位置为序列的第一个元素下标
        for i in range(1, n-j):
            if alist[max_index] <alist[i]:
                max_index=i
        alist[max_index], alist[n-count]=alist[n-count], alist[max_index]
        count+=1
```

### 13.4.2 堆排序

堆是一棵顺序存储的完全二叉树，可分为大根堆和小根堆。大根堆中，每个节点的值都不小于其左、右孩子节点的值；小根堆中，每个节点的值都不大于其左、右孩子节点的值。如图 13-7 所示。

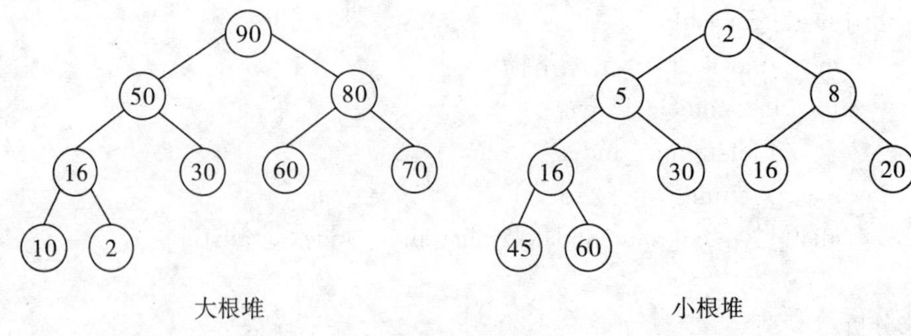


图 13-7

堆排序，就是基于大根堆或者小根堆的一种排序方法。以大根堆为例，实现堆排序的步骤如下：

(1) 根据待排序序列构造一个大根堆。

(2) 取出当前大根堆的堆顶节点（最大值），与堆的最下最右元素进行交换，并输出最后一个元素（最大值），然后将剩下的元素再构造出一个大根堆。

(3) 重复第二步，直到这个大根堆的长度为 1，输出该元素，此时完成排序。

上述过程如图 13-8 所示。

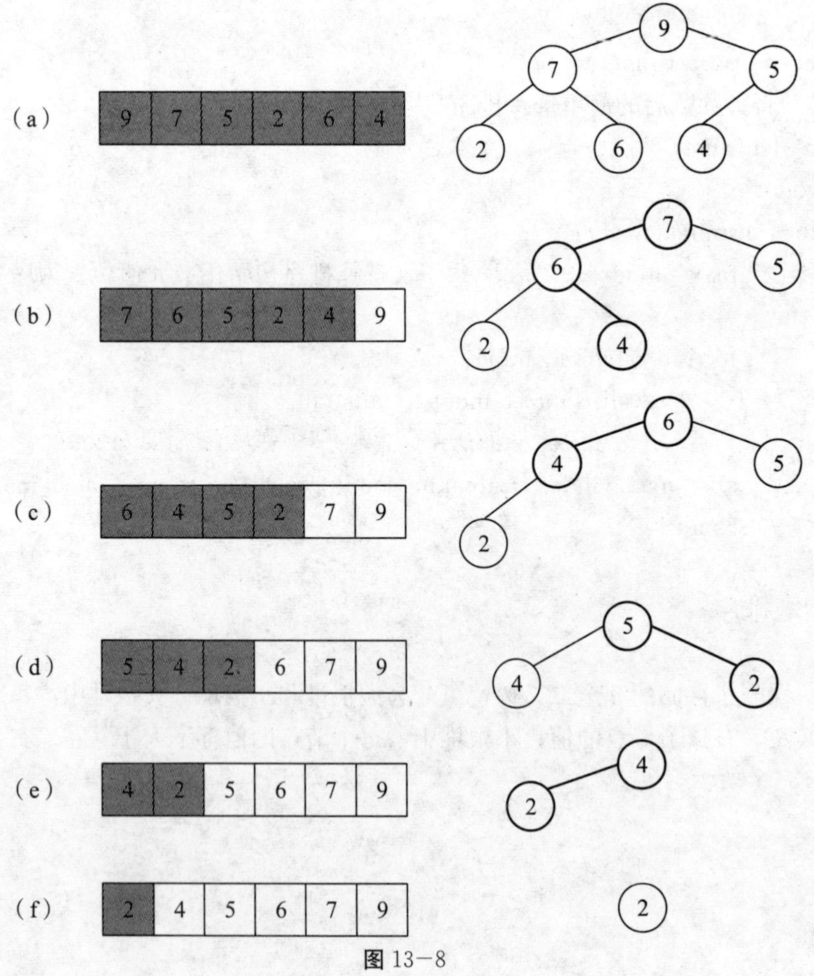


图 13-8

堆排序示例代码如下：

```
#-*-coding:utf-8-*-
# 获取左右叶子节点
def LEFT(i):
    return 2*i+1
def RIGHT(i):
    return 2*i+2
# 调整大顶堆
# L:待调整序列，length:序列长度，i:需要调整的节点
def adjust_max_heap(L,length,i):
# 定义一个 int 值保存当前序列最大值的下标
    largest=i
# 执行循环操作,包括两个任务:1.寻找最大值的下标;2.最大值与父节点交换
    while(1):
# 获得序列左右叶子节点的下标
        left,right=LEFT(i),RIGHT(i)
# 当左叶子节点的下标小于序列长度,并且左叶子节点的值大于父节点时,将左叶子节点的下标赋值给 largest
        if(left <length)and(L[left]> L[i]):
            largest=left
        else:
            largest=i
# 当右叶子节点的下标小于序列长度,并且右叶子节点的值大于父节点时,将右叶子节点的下标值赋值给 largest
        if(right <length)and(L[right]> L[largest]):
            largest=right
# 如果 largest 不等于 i,说明当前的父节点不是最大值,需要交换值
        if(largest !=i):
            temp=L[i]
            L[i]=L[largest]
            L[largest]=temp
            i=largest
            continue
        else:
            break
# 建立大根堆
def build_max_heap(L):
    length=len(L)
    for x in range((int)((length-1)/2),-1,-1):
```

```
    adjust_max_heap(L,length,x)
# 堆排序
def heap_sort(L):
# 先建立大根堆,保证最大值位于根节点,并且父节点的值大于叶子节点
    build_max_heap(L)
# i:当前堆中序列的长度。初始化为序列的长度
    i=len(L)
# 执行循环:1. 每次取出堆顶元素置于序列的最后(len-1,len-2,len-3,…)
#          2. 调整堆,使其继续满足大根堆的性质,注意实时修改堆中序列的长度
    while(i> 0):
        temp=L[i-1]
        L[i-1]=L[0]
        L[0]=temp
# 堆中序列长度减1
        i=i-1
# 调整大根堆
        adjust_max_heap(L,i,0)


# 测试
if __name__=="__main__":
    alist=[54,26,93,17,77,31,44,55,20]
    heap_sort(alist)
    print(alist)
```

算法分析:

由于堆排序对原始记录的排序状态并不敏感，因此最好、最坏和平均时间复杂度均为 $O(n\log n)$，其中，建堆为 $O(n)$，调堆为 $O(\log n)$。由于只是使用了一个用于交换的临时空间，故空间复杂度为 $O(1)$。另外，堆排序不稳定。

**例 13.6**　实现小根堆，获取 n 个 #-*-coding:utf-8-*-。

```
import math
from collections import Iterable
class BinaryHeap(object):
    """利用列表实现小根堆"""
    def __init__(self, max_size=math.inf):
        self._heap=[-math.inf]           # 初始值设置一个无限大的哨兵
        self.max_size=max_size

    def __len__(self):
        """求长度"""
```

```
        return len(self._heap)-1

    def insert(self, *data):
        """向堆中插入元素"""
        if isinstance(data[0], Iterable):
            if len(data)> 1:
                print("插入失败...第一个参数为可迭代对象时,参数只能有一个")
                return
            data=data[0]
        if not len(self)+len(data)<self.max_size:
            print("堆已满，插入失败")
            return
        for x in data:
            self._heap.append(x)
            self._siftup()
        print("插入成功")

    def _siftup(self):
            """最后插入的元素上浮"""
        pos=len(self)                          # 插入的位置
        x=self._heap[-1]                         # 获取最后一个位置元素
        while x <self._heap[pos>> 1]:       # 此处体现了哨兵的作用，当下标为
0时，x一定小于 inf
            self._heap[pos]=self._heap[pos>> 1]
            pos>>=1
        self._heap[pos]=x

    def _siftdown(self, idx):
        """序号为 i 的元素下沉"""
        temp=self._heap[idx]
        length=len(self)
        while 1:
            child_idx=idx <<1
            if child_idx> length:
                break
            if child_idx !=length and self._heap[child_idx]> self._heap[child
_idx+1]:
                child_idx+=1
            if temp> self._heap[child_idx]:
```

```
                self._heap[idx]=self._heap[child_idx]
            else:
                break
            idx=child_idx
        self._heap[idx]=temp

    def get_min(self):
        if not len(self):
            print("堆为空")
        return self._heap[1]

    def delete_min(self):
        """删除堆顶元素"""
        if not len(self):
            print("堆为空")
            return
        _min=self._heap[1]
        last=self._heap.pop()
        if len(self):                    # 堆为空时不再向下调整
            self._heap[1]=last
            self._siftdown(1)
        return _min

    def create_heap(self, data):
        """创建一个小根堆，接收一个可迭代对象参数，效果同 insert，效率比 insert
一个个插入高，时间复杂度为 n"""
        self._heap.extend(data)
        for idx in range(len(self)//2, 0,-1):
            self._siftdown(idx)

    def clear(self):
        """清空堆"""
        self._heap=[-math.inf]   # 初始值设置一个无限小的哨兵

    def update_key(self, idx, key):
        """更新指定位置的元素，idx>=1"""
        if idx> len(self)or idx <1:
            print("索引超出堆的大小或小于1")
            return
```

```
            self._heap[idx]=key
            self._siftdown(idx)

    def delete_key(self, idx):
            """删除指定位置的元素，idx>=1"""
            if idx> len(self)or idx <1:
                    print("索引超出堆的大小或小于1")
                    return
            x=self._heap.pop()      # 取出最后一个元素代替，保持完全二叉树，
然后调整到合适位置
            if len(self):
                self._heap[idx]=x
                self._siftdown(idx)

    def get_big_nums(data, k):
        """获取前 k 个最大的数"""
        """查找 n 个数中前 k 大的数，效率为 o(nlogk)"""
        heap=BinaryHeap(k)
        heap.create_heap(data[:k])  #用前 k 个数建立一个小根堆，堆顶即是第
k 大的数

        for d in data[k:]:
              if heap.get_min()<d:
                    heap.update_key(1, d)
        lst=[]                        # 获取堆里的元素
        for i in range(k):
              lst.append(heap.delete_min())
        return lst

  #测试
  if __name__=='__main__':
    print(get_big_nums([1, 2, 5, 2, 21, 10, 7, 1, 3, 5, 9], 3))
    print("*"* 30)
    print(get_big_nums([0.1, 2,-1, 89, 67, 13, 55, 99, 67], 5))   #数中前 k
大的数
```

## 13.5 归并排序

归并排序采用“分而治之”的思想，主要包括两个步骤：分解、合并，具体如下：

分解：将一个乱序序列不断二分，直到子序列有序，即得到长度为 1 的子序列。

合并：将有序的子序列两两合并，然后将合并的结果作为新的子序列，再与其他子序列进行合并，最终得到一个新的序列。此过程称为“二路归并”。

递归实现归并排序如图 13-9 所示。

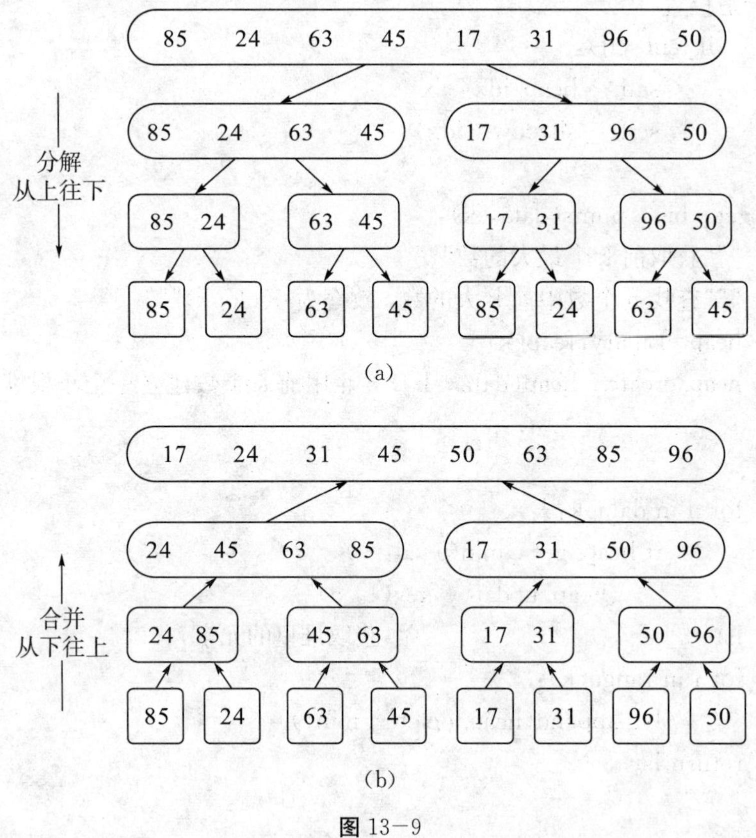


图 13-9

递归实现归并排序示例代码如下：

```
def merge(a, b):
    """将两个有序的列表 a 和 b 合并为一个新列表,并返回该新列表"""
    c=[]
    i=j=0
    while i <len(a)and j <len(b):
        if a[i] <b[j]:
            c.append(a[i])
            i+=1
```

```
            else:
                c.append(b[j])
                j+=1

    if i==len(a):   #列表a中的元素已全被合并到新列表,将b中剩余元素依次放入新列表
        for j in b[j:]:
            c.append(j)
    else:           #列表b中的元素已全被合并到新列表,将a中剩余元素依次放入新列表
        for i in a[i:]:
            c.append(i)
    return c

def merge_sort(lists):
    """对列表lists中的元素进行归并排序"""
    n=len(lists)
    if len(lists)<=1:
        return lists                      #长度为1的列表已经有序
    middle=n//2
    left=merge_sort(lists[:middle])       #对列表左半边元素递归调用归并排序
    right=merge_sort(lists[middle:])      #对列表右半边元素递归调用归并排序
    return merge(left, right)    #合并排序后的左右两边列表元素,返回排序后的新列表

#测试
if __name__=='__main__':
    a=[4, 7, 8, 3, 5, 9]
    print(merge_sort(a))
```

算法分析：

假设待排序序列长度为 $n$，比较两个元素大小的时间复杂度为 $O(1)$。由二分法的思想知递归调用的深度为 $\log n+1$。一次合并操作需要循环遍历两个有序列表的每一个元素，在递归调用的每一层，都需要处理序列中的每一个元素，故每一层的时间复杂度为$O(n)$，总的时间复杂度为 $O(n\log n)$。

另外，每次合并需要返回一个新列表，其长度为合并的两个有序列表之和，最终合并为一个有序列表，故空间复杂度为 $O(n)$。

最后，在归并排序中，相同的两个元素经过排序后相对位置没有改变，故归并排序是稳定的排序。

**例 13.7** 在数组中的两个数字，如果前面一个数字大于后面的数字，则这两个数字组成一个逆序对。输入一个数组，求出这个数组中的逆序对的总数。

```
def sort(temp, left, right, data):
"""利用归并排序找逆序对
  思想:先分再合,分的时候记录下交换的次数;
  合的时候,如果左边 i 大于右边 j,说明左边 i 到 mid 的数都大于 j,所以给逆序对计数加上 mid-i+1。
    """
    if right-left <1:
        return 0
    if right-left==1:
        if data[left] <data[right]:
            return 0
        else:
            temp[left], temp[right]=data[right], data[left]
            return 1
    #分
    mid=(left+right)//2
    res=sort(data, left, mid, temp)+sort(data, mid+1, right, temp)
    #合
    i=left
    j=mid+1
    index=left

    while i <=mid and j <=right:
        if data[i] <=data[j]:
            temp[index]=data[i]
            i+=1
        else:
            temp[index]=data[j]
            res+=mid-i+1
            j+=1
        index+=1
    while i <=mid:
        temp[index]=data[i]
        i+=1
        index+=1
    while j <=right:
        temp[index]=data[j]
```

```
            j+=1
            index+=1
        return res

    def InversePairs(lst):
        """调用 sort 方法统计列表 lst 中的逆序对"""
        return sort(lst[:], 0, len(lst)-1, lst[:])

    #测试:
    if __name__ == "__main__":
        lst=[1, 5, 6, 3, 2]   #逆序对:(3,2),(5,2),(6,2),(5,3),(6,3)
        print(InversePairs(lst)) # 5
```

## 13.6　基数排序

基数排序与桶排序常作为桶式排序出现，基数排序进行了多轮的桶排序。桶式排序不再是一种基于比较的排序方法，它是一种比较巧妙的排序方式，但这种排序方式需要待排序的序列满足以下两个特征：

(1) 待排序列所有的值处于一个可枚举的范围之内。

(2) 待排序列所在的这个可枚举的范围不应该太大，否则排序开销太大。

因此，桶式排序可以用于学生成绩的排序，因为在若干学生中成绩的范围仅在 100 以内。

桶排序（Bucket Sort）的思想是将数据集分到有限数量的桶子里，每个桶子再个别排序（有可能再使用别的排序算法，一般使用简单且稳定的插入排序）。当待排序的数据集中的数值被均匀分配时，桶排序可以以线性时间运行。

最简单的桶排序是每个桶中元素相同，只需统计每个桶中元素出现的次数，最后按统计结果依次输出数据集里面的元素。其中，关键字的取值范围（即桶的个数）叫作基数。例如，从小到大排列 [5, 3, 6, 1, 2, 7, 5, 10]，因为每个元素都在 1~10 之间，故建立 10 个桶，桶排序过程如下：

(1) 初始化桶：[0 0 0 0 0 0 0 0 0 0]，桶代表的值依次为：[1 2 3 4 5 6 7 8 9 10]。

(2) 遍历序列，第一个数字是 5，第五个桶加 1：[0 0 0 0 1 0 0 0 0 0]；第二个数字是 3，第三个桶加 1：[0 0 1 0 1 0 0 0 0 0]；以此类推，遍历后桶为：[1 1 1 0 2 1 1 0 0 1]。

(3) 根据桶的计数结果，输出排序结果，如桶 1 计数为 1，输出 1，桶 4 计数为 0，不输出，桶 5 计数为 2，输出 5 5……以此类推，排序结果为：[1 2 3 5 5 6 7 10]。

因此，桶排序包括以下 3 个步骤：

(1) 申请一个包含所有元素的数组，并初始化为 0。

(2) 遍历原始数据，并计数。

(3) 遍历计数完成后的各个数组元素，输出数据。

当待排序列的数值是均匀分配的时候，桶排序具有线性时间复杂度 $O(n)$。由于桶排序不是比较排序，它不受 $O(n\log n)$ 下限的影响。

桶排序示例代码如下：

```
def bucket_sort(lst):
    buckets=[0]*((max(lst)-min(lst))+1)   #确定桶的个数
    for i in range(len(lst)):  #遍历序列,将元素对应的桶的计数+1,因为此程序中每个桶中元素相同
        buckets[lst[i]-min(lst)]+=1
    res=[]
    for i in range(len(buckets)):#遍历各个桶,根据桶的计数输出列表,此时已经有序
        if buckets[i] !=0:
            res+=[i+min(lst)]*buckets[i]
    return res
#测试
if __name__=="__main__":
    Lst1=[1,44,5,222,1]
    print(bucket_sort(Lst1))
```

算法分析：

对于 $n$ 个待排数据，$m$ 个桶。对于同样的 $n$，桶数量 $m$ 越大，其效率越高，最好情况下 $n=m$，即每个桶只有一个数据，此时桶排序的最优时间复杂度为 $O(n)$。桶排序的空间复杂度为 $O(n+m)$，如果输入数据非常庞大，而桶的数量也非常多，则空间代价无疑是昂贵的。此外，桶排序是稳定的。

基数排序（Radix sort）又称为“桶子法”，是桶排序的扩展，只适用于排序数字或字母类型数据，一般用于长度相同的元素组成的序列。它检查数字或字母的每一位，将之分类，按照位数的特定顺序，将元素排列。

基数排序借助多关键字进行排序，它不是一种普适的排序算法，主要适用于邮政编码、社会安全号码或者产品编码等数据的排序。按照关键字先后顺序，基数排序可以分为高位优先法 MSD 和低位优先法 LSD。基数排序按照从左往右（MSD）或从右往左（LSD）的顺序，依次将每一位都当作一次关键字，然后按照该关键字将元素入桶并排序，每一轮排序都基于上轮排序后的结果；最后一轮，最左（右）边那位也作为关键字进行排序，整个序列就达到有序状态。基数排序对任一子关键字排序时，必须借助于另一种排序方法，而且这种排序方法必须是稳定的。基数排序的关键字可以是整数、实数或者字符串等，但我们必须要知道序列中最大关键字所拥有的位数或者说是字符数，以便于确定按位分类的循环次数。

以 LSD 方法排列整数序列为例，基数排序从低位开始先将待排序数列按照个位的值分别放入相应编号为 0～9 的桶中；按照个位排序结束后可得到一个新序列，再将这个序

列按照十位依次放入相应的桶中，一直到以最高位为关键字进行排序为止，得到有序数列。对于多关键字拆分出来的子关键字，它们一定位于 0～9 这个可枚举的范围内，这个范围不大，因此，用桶排序效率非常好。

利用基数排序，升序排列［123，234，564，765，876，324，651，874，432］，如图 13-10所示。

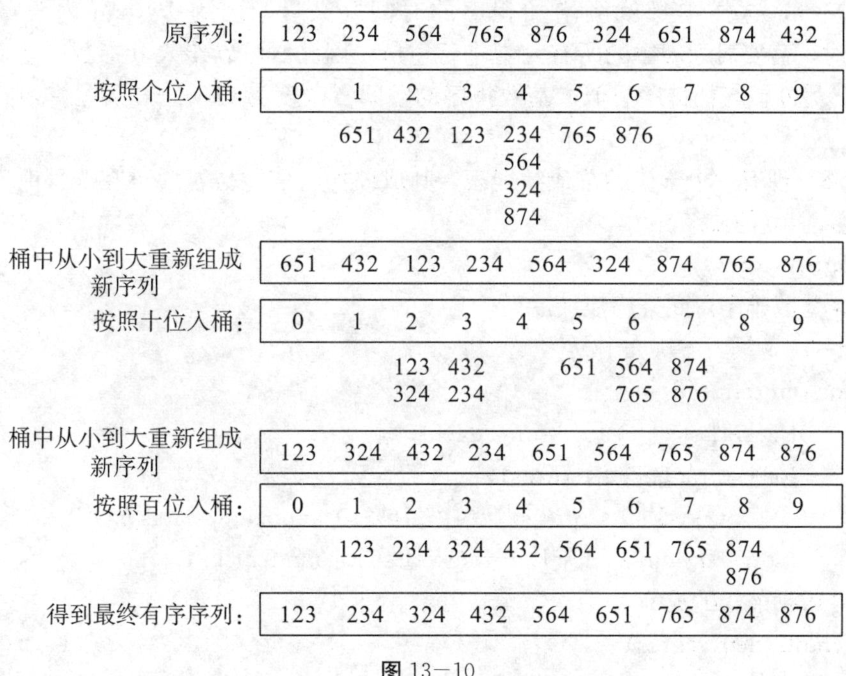


图 13-10

基数排序示例代码如下：

```
def Radix_Sort(Lst):
    """使用基数排序升序排列列表 LST 中的元素"""
    d=len(str(max(Lst)))          #列表中的最大元素的位数
    for i in range(d):            # 0-9一共10个桶
        BucketLst=[[] for k in range(10)]
        for j in range(len(Lst)):
            BucketLst[Lst[j]//(10**i)%10].append(Lst[j])  #根据从右往左第d位将原列表中的元素放入桶中
        Lst=[number for B in BucketLst for number in B]  #依次拿出桶中的元素,给原列表 Lst
    return Lst
#测试
if __name__=="__main__":
    Lst1=[1,44,5,222,1]
    print(Radix_Sort(Lst1))
```

算法分析：

假设待排序序列长度为 $n$，关键字有 $d$ 位，关键字的取值范围为 $r$，则一趟分配的时间复杂度为 $O(n)$，一趟收集的时间复杂度为 $O(r)$，共进行 $d$ 趟分配与收集。因为没有比较操作，故最好和最坏时间复杂度均为 $O(d*(n+r))$。另外，上述示例代码中，没有传入序列中最大值的位数 $d$，而是通过调用 Python 的内置函数进行计算（d=len(str(max(Lst))))，这样本身就会增加程序的时间复杂度，因为 Python 内置函数求解 max(Lst)时，需要对列表中的所有元素进行遍历。因此，可以传入 d 参数，从而降低时间复杂度。另外，与桶排序类似，基数排序的空间复杂度为 $O(n+r)$，是一种稳定的排序算法。

**例 13.8** 现有一个学生的总成绩列表，其成绩均为三位数，要求在线性时间复杂度内找到排名前 10 的成绩。

```
def top10(scores):
    #基数排序得到升序成绩序列
    d=3
    for i in range(d):
        BucketLst=[[] for k in range(10)]
        for j in range(len(scores)):
            BucketLst[scores[j]//(10**i)%10].append(scores[j])
        scores=[number for B in BucketLst for number in B]
    #得到前10的成绩
    length=len(scores)
    top10=[]
    for i in range(1,11):
        top10.append(scores[length-i])
    return top10
```

## 习　题

1. 下列排序方法的比较次数与记录的初始排列状态无关的是（　　）。

A. 简单选择排序　　B. 直接插入排序　　C. 冒泡排序　　D. 快速排序

2. 现需要对 1000 个大型的记录进行排序，记录本身存储在外存中，在内存中只保存了所有记录的排序码。排序码之间的比较非常快，但是移动代价很大，因为一旦移动一个排序码，相应的外存中的记录也要移动，将涉及上百个磁盘块的移动，应该使用的排序方法是（　　）。

A. 简单选择排序　　B. 堆排序　　C. 快速排序　　D. 插入排序

3. 对初始状态为递增的序列按递增顺序排序，最省时间的是（　　）算法。

A. 插入排序　　B. 堆排序　　C. 快速排序　　D. 归并排序

4. 最好情况下，冒泡排序的元素交换次数为__________；最坏情况下，冒泡排序的

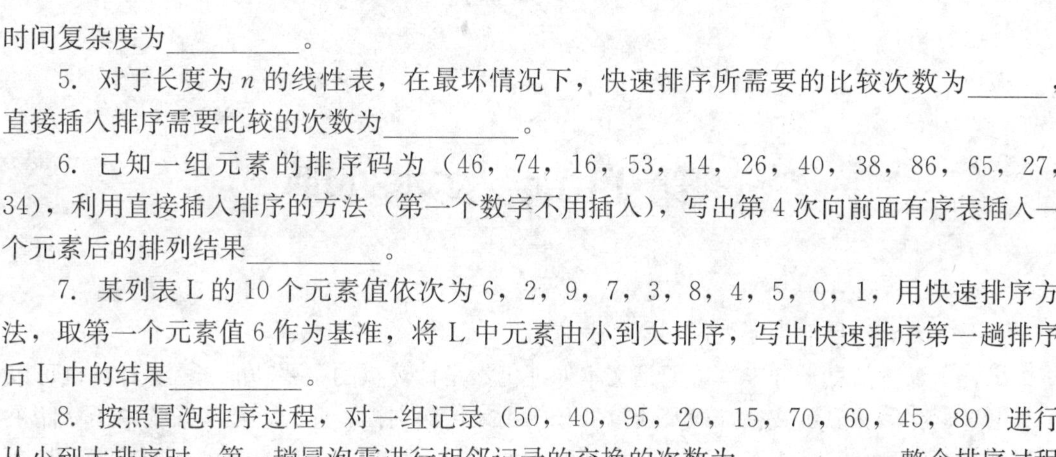

时间复杂度为________。

5. 对于长度为 $n$ 的线性表，在最坏情况下，快速排序所需要的比较次数为______，直接插入排序需要比较的次数为________。

6. 已知一组元素的排序码为（46，74，16，53，14，26，40，38，86，65，27，34），利用直接插入排序的方法（第一个数字不用插入），写出第 4 次向前面有序表插入一个元素后的排列结果________。

7. 某列表 L 的 10 个元素值依次为 6，2，9，7，3，8，4，5，0，1，用快速排序方法，取第一个元素值 6 作为基准，将 L 中元素由小到大排序，写出快速排序第一趟排序后 L 中的结果________。

8. 按照冒泡排序过程，对一组记录（50，40，95，20，15，70，60，45，80）进行从小到大排序时，第一趟冒泡需进行相邻记录的交换的次数为________，整个排序过程共需进行________趟才可完成。

9. 假设数组长度为 $n(n \geqslant 20)$，基数为 $r(r \geqslant 10)$，排序码个数为 $d(d \geqslant 3)$，则采用顺序存储的基数排序的空间复杂度至少为________。

10. 对于序列 {E，A，S，Y，Q，U，E，S，T，I，O，N}，以 {6，3，1} 为增量采用希尔排序。头两趟 {6，3} 增量排序后，关键字的累积比较次数为________。

11. 本书 13.2.1 实现的直接插入排序的基本思想是对每一个待插入元素，从后向前扫描已排序元素，若已排序元素大于待插入元素，则把已排序元素向后挪位，为待排序元素提供插入空间。示例代码中，当已排序元素大于待插入元素时，立刻把已排序元素向后移一位。请实现一个直接插入排序算法，要求算法先找到待排序元素要插入的位置，然后将该位置到待插入元素位置之间的元素整体向后移一位，最后将元素插入该位置。

12. 小和问题：在一个数组中，每一个数左边比当前数小的数累加起来，叫作这个数组的小和。求一个数组的小和。例如，[1，3，4，2，5]，1 左边比 1 小的数，没有；3 左边比 3 小的数是 1；4 左边比 4 小的数是 1 和 3；2 左边比 2 小的数是 1；5 左边比 5 小的数是 1，3，4，2。所以小和为 1+1+3+1+1+3+4+2=16。

13. 现有一降序整数列表，请选择合适的排序算法将整数 value 插入到列表的合适位置，使得时间代价尽可能小，同时使得列表保持降序。

14. 现有两个单调递增的有序链表，请设计算法合并这两个链表，并且合并后的链表满足非单调递减。

15. 请设计算法，利用分治法的思想查找序列的最大和最小元素。

# ＊＊第 14 章　文本处理

尽管多媒体信息十分丰富，但是文本处理仍然是计算机的主要功能之一。计算机可以用于编辑、存储和显示文档，以及通过 Internet 来传输文档。此外，数字系统中还存储了大量的文本信息，并且正在迅速地产生新的数据。一个大型语料库具有的数据量基本是在 PB 级别以上。现实中包含文本信息的数据集合的常见示例有：

（1）万维网的快照，因为 Internet 的文档格式 HTML 和 XML 是基本的文本格式，具有为多媒体内容添加的标签信息。

（2）所有存储在用户本地电脑上的文档。

（3）邮箱档案。

（4）用户评论。

（5）社交网站的更新的汇集，例如 Facebook。

（6）博客等网站的反馈，例如 Twitter 和 Tumblr。

这些数据集包含了大量的国际语言的文本信息，另外还有很多可以被视为字符串的大型数据集，例如 DNA 序列，尽管这些数据集不具有国际语言的文本信息。

文本处理技术有文本分类、文本聚类、信息抽取、情感分析、信息检索和社会网络分析等。对文本处理的研究也可以应用到生活中的很多方面，如电子商务、信息监控、民意调查、企业管理和商业智能等。

在这一章，我们将介绍一些简单的文本处理算法。

## 14.1　模式匹配

随着大数据与网络技术飞速地发展，每天产生的数据量正在飞速地上升。如何对互联网数据流量进行高效快速的处理，已经成为当今信息安全研究的重要方向。大数据具有四个主要的特征，即数据体量巨大（volume）、数据类型繁多（variety）、处理速度快（velocity）以及价值密度低（value），传统的数据处理方法很难应对，大数据检索与快速匹配已经成为很多系统应用需要解决的问题。如防火墙数据过滤、入侵检测系统、天气股票分析与预测等应用，都离不开模式匹配算法。模式匹配算法是数据检索与快速匹配技术的核心。

模式匹配是字符串操作的一种方法，也就是给定一个子串，要求在一个字符串中找出与该子串相同的所有的子串或者第一个子串。在经典的模式匹配问题中，我们一般会给出一个文本的字符串 T 和它的长度 n，一个模式子串 P 和它的长度 m。我们要验证 P 是否是

T 的子串，如果是的话，我们还希望找到 P 在 T 中的最小的索引位置，例如若 T [j: j+m] 就是 P，即 j 就是最小的索引位置。

字符串的匹配运算是一个比较复杂的过程，实现的方法有很多种，效率也各不相同。在这一章，我们提出了 3 种模式匹配的算法，难度由易到难，效率也是由低到高。

### 14.1.1 简单模式匹配算法

简单模式匹配算法，简称 B-F 算法或蛮力算法，其基本思想是：将文本字符串 T 的第一个字符和模式子串的第一个字符相比较，若相同，则比较它们的第二个子符，以此类推；若不相同，则比较 T 的第二个字符和模式子串的第一个字符，以此类推，直到 T 的一个子串和模式子串相同，返回第一个子串的首个字符对应的序号；若没有在 T 中找到模式子串，则返回-1，表示匹配失败。

举个简单的例子，来对简单模式匹配进行说明，如图 14-1 所示。

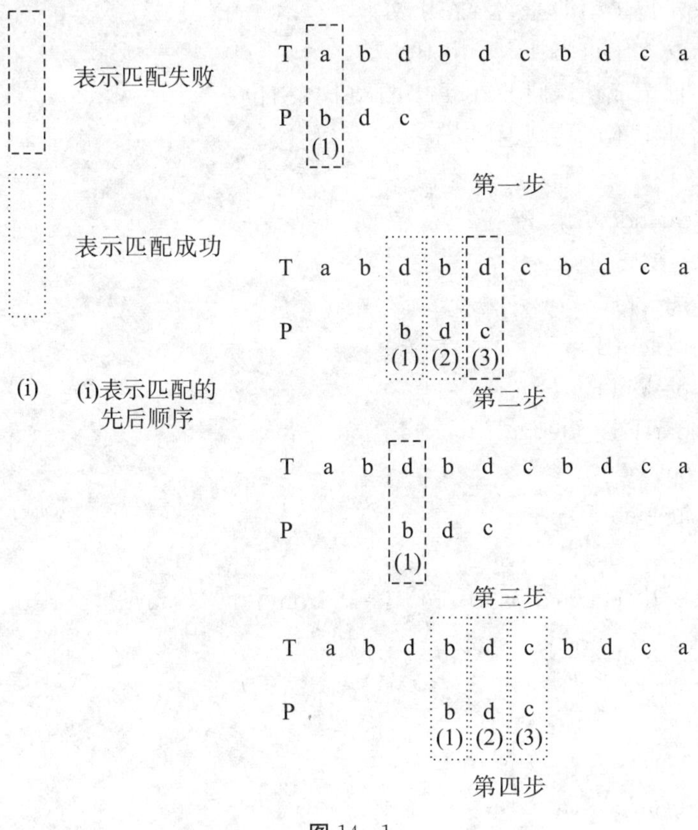


图 14-1

给定一个文本字符串 T=" abdbdcbdca"，及其长度 m=10，模式子串 P=" bdc"，及其长度 n=3，找出 P 在 T 中的最小的索引位置。

第一步：

观察 T 的第 1 个字符 T [0] 是 a，P 的第 1 个字符 P [0] 是 b，不匹配。

第二步：

(1) 观察 T 的第 2 个字符 T [1] 是 b，P 的第 1 个字符 P [0] 是 b，两个字符匹配。

(2) 观察 T 的第 2+1 个字符 T [2] 是 d，P 的第 2 个字符 P [1] 是 d，两个字符匹配。

(3) 观察 T 的第 2+2 个字符 T [3] 是 b，P 的第 3 个字符 P [2] 是 c，不匹配。

第三步：

观察 T 的第 3 个字符 T [2] 是 d，P 的第 1 个字符 P [0] 是 b，不匹配。

第四步：

(1) 观察 T 的第 4 个字符 T [3] 是 b，P 的第 1 个字符 P [0] 是 b，匹配。

(2) 观察 T 的第 4+1 个字符 T [4] 是 d，P 的第 2 个字符 P [1] 是 d，匹配。

(3) 观察 T 的第 4+2 个字符 T [5] 是 c，P 的第 3 个字符 P [2] 是 c，匹配。满足 T [j：j+n] =P，其中 j 是 3，于是输出 P 在 T 中的最小索引位置 3。

程序实现：

```
"""
函数功能：求得子串 P 是否存在于文本字符串 T 中
函数输入：文本字符串 T，子串 P
函数输出：匹配成功返回 P 在 T 中的最小索引位置
          匹配不成功则返回-1
"""
def FrontRearIndex(T, P):
    pos=0
    startPos=pos
    long_t=len(T)
    long_p=len(P)
    while startPos <(long_t-long_p+1):
        front=0
        rear=len(P)-1
        while front <=rear:
            if(T[startPos+front] !=P[front] or T[startPos+rear] !=P[rear]):
                break
            else:
                front+=1
                rear-=1
        if front> rear:
            return startPos
        else:
            startPos+=1
    return-1

if __name__=="__main__":
```

```
print(FrontRearIndex("adbcbdc","dc"))
```

特点：简单模式匹配的算法简单易懂，但是效率不高。当子串位于文本字符串最末尾，且每次都是在比较最后一个字符时出现不匹配的情况，也就是在最坏情况下，该算法比较的次数为 $(m-n+1)*n$ 次；在最好的情况下，就是子串位于文本字符串的起始位置，那么该算法比较的次数就是 $n$ 次，于是该算法的时间复杂度为 $O(m*n)$。$m$ 是文本字符串 T 的长度，$n$ 是模式子串 P 的长度。

### 14.1.2　首尾模式匹配算法

首尾模式匹配算法的基本思想是先比较文本字符串的第一个字符和模式子串的第一个字符、模式子串的最后一个字符和相应位置的文本字符串的字符，若相等，则比较模式子串的倒数第二个字符是否等于相应位置的文本字符串的字符，若相等，则继续比较倒数第三个字符，若不相等，将比较文本字符串的第二个字符和模式子串的第一个字符是否相等，以此类推，直到在文本字符串中找到第一个模式子串。

举个简单的例子来对首尾模式匹配进行说明，如图 14－2 所示。

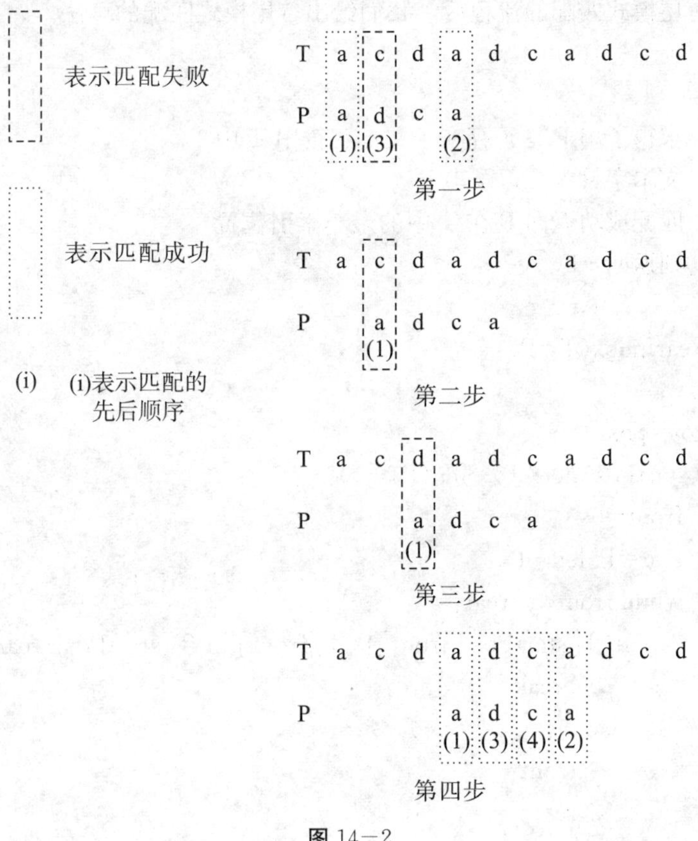


图 14－2

文本字符串 T=“acdadcadcd”，T 的长度 m 是 10，模式子串 P=“adca”，P 的长度 n 是 4。

第一步：

(1) T 的第 1 个字符 T [0] 是 a，P 的第 1 个字符 P [0] 也是 a，匹配成功。

(2) 观察 P 的最后一个字符 P [4−1] 是 a，T [4−1] 的字符也是 a，匹配成功。

(3) 观察 T 的第 2 个字符 T [1] 是 c，P 的第 2 个字符 P [1] 是 d，两个字符不匹配。

第二步：

观察 T 的第 2 个字符 T [1] 是 c，P 的第一个字符 P [0] 是 a，两个字符不匹配。

第三步：

观察 T 的第 3 个字符 T [2] 是 d，P 的第 1 个字符 P [0] 是 a，两个字符不匹配。

第四步：

(1) 观察 T 的第 4 个字符 T [3] 是 a，P 的第 1 个字符 P [0] 是 a，两个字符匹配。

(2) 观察 T 的第 (4+n−1) 个字符 T [7] 是 a，P 的倒数第 1 个字符 P [4−1] 是 a，两个字符匹配。

(3) 观察 T 的第 5 个字符 T [4] 是 d，P 的第 2 个字符 P [1] 是 d，两个字符匹配。

(4) 观察 T 的第 (4+n−2) 个字符 T [5] 是 c，P 的倒数第 2 个字符 P [4−2] 是 c，两个字符匹配，所以满足 T [3：3+n−1] =P，所以 3 就是满足的最小的索引位置。

在理解了首尾模式匹配的流程后，我们给出首尾模式匹配的算法。

程序实现：

```
"""
函数功能：求得子串 P 是否存在于文本字符串 T 中
函数输入：文本字符串 T，子串 P
函数输出：匹配成功返回 P 在 T 中的最小索引位置
匹配不成功则返回-1
"""
def FrontRearIndex(T, P):
    pos=0
    startPos=pos
    while(startPos<len(T)-len(P)+1):
        front=0
        rear=P.len-1
        while front<=rear:
            if(T[startPos+front]!=P[front] or T[startPos+rear]!=P[rear]):
                break
            else:
                front++
                rear--
            if front>rear:
                return startPos
            else:
                ++startPos
```

```
        return-1
    if __name__=="__main__":
        print(FrontRearIndex("adbcbdc","dc"))
```

特点：首尾模式匹配算法是对简单模式匹配算法的改进。首尾模式匹配算法在匹配字符的过程中，每次都匹配首尾字符和末尾字符，因此匹配的次数要比简单模式匹配算法要少一半。

### 14.1.3　KMP 模式匹配算法

KMP 模式匹配算法是一种改进的高效的模式匹配算法，由 D. E. Knuth，J. H. Morris 和 V. R. Pratt 同时创作出来。KMP 模式匹配算法的关键是利用匹配失败后的信息，尽量减少模式串与主串的匹配次数，以达到快速匹配的目的。利用已经得到的“部分匹配结果”，不再将给定的字符串 T 的比较位置移动到已经比较过的位置，而是根据已有的信息，将比较的位置向后移动，这样做可以提高效率。而每次移动的位置需要靠一个 next 数组来决定，因此这个 next 数组里面存储的就是匹配的信息。

next[j]数组的定义：

当 j=0时，next[0]=-1；当 j=1时，next[1]=0；当 j 为其他值时，next[j]=max{k | 0<k<j，且“$p_0 p_1 \cdots p_{k-1}$”=“$p_{j-k} p_{j-k+1} \cdots p_{j-1}$”}。

说明：

(1) j 是比较结束位。

(2) “$t_0 t_1 \cdots t_{k-1}$”表示给模式子串 P 的前 k 位字符组成的字符串，“$t_{j-k} t_{j-k+1} \cdots t_{j-1}$”表示模式子串 P 的第 j 位前的 k 位字符组成的字符串，next [j] 表示的就是当模式子串 P 中 $p_j$ 和文本字符串 $t_i$ 匹配失败后，模式子串 P 中需要重新和文本字符串 $t_i$ 进行比较的位置是 k，即下一次比较的位置是从 $t_i$ 和 $p_k$ 开始的。

举一个简单的例子来说明 KMP 模式匹配算法，如图 14-3 所示。

| j | 0 | 1 | 2 | 3 | 4 |
|---|---|---|---|---|---|
| P[j] | a | b | c | a | c |
| next[j] | -1 | 0 | 0 | 0 | 1 |

第一步

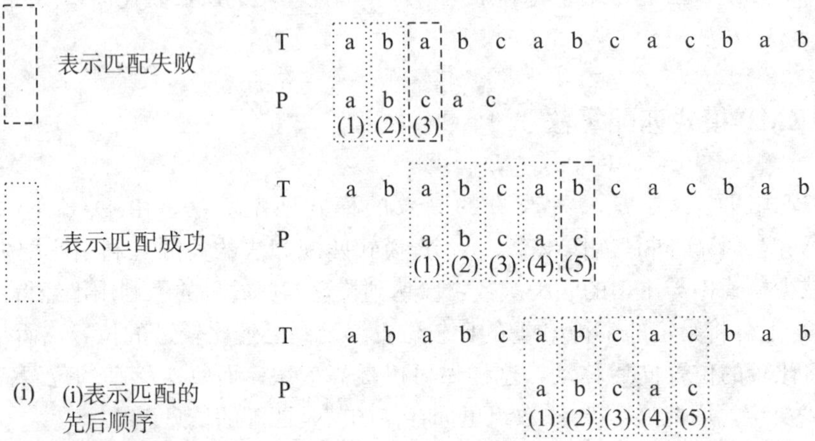

第二步

图 14－3

给定文本字符串 T＝“ababcabcacbab”，长度 m＝13，模式子串 P＝“abcac”，长度 n＝5。

第一步：由 next 数组的定义，求得模式子串 P 的 next 数组。

（1）当 j=0 时，next［0］＝−1。

（2）当 j=1 时，next［1］＝0。

（3）当 j=2 时，字符串为“ab”，next［2］＝0。

（4）当 j=3 时，字符串为“abc”，next［3］＝0。

（5）当 j=4 时，字符串为“abca”，next［4］＝1。

第二步：

（1）观察 T 的第 1 个字符是 a，P 的第 1 个字符是 a，两个字符匹配；观察 T 的第 2 个字符是 b，P 的第 2 个字符是 b，两个字符匹配；观察 T 的第 3 个字符是 a，P 的第 3 个字符是 c，两个字符不匹配，于是根据 next 数组移动 P，由于 P 的 c 字符对应的值为 0，因此将 P 的第 0 位对准 T 的第 3 个字符。

（2）观察 T 的第 3 个字符是 a，P 的第 1 个字符是 a，两个字符匹配成功；观察 T 的第 4 个字符是 b，P 的第 2 个字符是 b，两个字符匹配；观察 T 的第 5 个字符是 c，P 的第 3 个字符是 c，两个字符匹配；观察 T 的第 6 个字符是 a，P 的第 4 个字符是 a，两个字符匹配；观察 T 的第 7 个字符是 b，P 的第 5 个字符是 c，两个字符不匹配，根据 next 数组，得到 P 中该 c 字符对应的值为 1，于是将 P 的第 1 位字符对准 T 的第 7 位字符。

（3）观察 T 的第 7 个字符是 b，P 的第 2 个字符是 b，两个字符匹配成功；观察 T 的第 8 个字符是 c，P 的第 3 个字符是 c，两个字符匹配成功；观察 T 的第 9 个字符是 a，P 的第 4 个字符是 a，两个字符匹配成功；观察 T 的第 10 个字符是 c，P 的第 5 个字符是 c，两个字符匹配成功；满足 T［5：5+n−1］=P，于是 5 就是 P 在 T 中的最小的索引位置。输出最小索引位置 5。

程序实现：

```
"""
函数功能：验证模式子串 P 是否在给定的字符串 T 中
函数输入：模式子串 P，字符串 T
函数输出：匹配成功则返回 P 在 T 中最小的索引位置
         匹配失败则返回-1
"""
def kmp(T,P):
    #传入一个母串和一个子串
    #返回子串匹配上的第一个位置,若没有匹配则返回-1
    test=''
    if type(T)!=type(test)or type(P)!=type(test):
        return-1
    if len(P)==0:
        return 0
    if len(T)==0:
        return-1
    #求 next 数组
    next=[-1]*len(P)
    if len(P)>1:#这里加 if 是怕列表越界
        next[1]=0
        i,j=1,0
        while i<len(P)-1:
            if j==-1 or P[i]==P[j]:
                i+=1
                j+=1
                next[i]=j
            else:
                j=next[j]
    # kmp 框架
    m=s=0#母指针和子指针初始化为0
    while(s<len(P)and m<len(T)):
        #匹配成功,或者遍历完母串 T 匹配失败退出
        if s==-1 or T[m]==P[s]:
            m+=1
            s+=1
        else:
```

```
            s=next[s]
        if s==len(P):#匹配成功
            return m-s
        #匹配失败
        return-1
    #测试
    if __name__=="__main__":
        print(kmp("ababababca","abababca"))
```

特点：KMP 模式匹配算法的时间复杂度是 $O(m+n)$，当模式子串 P 和给定的字符串 T 之间存在许多“部分匹配”的情况下，KMP 模式匹配算法才比 B-F 算法要效率高。KMP 模式匹配算法的最大特点就是指向给定字符串 T 的指针不需要回溯，在整个匹配的过程中，对字符串 T 仅需要从头至尾扫描一遍。

## 14.2 文本压缩

随着信息爆炸式的增长，信息的传输和存储成为一个难解决的问题。尤其是多媒体信息的视频信号的信息量非常大，传送一张彩色图片的数据量超过 1 MB/s，这样的信息量若不经过压缩将会占据很多的信道资源。因此，文本压缩技术逐渐成为信息技术中的关键技术。本节主要介绍哈夫曼编码算法。

数据压缩是通过减少计算机中所存储的数据或通信传播中的数据的冗余度，达到增大数据密度，最终使得数据的存储空间减少的技术。数据压缩在文件存储和分布式系统中有着很广泛的应用。

哈夫曼（Huffman）编码算法对出现频率较高的字符采用较短的编码，对出现频率较低的字符采用较长的编码，它可以保证平均码长最短，具有较高的编码效率。因此，哈夫曼编码算法被广泛应用于数据压缩领域。

实现哈夫曼编码的方式是创建一个哈夫曼树，因此在介绍哈夫曼编码之前先讲解一下哈夫曼树。哈夫曼树是带权路径长度最短的二叉树，又称为最优树，用途之一就是构造通信中的压缩编码。

哈夫曼树的相关概念定义：

(1) 路径：若树中存在一个节点序列 $k_1$，$k_2$，…，$k_j$，使得 $k_i$ 是 $k_{i+1}$ 的双亲，则称该节点序列是从 $k_1$ 到 $k_j$ 的一条路径。

(2) 路径长度：等于路径上的节点数减 1。

(3) 节点的权：在许多应用中，常常将树中的节点赋予一个有意义的数，称为该节点的权。

(4) 节点的带权路径长度：指该节点到树根之间的路径长度与该节点上权的乘积。

(5) 树的带权路径长度：树中所有叶子节点的带权路径长度之和，通常记作

$$WPL = \sum_{i=0}^{n} l_i w_i$$

式中，$n$ 表示叶子节点的数目，$w_i$ 和 $l_i$ 分别表示叶子节点 $k_i$ 的权值和树根节点到叶子节点 $k_i$ 之间的路径长度。

哈夫曼树的定义：

在权为 $w_1$，$w_2$，…，$w_n$ 的 $n$ 个叶子节点的所有二叉树中，带权路径长度 $WPL$ 最小的二叉树称为哈夫曼树或最优二叉树。

哈夫曼树的构造（哈夫曼编码算法）：

第一步：根据给定的 $n$ 个权值 $\{w_1, w_2, \cdots, w_n\}$ 构成二叉树集合 $F=\{T_1, T_2, \cdots, T_n\}$，其中每棵二叉树 $T_i$ 中只有一个带权为 $w_i$ 的根节点，其左右子树为空。

第二步：在 $F$ 中选取两棵根节点权值最小的树作为左右子树构造一棵新的二叉树，且置新的二叉树的根节点的权值为左右子树根节点的权值之和。

第三步：在 $F$ 中删除这两棵树，同时将新的二叉树加入 F 中。

第四步：重复 2、3，直到 $F$ 只含有一棵树为止（得到哈夫曼树）。

例如，有 4 个节点 a，b，c，d，权值分别为 2，3，4，6。以此来构造哈夫曼树，如图 14－4 所示。

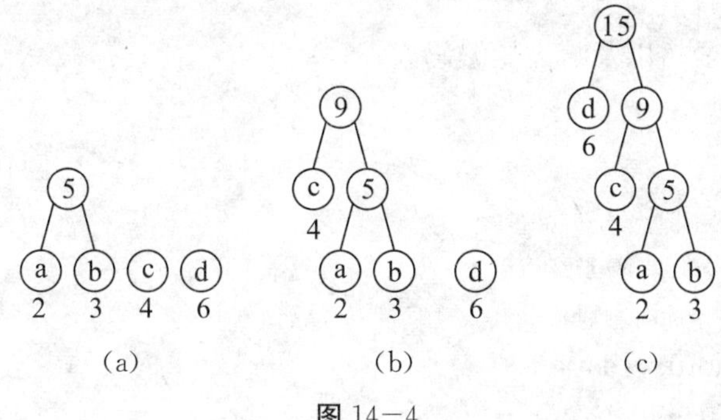


图 14－4

第一步：找到权值最小的两个节点，分别是 a 和 b，将两个节点的权值相加，形成新的权值为 5 的节点，如图（a）所示。

第二步：从产生的新节点和剩余节点中选出两个权值最小的节点，将这两个权值相加，形成新的节点，如图（b）所示。

第三步：从产生的新节点中和剩余节点中选出两个权值最小的节点，将这两个权值相加，形成新的节点，如图（c）所示。至此，我们的哈夫曼树就建立成功。

从上面的描述中，我们不难看出，构造哈夫曼树的过程实质上就是重复选取当前二叉树集合 $F$ 中两个权值最小的节点构成一个新节点的过程。而每次在重复构造一个新节点的时候，都需要在 $F$ 集合中从头到尾地遍历一遍，选取一个最小值和一个次小值。若给定是 $n$ 个权值的节点，则需要构造出含有 $2n-1$ 个节点的哈夫曼树，新节点是 $n-1$ 个。因此需要循环 $n-1$ 次，而每次都需要从 $F$ 集合中查找出求最小值和次小值。不难得出该算法的时间复杂度是 $O(n^2)$。

哈夫曼编码算法的实质就是在已建立的哈夫曼树中，沿着叶子节点的双亲路径回退到根节点，每回退一步，就走过了哈夫曼树的一个分支，从而得到一位哈夫曼码值。由于一个字符的哈夫曼编码是从根节点到相应的叶节点所经过的路径上各分支所组成的 0，1 序列，因此先得到的分支代码为所求编码的低位码，后得到的分支代码为所求编码的高位码。若规定哈夫曼树中的左分支代表 0，右分支代表 1，则从根节点到每个叶节点所经过的路径分支组成的 0 和 1 序列便是该节点的对应的字符编码。将图 14－4（c）中的哈夫曼树进行编码，得到表 14－1。

表 14－1

| Node | Weight | bit | | |
|---|---|---|---|---|
| a | 2 | 1 | 1 | 0 |
| b | 3 | 1 | 1 | 1 |
| c | 4 | | 1 | 0 |
| d | 6 | | | 0 |

通过程序实现哈夫曼树的构建以及哈夫曼编码。

```
"""
函数功能：创建哈夫曼树，实现哈夫曼编码
函数输入：具有权值的节点
函数输出：哈夫曼树以及哈夫曼编码表
"""
#树节点类构建
class TreeNode(object):
    def __init__(self, data):
        self.val=data[0]
        self.priority=data[1]
        self.leftChild=None
        self.rightChild=None
        self.code=""
#创建树节点队列函数
def creatnodeQ(codes):
    q=[]
    for code in codes:
        q.append(TreeNode(code))
    return q
#为队列添加节点元素,并保证优先度从大到小排列
def addQ(queue, nodeNew):
    if len(queue)==0:
        return [nodeNew]
    for i in range(len(queue)):
        if queue[i].priority>=nodeNew.priority:
            return queue[:i]+[nodeNew]+queue[i:]
    return queue+[nodeNew]
```

```
#节点队列类定义
class nodeQeuen(object):
    def __init__(self, code):
        self.que=creatnodeQ(code)
        self.size=len(self.que)
    def addNode(self,node):
        self.que=addQ(self.que, node)
        self.size+=1
    def popNode(self):
        self.size-=1
        return self.que.pop(0)
#各个字符在字符串中出现的次数,即计算优先度
def freChar(string):
    d={}
    for c in string:
        if not c in d:
            d[c]=1
        else:
            d[c]+=1
    return sorted(d.items(),key=lambda x:x[1])
#创建哈夫曼树
def creatHuffmanTree(nodeQ):
    while nodeQ.size !=1:
        node1=nodeQ.popNode()
        node2=nodeQ.popNode()
        r=TreeNode([None, node1.priority+node2.priority])
        r.leftChild=node1
        r.rightChild=node2
        nodeQ.addNode(r)
    return nodeQ.popNode()
codeDic1={}
codeDic2={}
#由哈夫曼树得到哈夫曼编码表
def HuffmanCodeDic(head, x):
    global codeDic, codeList
    if head:
        HuffmanCodeDic(head.leftChild, x+'0')
        head.code+=x
        if head.val:
```

```
                codeDic2[head.code]=head.val
                codeDic1[head.val]=head.code
            HuffmanCodeDic(head.rightChild, x+'1')
#字符串编码
def TransEncode(string):
    global codeDic1
    transcode=""
    for c in string:
        transcode+=codeDic1[c]
    return transcode
#举例
string="AAGGDCCCDDDGFBBBFFGGDDDDGGGEFFDDCCCCDDFGAAA"
t=nodeQeuen(freChar(string))
tree=creatHuffmanTree(t)
HuffmanCodeDic(tree, '')
print(codeDic1,codeDic2)
a=TransEncode(string)
print(a)
```

在很多问题的处理过程中，需要进行大量的条件判断，这些判断结构的设计直接影响程序的执行效率，利用哈夫曼树可以优化算法效率。

## 小　结

本章介绍了三种模式匹配算法和哈夫曼编码算法，下面我们对这些基本的算法进行简单的回顾。

简单模式匹配算法在进行模式匹配时，从主串的第一个字符开始，每次失败，模式串向后移动一个字符的位置，继续匹配。但是整个算法受测试数据的影响非常大，在解决实际问题时，由于数据量庞大，时间复杂度往往会很高。

首尾模式匹配算法在匹配字符时，一般会同时比较子串的首尾字符和末尾字符，若相同，则按照顺序比较子串的第二个字符和倒数第二个字符，直到所有字符和主串的字符相同；若比较的过程中出现了不同，则将子串向后移动一个字符的位置，继续匹配。这个算法相比于简单模式匹配算法，比较的时间理论上减少了一半，但是还是受数据集的影响很大，在解决实际问题时复杂度依然很高。

KMP 模式匹配算法是一种比较高效的算法。由于其指向主串的指针不需要回溯，在整个匹配的过程中，对主串仅需从头至尾地扫描一遍，这对处理从外部设备输入的庞大文件很有效，可以边读边匹配，无须回头重读。

哈夫曼编码算法常用于通信及数据传送中的二进制编码。如在进行快速远距离电报通信中，它能将传送的文字信息转换成 0 和 1 组成的二进制串。在构造哈夫曼编码之前要先建立哈夫曼树。首先选择出最小权值的两个节点，将权值相加，得到一个新的节点，然后删除这两个节点，从产生的新节点和剩余的节点中继续选择权值最小的两个节点，重复这一过程，直到所有的剩余节点都被删除，哈夫曼树就构建成功。然后利用左节点编码为0，右节点编码为1，将之前的节点进行编码，距离根节点越近的，占据编码的高位；距离根节点越远的，占据编码的低位。

## 习　题

1. 假设有两个字符串T和P，长字符串为T，短字符串为P。求出P在T中首次出现的位置的方法，称为（　　）。

A. 连接　　B. 求子串　　C. 求串长　　D. 模式匹配

2. 已知字符串T='abcabccba'，其Next数组的值为（　　）。

A. −100012300

B. −100121021

C. −101213201

D. −101123001

3. 关于KMP模式匹配算法，下列说法中错误的是（　　）。

A. 效率不一定比普通算法高

B. next数组和主串没有关系

C. 计算next数组时，模式串也可以看作主串

D. 模式串next值从左到右增大

4. 若串S='abcdefgh'，其子串的数量为（包括空串）（　　）。

A. 35　　B. 36　　C. 38　　D. 37

5. 在哈夫曼树中，权值最小的节点离根节点最近，这样的说法（　　）。

A. 正确　　B. 错误

6. 假设字符串a，b，c，d，e，f的使用次数分别为7，9，12，22，23，27，画出哈曼夫树，并根据这棵树写出a，b，c，d，e，f的哈曼夫编码。

7. 假设通信中使用的字符a，b，c，d，e，f，g，h，I，j，k在电文中出现的频率分别是3，8，5，17，10，6，20，18，9，16，23，请画出相应的哈夫曼树。

8. 设模式串的长度为$m$，目标串的长度为$n$，当$n \approx m$，且处理只匹配一次的模式时，朴素的匹配算法所花的时间代价会更节省，这个说法（　　）。

A. 正确　　B. 错误

9. 判断短字符串中的所有字符是否在长字符串中全部出现。

输入描述：第一个为长字符串，第二个为短字符串

输出描述：返回值

样例输入：abcd abc

样例输出：true

10. 对于两个字符串A，B，请设计一个高效算法，找到B在A中第一次出现的起始

位置。若 B 未在 A 中出现，则返回−1。

输入描述：给定两个字符串 A 和 B，及它们的长度 lena 和 lenb。

输出描述：若找到 B 在 A 中第一次出现的起始位置，则返回起始位置对应的索引值；否则，返回−1。

样例输入：'abcd' 4 'cd' 2

样例输出：2

11. 对于给定的任意的字符集及其出现的频率，生成对应的哈夫曼树和哈夫曼编码。

# 第三部分　Python 项目实战

# 第 15 章 飞机大战

通过前期 Python 的学习，我们掌握了 Python 的一些基础知识，接下来通过一个简单的小游戏——飞机大战，学以致用，加深对 Python 的理解。

## 15.1 项目介绍与准备

### 15.1.1 项目介绍

在游戏《飞机大战》中，主要是玩家操作飞机移动，发射子弹，消灭屏幕顶部出现的敌人飞机。效果图如图 15－1 所示。

图 15－1 飞机大战效果图

在《飞机大战》游戏中，除了运用前面学习过的知识外，我们还会接触 Python 中用于编写游戏的模块——Pygame。Pygame 是一组功能强大的模块，可以用来管理图形、动画以及声音，让我们能更加简单轻松地开发游戏。

游戏中，通过方向键上、下、左、右进行相应的移动，子弹系统自动发射，子弹碰撞到敌人飞机，即可消灭敌人飞机，敌人飞机发生爆炸。在移动过程中，要注意躲避敌人飞机，不能发生碰撞，碰撞即为游戏失败。

### 15. 1. 2 项目资源及素材

在《飞机大战》游戏项目中，需要用到游戏背景、飞机和子弹等素材，其中飞机素材会涉及自己操作的飞机和敌人飞机，以及爆炸的图片，大家可以根据自己的喜好更换素材。

### 15. 1. 3 安装 Pygame

首先需要安装 Pygame。下面针对 OS X 和 Windows 两种不同的系统，介绍安装方法。

如果使用的是 OS X 系统，需要使用 pip 来安装 Pygame。pip 是一个负责安装不同 Python 包的程序，可以通过 pip 安装各种各样的包。如果使用的是 Windows 系统，则无须通过 pip 来安装 Pygame，可以直接下载合适的文件进行安装。

一般情况下，Python 版本中均自带 pip。在 Python 3 中，pip 有时也被称为 pip3。

(1) 检测系统是否安装了 pip。

OS X 系统中，打开终端，输入 pip-version，如果系统已经安装了，会显示版本信息（若出错，尝试将 pip 替换为 pip3）。Windows 系统中，打开终端，输入 python－m pip－version，会显示版本信息。若系统没有其他信息显示出来，进入下一步安装 pip，否则进入第三步。

(2) 安装 pip。

安装 pip，可以访问 https://pip. pypa. io/en/stable/installing/＃。下载 get-pip. py 文件，保存在计算机中。也可自行查找相关代码复制到文本编辑器中，自行保存为 get-pip. py。

OS X 系统中，使用以下命令：sudo python get-pip. py。运行结束即安装完毕。

Windows 系统中，使用以下命令：python get-pip. py。运行结束即安装完毕。

安装完毕后可以按照第一步查看是否安装成功。

(3) 安装 Pygame。

安装了 pip 之后即可安装 Pygame，使用以下命令：pip install pygame，即可完成安装。

## 15. 2 开始项目

《飞机大战》游戏项目包括四个模块，其中包含三个类（Hero、Enemy 和 Bullet）和一个游戏运行函数 run _ game()，在运行函数中会有一些必要的信息由此函数提供。

为了便于我们对项目的制作以及全局的把握，根据之前的效果图，我们可以把整个项目分成几个小的板块，如窗体、玩家的飞机、敌机和子弹等。为了便于设计，我们把整个项目拆分成以下5个部分：

(1) 窗口的绘制（windows的窗口)。也就是整个游戏的架子及窗口的样式。我们将这部分包含在run _ game函数体中。

(2) 我方飞机的制作。能够生成我方的飞机，并且我方的飞机能进行移动、射击等操作。为了降低耦合度，我们设计一个Hero类来完成我方飞机的功能。

(3) 子弹的制作。就整体来说，子弹是单独的一部分，因为子弹也有自己的行为，比如，碰到敌机，敌机消失；碰到我方飞机，游戏结束；等等。同样，我们设计一个Bullet类来完成子弹的功能。

(4) 敌机的制作。这部分和第二部分相似，不过由于功能不同，我们也需要单独制作。我们设计Enemy类来进行敌机功能的完成。不过只需要模仿我们的Hero类就行了。

(5) 碰撞的检测。这个部分比较抽象，不过其实属于第一个部分的一部分，但是它必须要有第(2)(3)点作为支撑，有自己的逻辑，于是我们将它加入第一部分中。

### 15.2.1 绘制窗体

现在开始项目第一步，我们创建一个函数run _ game，来完成这部分的功能。先创建了一个Pygame窗口，设置好背景图片，然后调用函数，就能看到窗体了。

代码如下：

```
import pygame                          #导入pygame库
from pygame.locals import *        #导入pygame库中的一些常量
from sys import exit                   #导入sys库中的exit函数
def run_game():
    #定义窗口的分辨率
    SCREEN_WIDTH=480
    SCREEN_HEIGHT=640

    #初始化游戏
    pygame.init()                              #初始化pygame
    screen=pygame.display.set_mode([SCREEN_WIDTH, SCREEN_HEIGHT])
  #初始化窗口
    pygame.display.set_caption('飞机大战')          # 设置窗口标题

    #载入背景图
    background=pygame.image.load('./images/background.png')
    #事件循环(main loop)
    while True:
```

```
        #绘制背景
        screen.blit(background,(0, 0))
        #更新屏幕
        pygame.display.update()

        #处理游戏退出
        #从消息队列中循环取
        for event in pygame.event.get():
            if event.type==pygame.QUIT:
                pygame.quit()
                exit()
run_game()
```

首先，我们导入了模块 pygame 和 sys。模块 pygame 包含了开发游戏时我们会使用到的一系列功能，而我们需要调用 sys 模块退出游戏。

前半部分的代码，我们使用 pygame.init()初始化背景，这是保证 Pygame 能正确运行的基础，调用 pygame.display.set_mode()创建了一个名为 screen 的游戏窗口，传递了一个列表[SCREEN_WIDTH，SCREEN_HEIGHT]进去，不难理解，这是我们需要的窗口的分辨率。pygame.display.set_caption()则是游戏窗口的名字。再调用 pygame.image.load()，将所需要的背景图片存储在 background 中，注意图片的路径。

后半部分的 while 循环则是控制游戏的，它包含了绘制屏幕，通过调用 screen.blit()，将 background 传递给函数，并且把位置参数（0，0）也一起传递给函数，这样就能达到窗口有背景的效果。值得注意的是，在 Pygame 中，（0，0）是屏幕的左上角，向下移动时，$y$ 轴坐标逐渐增大，向右移动时，$x$ 轴坐标逐渐增大。而调用 pygame.display.update()是将刚刚位置的背景图刷新显示在窗体中。

为了访问 Pygame 检测到的事件，使用方法 pygame.event.get()。在 Pygame 中，键盘和鼠标的触发都会促使 for 循环的运行，当检测到 pygame.QUIT 时，调用 exit()退出游戏。

### 15.2.2 生成飞机

上一节我们生成了游戏《飞机大战》的主要窗体和背景，现在学习怎么生成我们自己的飞机并控制它进行移动。代码如下：

```
def run_game():
    --snip--
    ticks=0
    # dict 字典
    offset={pygame.K_LEFT:0, pygame.K_RIGHT:0, pygame.K_UP:0,
pygame.K_DOWN:0}
    # dict
```

```
#初始化游戏
pygame.init()
--snip--
background=pygame.image.load('./images/background.png')
#载入飞机图片
hero1=pygame.image.load('./images/me1.png')
hero2=pygame.image.load('./images/me2.png')
hero_pos=[200, 500]
#事件循环
while True:
    #绘制背景
    screen.blit(background,(0, 0))
    #绘制飞机
    if ticks % 50 <25:
            screen.blit(hero1, hero_pos)
    else:
            screen.blit(hero2, hero_pos)
    ticks+=1
    #更新屏幕
    pygame.display.update()

    #处理游戏退出
    #从消息队列中循环取
    for event in pygame.event.get():
        if event.type==pygame.QUIT:
            pygame.quit()
            exit()
        #控制方向
        if event.type==pygame.KEYDOWN:
            if event.key in offset:
                offset[event.key]=3
        elif event.type==pygame.KEYUP:
            if event.key in offset:
                offset[event.key]=0
    offset_x=offset[pygame.K_RIGHT]-offset[pygame.K_LEFT]
    offset_y=offset[pygame.K_DOWN]-offset[pygame.K_UP]
    hero_pos=[hero_pos[0]+offset_x, hero_pos[1]+offset_y]
run_game()
```

代码中，把上一节重复的代码已经略过（--snip--），我们重点关注新加入的代码。首先我们关注 hero1 和 hero2，通过上一节的学习，我们不难知道这里是加载两个图片到 hero1 和 hero2，这里就是我们游戏中操纵自己飞机的图片。hero _ pos 是用来展示飞机的位置，以便我们操作飞机动态地在游戏中显示。我们在前面增加了一个 ticks 变量，这个变量是我们用于计算次数的，在消息循环中，循环一次就自动累加一次，可以理解为每一个周期就是 1 tick，我们可以利用周期数分隔开，达到不同的显示效果；我们读入了两张不同的玩家飞机图片，利用周期数实现每 50 个周期，前 25 个周期显示 hero1，后 25 个周期显示 hero2，这样就可以看到我们飞机是动态显示的，而不是简单的静止图片。

接下来就是利用 hero _ pos 来达到我们键盘操作飞机的效果。一个是字典类型的变量，一个是控制方向的代码。与之前控制程序退出的代码一样，依然是从事件队列中取事件；当 event. type 为按键事件时，再判断 event. key 是否属于上、下、左、右四个键位中的其中一个；最后在其相应方向上给一个偏移量，即完成判断的过程；方向键松开的时候该方向上的偏移量赋值为 0，这样该方向键上就没有位移了；最后将偏移量加到飞机的 pos 上，下一轮刷新时自然就移动到新地方了。

到了这里，我们可能会发现，飞机可以上、下、左、右移动了，但是有的时候会跑到屏幕外面去，这里我们需要删除上一个程序中 run _ game()函数中最后 3 行用于移动的代码，添加如下代码：

```
hero_x=hero_pos[0]+offset[pygame.K_RIGHT]-offset[pygame.K_LEFT]
hero_y=hero_pos[1]+offset[pygame.K_DOWN]-offset[pygame.K_UP]
if hero_x <0:
    hero_pos[0]=0
elif hero_x> SCREEN_WIDTH-102:
    hero_pos[0]=SCREEN_WIDTH-102
else:
    hero_pos[0]=hero_x

if hero_y <0:
    hero_pos[1]=0
elif hero_y> SCREEN_HEIGHT-126:
    hero_pos[1]=SCREEN_HEIGHT-126
else:
    hero_pos[1]=hero_y
```

新增的代码主要作用就是判断边界，使飞机不用飞出窗体外。当 x 坐标小于 0 时，程序使 hero _ pos[0]只能等于 0，不能更小，这样就不能从左边窗体“飞出去”；当 x 坐标太大时，程序也使 hero _ pos[0]只能刚刚到达屏幕边缘，不能从左边窗体“飞出去”。同理，控制 hero _ pos[1]，使飞机不能上下飞过窗体外。程序中的 102 和 126 表示飞机的宽度和高度。

现在，我们自己就能操纵飞机在屏幕里飞行了，如图 15-2 所示。这里只是展示了如何在窗体中添加移动的飞机，下一节我们为了代码的可阅读性和降低耦合，会将我方飞机包装成 Hero 类。

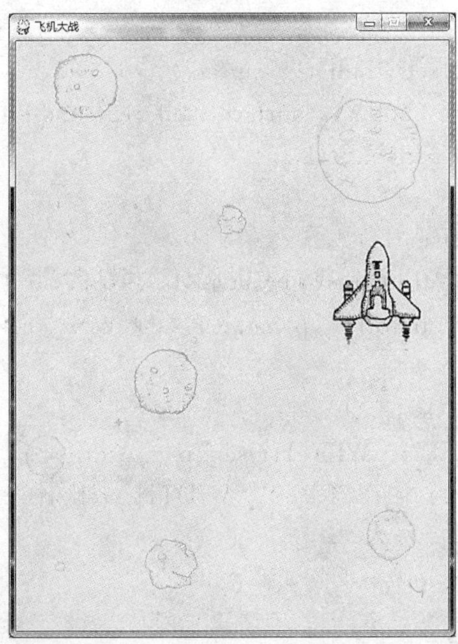


图 15—2　添加飞机界面

### 15.2.3　完善飞机及添加子弹

有了可以操纵的飞机，接下来就是发射子弹了，这里我们会使用 Bullet 类和 Hero 类，Hero 类代码如下：

```
import pygame                          #导入 pygame 库
from pygame.locals import *        #导入 pygame 库中的一些常量
from sys import exit                  #导入 sys 库中的 exit 函数
#定义窗口的分辨率
SCREEN_WIDTH=480
SCREEN_HEIGHT=640

#玩家类
class Hero(pygame.sprite.Sprite):

    def __init__(self, hero_surface, hero_init_pos):
        pygame.sprite.Sprite.__init__(self)
        self.image=hero_surface
        self.rect=self.image.get_rect()
        self.rect.topleft=hero_init_pos
        self.speed=6
        #子弹1的 Group
        self.bullets1=pygame.sprite.Group()
```

```
    #控制射击行为
    def single_shoot(self, bullet1_surface):
        bullet1=Bullet(bullet1_surface, self.rect.midtop)
        self.bullets1.add(bullet1)

    def move(self, offset):
        x=self.rect.left+offset[pygame.K_RIGHT]-offset[pygame.K_LEFT]
        y=self.rect.top+offset[pygame.K_DOWN]-offset[pygame.K_UP]
        if x <0:
            self.rect.left=0
        elif x> SCREEN_WIDTH-self.rect.width:
            self.rect.left=SCREEN_WIDTH-self.rect.width
        else:
            self.rect.left=x

        if y <0:
            self.rect.top=0
        elif y> SCREEN_HEIGHT-self.rect.height:
            self.rect.top=SCREEN_HEIGHT-self.rect.height
        else:
            self.rect.top=y
```

首先，我们介绍一个很重要的模块——精灵模块（pygame. sprite）。通过使用精灵模块，我们可以将游戏中的一类元素进行编组，在《飞机大战》游戏中，子弹和飞机就是两类元素。为了代码简单和功能完善，这里我们封装了两个类 Bullet 和 Hero（Bullet 类代码见后面），下面着重讲解 Hero 类。

可以看到 Hero 类继承于 pygame. sprite 中的 Sprite 类。为了创建 Hero 实例，需要向 _ _init_ _()函数中传递 hero _ surface，hero _ init _ pos 两个参数。把 hero _ surface 传递给 image，同时创建了 rect 属性，接收的是 image 的坐标。hero _ init _ pos 代表的是飞机的位置，把飞机位置传给了属性 topleft。属性 speed 代表飞机移动速度。最后创建了一个精灵组 bullets1 存放子弹。

第二个函数是 single _ shoot()，这个函数是用于飞机射击，需要传递的参数为 bullet1 _ surface，这个参数是将我们预先准备好的子弹图片素材赋予这个函数，创建一个属性 bullet1 表示子弹，并加入精灵组中。

Hero 类中第三个函数是 move()，这个函数是用于操纵我们的飞机，它的代码与上一节的移动代码相差不大。

接下来就是 Bullet 类及 run _ game 函数。

```
#子弹类
class Bullet(pygame.sprite.Sprite):
```

```
    def __init__(self, bullet_surface, bullet_init_pos):
        pygame.sprite.Sprite.__init__(self)
        self.image=bullet_surface
        self.rect=self.image.get_rect()
        self.rect.topleft=bullet_init_pos
        self.speed=8

    #控制子弹移动
    def update(self):
        self.rect.top-=self.speed
        if self.rect.top <-self.rect.height:
            self.kill()

def run_game():
    #定义窗口的分辨率
    ---snip---
    #定义画面帧率
    FRAME_RATE=60

    #定义动画周期(帧数)
    ANIMATE_CYCLE=30
    ticks=0
    clock=pygame.time.Clock()
    offset={pygame.K_LEFT:0, pygame.K_RIGHT:0, pygame.K_UP:0,
pygame.K_DOWN:0}
    #初始化游戏
    pygame.init()                          #初始化 pygame
    --snip--
    hero2=pygame.image.load('./images/me2.png')
    #载入子弹模型
    bullet1_surface=pygame.image.load('./images/bullet1.png')
    hero_surface=[hero1,hero2]
    hero_pos=[200, 500]

    #创建玩家
    hero=Hero(hero_surface[0], hero_pos)

    #事件循环(main loop)
    while True:
```

```
        #控制游戏最大帧率
        clock.tick(FRAME_RATE)
        #绘制背景
        screen.blit(background,(0, 0))

        #改变飞机图片制造动画
        if ticks>=ANIMATE_CYCLE:
            ticks=0
        hero.image=hero_surface[ticks//(ANIMATE_CYCLE//2)]

        #绘制飞机
        screen.blit(hero.image, hero.rect)
    ticks+=1
    #射击
        if ticks % 10==0:
            hero.single_shoot(bullet1_surface)
        #控制子弹
        hero.bullets1.update()
        #绘制子弹
        hero.bullets1.draw(screen)
        #更新屏幕
        pygame.display.update()

        #处理游戏退出
        #从消息队列中循环取
        for event in pygame.event.get():
            if event.type==pygame.QUIT:
                pygame.quit()
                exit()

            #控制方向
            if event.type==pygame.KEYDOWN:
                if event.key in offset:
                    offset[event.key]=hero.speed
            elif event.type==pygame.KEYUP:
                if event.key in offset:
                    offset[event.key]=0
        #移动飞机
```

```
        hero.move(offset)
    run_game()
```

我们关注变量 clock，clock.tick()函数是限制刷新率，在游戏中，我们限制其为 60 帧，如果不限制，会大大浪费 CPU 的资源消耗。

Bullet 类是用于表示子弹，同样地继承于 pygame.sprite 中的 Sprite 类。相信有了 Hero 类的讲解，Bullet 类也不会存在问题，唯一值得注意的是，在 update()函数中，当子弹超出屏幕以后，调用了 kill() 函数，将子弹从精灵组中移除，以免资源浪费。

两段代码集成起来就能完善我方飞机和达到子弹发射的功能。

### 15.2.4 添加敌人飞机及战斗

这一节我们将学习如何添加敌人飞机。有了 Hero 类和 Bullet 类的经验，我们依然可以选择将敌人飞机封装成一个 Enemy 类，并且通过检测子弹和敌人飞机的碰撞，进行消灭敌机。代码如下：

```
import pygame                          #导入 pygame 库
from pygame.locals import *          #导入 pygame 库中的一些常量
from sys import exit                   #导入 sys 库中的 exit 函数
from random import randint
#定义窗口的分辨率
SCREEN_WIDTH=480
SCREEN_HEIGHT=640

#玩家类
class Hero(pygame.sprite.Sprite):

    def __init__(self, hero_surface, hero_init_pos):
        --snip--
        self.is_hit=False

        #子弹1的 Group
        self.bullets1=pygame.sprite.Group()
    #控制射击行为
    def single_shoot(self, bullet1_surface):
        --snip--
    #控制飞机移动
    def move(self, offset):
        --snip--

#子弹类
```

```
class Bullet(pygame.sprite.Sprite):
    --snip--
#敌人类
class Enemy(pygame.sprite.Sprite):
    def __init__(self, enemy_surface, enemy_init_pos):
        pygame.sprite.Sprite.__init__(self)
        self.image=enemy_surface
        self.rect=self.image.get_rect()
        self.rect.topleft=enemy_init_pos
        self.speed=2

        #爆炸动画画面索引
        self.down_index=0

    def update(self):
        self.rect.top+=self.speed
        if self.rect.top> SCREEN_HEIGHT:
            self.kill()
def run_game():
    #定义画面帧率
    FRAME_RATE=60

    #定义动画周期(帧数)
    ANIMATE_CYCLE=30

    ticks=0
    clock=pygame.time.Clock()
    offset={pygame.K_LEFT:0, pygame.K_RIGHT:0, pygame.K_UP:0,
pygame.K_DOWN:0}

    #玩家坠毁图片索引
    hero_down_index=1 # new

    #初始化游戏
    pygame.init()                           #初始化 pygame
    --snip--
    #载入背景图
    background=pygame.image.load('./images/background.png')
    #游戏结束图
```

```
gameover=pygame.image.load('./images/gameover.png')


# Hero 图片
hero1=pygame.image.load('./images/me1.png')
hero2=pygame.image.load('./images/me2.png')
hero3=pygame.image.load('./images/me_destroy_1.png')
hero4=pygame.image.load('./images/me_destroy_2.png')
hero5=pygame.image.load('./images/me_destroy_3.png')
hero6=pygame.image.load('./images/me_destroy_3.png')
hero_surface=[hero1,hero2,hero3,hero4,hero5,hero6]
hero_pos=[200, 500]

# bullet1图片
bullet1_surface=pygame.image.load('./images/bullet1.png')
# enemy1图片
enemy1_surface=pygame.image.load('./images/enemy1.png')
enemy1_down_surface1=pygame.image.load('./images/enemy1_down1.png')
enemy1_down_surface2=pygame.image.load('./images/enemy1_down2.png')
enemy1_down_surface3=pygame.image.load('./images/enemy1_down3.png')
enemy1_down_surface4=pygame.image.load('./images/enemy1_down4.png')
enemy1_down_surface=[enemy1_down_surface1,enemy1_down_surface2,enemy1_down_surface3,enemy1_down_surface4]
#创建玩家
hero=Hero(hero_surface[0], hero_pos)

#创建敌人组
enemy1_group=pygame.sprite.Group()

#创建击毁敌人组
enemy1_down_group=pygame.sprite.Group()

#事件循环(main loop)
while True:

    #控制游戏最大帧率
    clock.tick(FRAME_RATE)

    #绘制背景
```

```
        screen.blit(background,(0, 0))

        #改变飞机图片制造动画
        if ticks>=ANIMATE_CYCLE:
            ticks=0

        #制造飞机动画
        if hero.is_hit:
            if ticks%(ANIMATE_CYCLE//2)==0:
                hero_down_index+=1
            hero.image=hero_surface[hero_down_index]
            if hero_down_index==5:
                break
        else:
            hero.image=hero_surface[ticks//(ANIMATE_CYCLE//2)]
          #射击
          if ticks % 10==0:
            hero.single_shoot(bullet1_surface)
          #控制子弹
          hero.bullets1.update()
          #绘制子弹
          hero.bullets1.draw(screen)

        #产生敌机
        if ticks % 30==0:
            enemy=Enemy(enemy1_surface, [randint(0, SCREEN_WIDTH-
enemy1_surface.get_width()),-enemy1_surface.get_height()])
            enemy1_group.add(enemy)
        #控制敌机
        enemy1_group.update()
        #绘制敌机
        enemy1_group.draw(screen)

         #检测敌机与子弹的碰撞
         enemy1_down_group.add(pygame.sprite.groupcollide(enemy1_group,
hero.bullets1, True, True))

         for enemy1_down in enemy1_down_group:
              screen.blit(enemy1_down_surface[enemy1_down.down_
```

```
index]，enemy1 _ down. rect)
                    if ticks %(ANIMATE _ CYCLE//2)==0：
                        if enemy1 _ down. down _ index <3：
                        enemy1 _ down. down _ index+=1
                    else：
                        enemy1 _ down _ group. remove(enemy1 _ down)

        #检测敌机与玩家的碰撞
        enemy1 _ down _ list=pygame. sprite. spritecollide(hero，enemy1 _ group，
True)
        if len(enemy1 _ down _ list)> 0：#不空
            enemy1 _ down _ group. add(enemy1 _ down _ list)
            hero. is _ hit=True
        #绘制飞机
        screen. blit(hero. image，hero. rect)
        ticks+=1
        #更新屏幕
        pygame. display. update()

        #处理游戏退出
        #从消息队列中循环取
        for event in pygame. event. get()：
            if event. type==pygame. QUIT：
                pygame. quit()
                exit()

          #控制方向
          if event. type==pygame. KEYDOWN：
                if event. key in offset：
                     offset[event. key]=hero. speed
          elif event. type==pygame. KEYUP：
                if event. key in offset：
                     offset[event. key]=0

        #移动飞机
        hero. move(offset)

        #跳出主循环
        screen. blit(gameover,(0，0))
```

```
        #玩家坠毁后退出游戏
        while True:
            pygame.display.update()
            for event in pygame.event.get():
                if event.type==pygame.QUIT:
                    pygame.quit()
                    exit()
run_game()
```

在 Hero 类中，增加了一个 is_hit 属性，这是后面我们用来检测敌人飞机和自己飞机是否发生碰撞，从而结束游戏的标志。Enemy 类和 Bullet 类十分类似，这里传入了 enemy_surface，这需要我们提前准备好敌人飞机素材，此外还多了一个属性是 down_index，因为消灭敌人飞机不是一个简单地将飞机移除屏幕就行了，这会显得生硬，我们需要一系列爆炸的图片，先将这一系列图片存储好，当发生爆炸时，依次出现在屏幕上就有了爆炸的动态效果了，属性 down_index 就是用于实现这种效果的。

可以看到，在 run_game()中，我们一共有两个 while 循环，但是目前我们只关注第一个。在第一个 while 循环中，enemy=Enemy(enemy1_surface，[randint(0，SCREEN_WIDTH−enemy1_surface.get_width()),−enemy1_surface.get_height()])是生成敌机的，用到了 randint()函数，这里是在代码开头已经导入了 from random import randint。它的作用就是将敌机随机生成在屏幕顶端，它是按一定的时间间隔生成敌机，只有满足代码 ticks%30==0 时，才会生成敌机并且把敌机加入提前创建的精灵组 enemy1_group 中，并调用 update()和 draw()函数，将敌机展示在屏幕上。

敌机已经生成了，接下来就要考虑如何消灭了。我们使用 Pygame 自带的 groupcollide()函数，该函数用来检测两个精灵组成员之间是否发生碰撞，在《飞机大战》中，我们检测的就是子弹和敌人飞机两个精灵组是否碰撞。在代码 enemy1_down_group.add(pygame.sprite.groupcollide(enemy1_group,hero.bullets1，True，True))中，groupcollide()函数有四个参数，前面两个参数自然是需要判断的两个精灵组，而后面两个参数则是告诉 Pygame 是否需要将发生过碰撞的子弹和敌机进行删除（若我们把第一个参数设置为 False，第二个设置为 True，则子弹消灭了敌机，还依然出现在屏幕上）。这里我们将发生碰撞后的敌人飞机加入 enemy1_down_group 精灵组里，通过 for 循环实现了敌人飞机爆炸的动态效果。

完成了敌人飞机的爆炸，自然也会想到如果我们操纵的飞机和敌人飞机发生了碰撞怎么办。这里和消灭敌机代码调用的函数有一点差别，我们使用 pygame.sprite.spritecollide()，如果玩家操纵的飞机与敌机发生碰撞（即 enemy1_down_list 不空），就将击中玩家的敌机加入 enemy1_down_group 中，将 enemy1 爆炸的过程动画交给该 group，上面我们提过 Hero 类中多了一个属性 is_hit，这里会将 hero 的 is_hit 属性更改为 True，在前面代码中有个判断 is_hit 的循环，这里就是实现我们自己的飞机爆炸效果的代码段。

到目前为止，游戏的功能我们已经全部实现了。我们最后还希望加一个显示游戏结束的标志。加入 screen.blit（gameover，（90，300））这一串代码，表示 gameover 这个图片放在（90，300）的位置，提示我们游戏结束，并且注意加上第二个 while 循环，不然不会显示游戏结束。最后的结束界面如图 15－3 所示。

图 15－3　游戏结束界面

## 15.3　项目总结

在这个《飞机大战》游戏中，主要是通过 Pygame 中丰富的函数模块实现各种功能，了解 Pygame 中的精灵组（Sprite）及其在窗体中的使用。举一反三，我们可以通过精灵组（Sprite）实现更多类型的游戏。同时，也可以根据自己的想法对游戏进行完善，比如提升游戏等级、敌人飞机等级，加入 BOSS 等游戏元素。

# 参考文献

[1] 周元哲. Python 程序设计基础 [M]. 北京：清华大学出版社，2015.
[2] MarkLutz. Python 学习手册 [M]. 北京：机械工业出版社，2011.
[3] Magnus Lie Hetland. Python 基础教程 [M]. 2 版. 北京：人民邮电出版社，2014.
[4] https://www. cnblogs. com/hukey/p/9726142. html.
[5] http://www. cnblogs. com/lianzhilei/p/5852959. html.
[6] https://www. cnblogs. com/fireporsche/p/7813961. html.
[7] 裘宗燕. 数据结构与算法：Python 语言描述 [M]. 北京：机械工业出版社，2016.
[8] Michael T G. 算法分析与设计：foundations，analysis，and internet examples [M]. 北京：人民邮电出版社，2006.
[9] Weiss M A. Data Structures and Algorithm Analysis in C++ [M] //Data Structures and Algorithm Analysis in C++ (3rd Edition). Boston：Addison-Wesley Longman Publishing Co. Inc.，2005.
[10] 王道论坛. 2017 年数据结构联考复习指导 [M]. 北京：电子工业出版社，2014.
[11] 董付国. Python 程序设计 [M]. 2 版. 北京：清华大学出版社，2016.
[12] Cormen T H，Leiserson C E，Rivest R L，et al. 算法导论 [M]. 3 版. 北京：高等教育出版社，2002.
[13] Hetland M L. Python Algorithms：Mastering Basic Algorithms in the Python Language [M]. Berkeley：Apress，2010.
[14] Hetland M L. Python 算法教程 [M]. 北京：人民邮电出版社，2016.
[15] Goodrich M T，Tamassia M T，Goldwasser R，et al. Data structures and algorithms in Python [J]. Data Structures & Algorithms in Java，2013，15 (5)：191−213.
[16] 周幸妮. 数据结构与算法分析新视角 [M]. 北京：电子工业出版社，2016.
[17] Miller B N，Ranum D L. Problem Solving with Algorithms and Data Structures Using Python [M]. Portland：Franklin Beedle & Associates，2011.
[18] Kinsley H，Mcgugan W. Introducing Pygame [M]. Berkeley：Apress，2015.
[19] 丘恩. Python 核心编程 [M]. 2 版. 北京：人民邮电出版社，2008.
[20] 王晓华. 算法的乐趣 [M]. 北京：人民邮电出版社，2015.
[21] Mahmudova S J. Development Tendencies of Programming Languages [J]. Journal of Engineering and Technology (JET)，2018，9 (1).
[22] https://blog. csdn. net/wangdingqiaoit/article/details/78077294.
[23] https://www. cnblogs. com/wdliu/p/9481122. html.

[24] https://segmentfault.com/a/1190000015316747.
[25] https://www.cnblogs.com/liutongqing/p/7600036.html.
[26] https://www.cnblogs.com/reader/p/9547621.html.
[27] https://blog.csdn.net/lqzhouxx/article/details/40847385.
[28] https://blog.csdn.net/lqzhouxx/article/details/40863749.
[29] https://blog.csdn.net/duan19920101/article/details/51333277.
[30] https://blog.csdn.net/bullpride/article/details/52061012.
[31] https://blog.csdn.net/wydyd110/article/details/81334125.
[32] https://www.cnblogs.com/fwl8888/p/9315730.html.
[33] https://www.cnblogs.com/Wolfbeyond/p/9509749.html.
[34] https://www.cnblogs.com/yw-ah/p/5872516.html.

# 附录Ⅰ　叮当码智能学习平台使用指南

附录Ⅰ是叮当码智能学习平台的使用指南，介绍叮当码智能学习平台的使用方法。

（1）注册登录。

在浏览器中输入 https://www.dingdangcode.com/，就可访问叮当码智能学习平台。图Ⅰ-1 为叮当码智能学习平台首页。

图Ⅰ-1　叮当码智能学习平台首页

点击右上角登录按钮可以进行登录，也可以使用第三方平台授权进行登录（微信、QQ、微博），如图Ⅰ-2 所示。如果没有账号，可以点击“注册”按钮进行注册，使用手机号即可获得账号，如图Ⅰ-3 所示。

图Ⅰ-2　登录界面　　　　图Ⅰ-3　注册界面

登录之后可以使用个人中心和设置等功能。个人中心包括了所有在平台上的练题记录、关注记录、回答记录等，所有历史都可以在个人中心进行查看。

(2) 搜索题库。

在叮当码智能学习平台首页可以直接进行搜索。点击问题搜索时会在题干和题目描述中进行匹配搜索，点击代码搜索时会在题目描述和代码中进行匹配搜索。图Ⅰ-4为使用问题搜索的示例，图Ⅰ-5为问题搜索的结果。图Ⅰ-4中搜索的是“打印”这个关键词，然后点击输入框右边的放大镜即可进行搜索匹配。图Ⅰ-5中是关键词“打印”的匹配结果，可以看到在题干和题目描述中都有相应的匹配项。

图Ⅰ-4　问题搜索

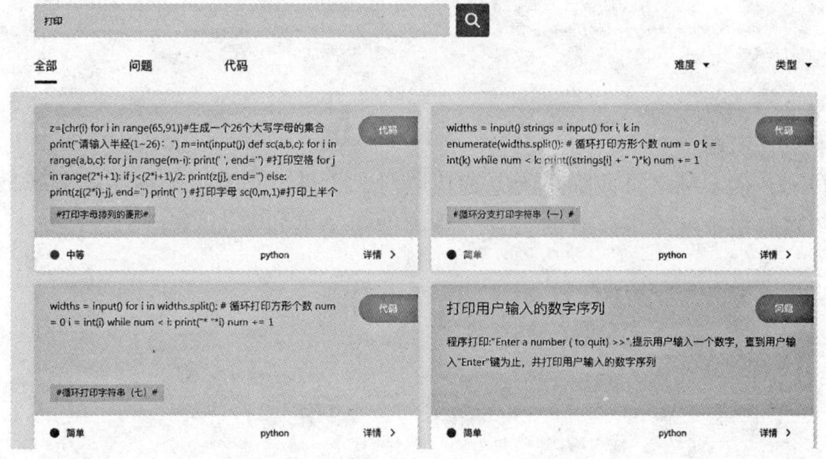


图Ⅰ-5　问题搜索结果

图Ⅰ-6为使用代码搜索的示例，图Ⅰ-7为代码搜索的结果。图Ⅰ-6中搜索的是“for i in range”这条代码，然后点击输入框右边的放大镜即可进行搜索匹配。图Ⅰ-7中是关键代码“for i in range”的匹配结果，可以看到在题目描述和代码详情中都有相应的匹配项。

图Ⅰ-6　代码搜索

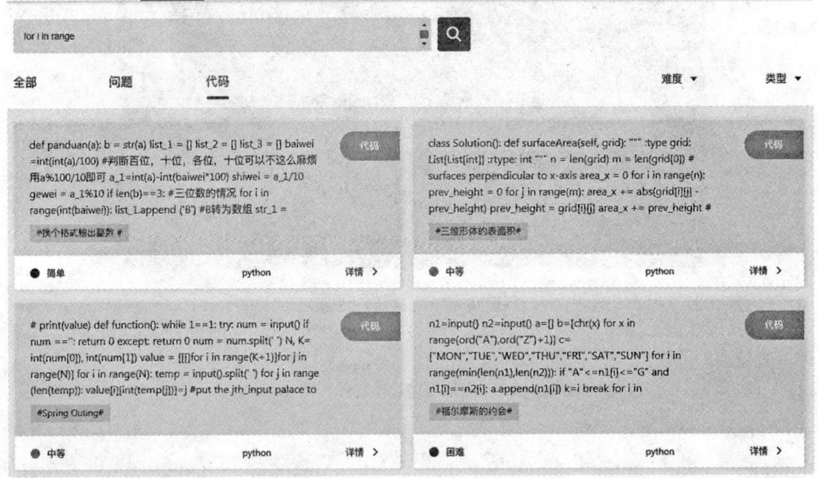


图Ⅰ-7　代码搜索结果

可以看到，搜索结果页面除了问题和代码分类之外，还有全部这一项分类，点击全部则会出现叮当码整个题库中所有的题目，全部搜索结果如图Ⅰ-8所示。

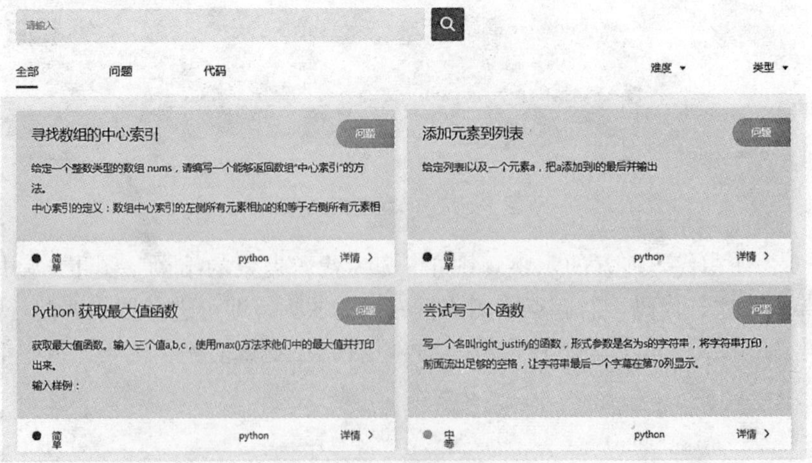


图Ⅰ-8　全部搜索结果

搜索界面中除了可以通过问题和代码进行搜索方式分类筛选之外，还可以对目前的搜索结果进行再一次的筛选。

点击右边的类型按钮，可以通过不同的知识点进行筛选，不同的知识点筛选如图Ⅰ-9所示，选择相应需要的知识点就能筛选出符合知识点的题目，选择运算符作为知识点的匹配结果如图Ⅰ-10所示。

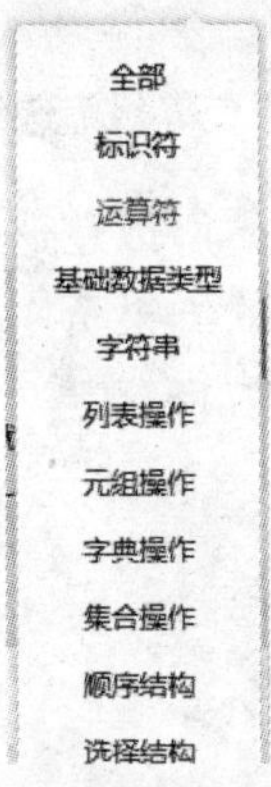


图Ⅰ-9　**类型（知识点）筛选**

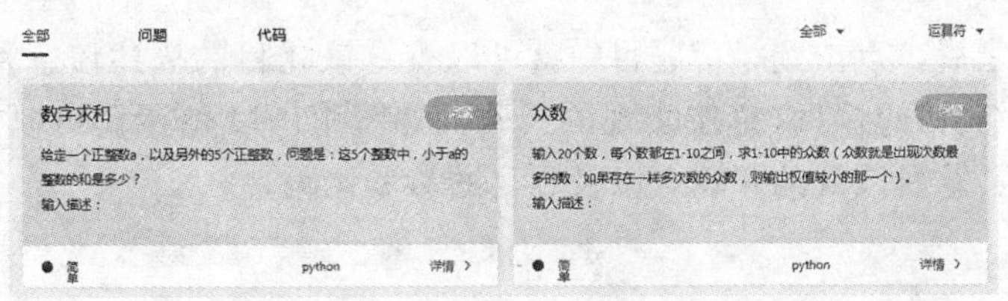


图Ⅰ-10　**知识点筛选结果（运算符）**

还有另一种筛选方式是难易程度的筛选。需要进行难易程度的筛选时，点击右方难度按钮，则可以进行不同难度等级的筛选，不同的难度等级筛选如图Ⅰ-11所示，分为全部、简单、中等和困难几个项目，选中相应的难度等级之后就能筛选出相应难度等级的题目，选择简单作为难度等级的匹配结果如图Ⅰ-12所示。

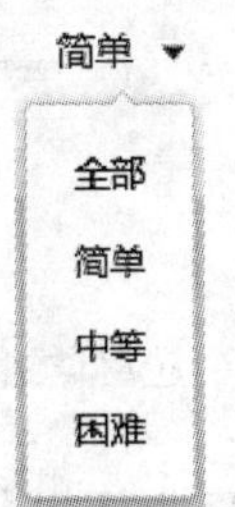


图Ⅰ-11　**难度等级筛选**

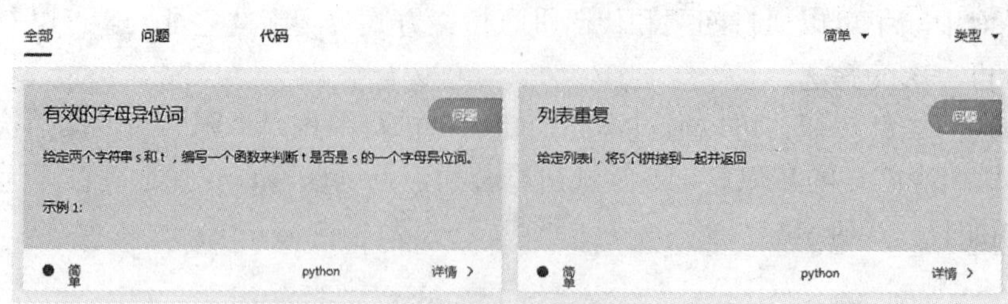


图Ⅰ-12　难度等级筛选结果（简单）

在搜索结果页面的上方也有输入框，可以在这个输入框中直接输入想要搜索匹配的项目，进行在当前匹配方式下直接地匹配，结果页中可以选择是问题搜索匹配还是代码搜索匹配，是分类还是全部分类，如图Ⅰ-13 所示。

图Ⅰ-13　搜索页搜索框

搜索到结果之后，点击到相应题目中就可以查看该题目的描述信息和标准参考代码，每一道题都有详细的并且可以直接实现的代码，如图Ⅰ-14 所示。可以在此页面访问题目、题目的描述、题目涉及的知识点以及题目的参考代码。

图Ⅰ-14　题目详细信息界面

如果想要自己试一试对题目的编写，或者测试一下参考代码的正确性，可以继续下拉页面，找到最下方的“去运行”按钮，如图Ⅰ-15 所示。中间靠右的位置有纠错按钮，如果发现题目错误，可以点击进行纠错。通过平台的推荐系统，在图Ⅰ-15 的最下方会有类似题目的推荐。

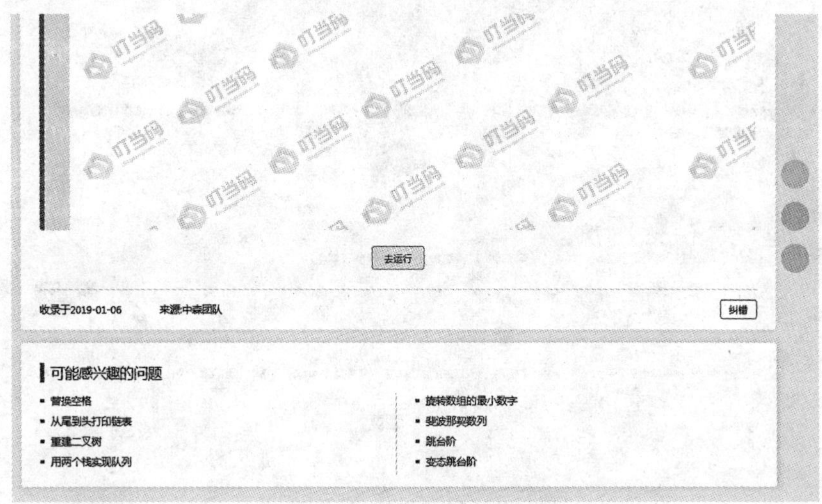


图Ⅰ－15 **题目详细页面（最下方）**

点击按钮之后可以跳转到编程测试页面，编写代码后通过平台的评测系统即可知道是否正确，如图Ⅰ－16 所示。注意想要测试代码能否运行通过，需要先登录平台才能使用该功能。图Ⅰ－16 左边是题目相关信息，包括了题目描述（题干、题面、测试样例等）和参考答案；右边是代码编辑框，可以进行代码编写，点击右下角的运行按钮，可以返回样例通过与否的信息。测试代码通过的情况如图Ⅰ－16 所示。

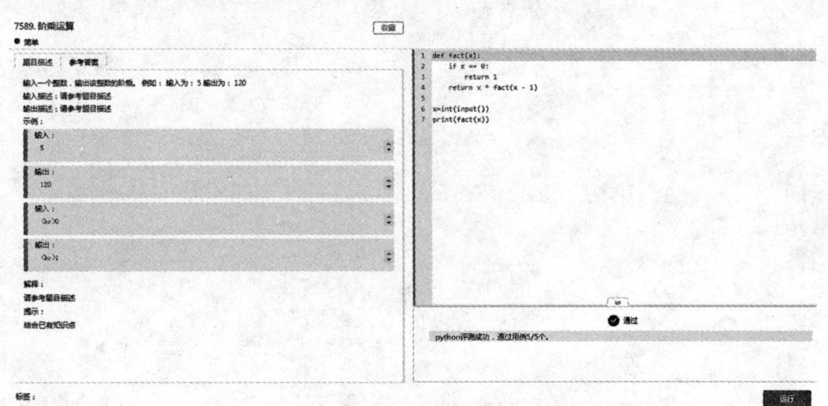


图Ⅰ－16 **题目相应运行测试页面**

（3）测评系统。

点击菜单栏中的测评即可进入测评题库，测评题目上方各种筛选项目可以将题目做自定义的筛选，然后选择题目进行练习，点击右上方随机测评按钮即可随机进行练习，如图Ⅰ－17 所示。

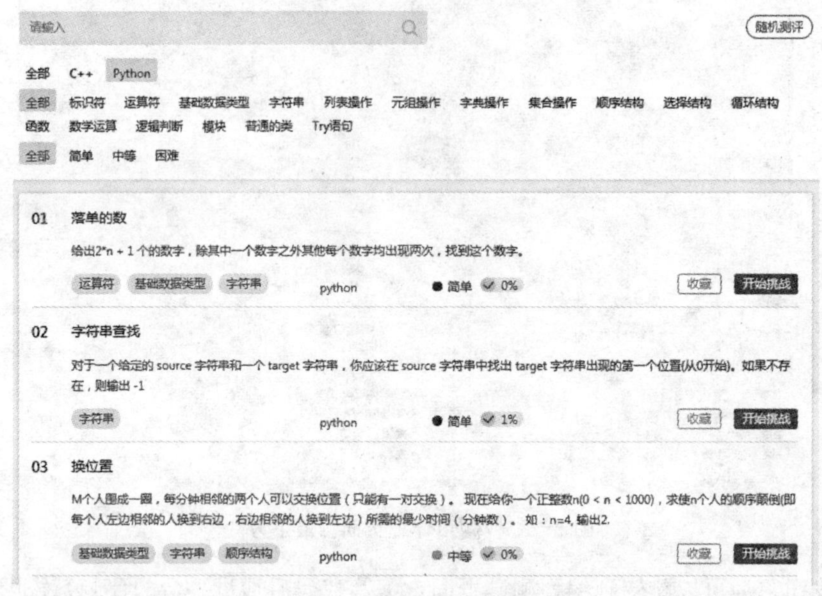


图Ⅰ－17　**测评题库首页**

进入测评界面之后，可以在右方编写代码，然后点击运行按钮测试运行，得到评测结果。左方不仅可以看到题目的详细描述，还可以看到参考答案，如图Ⅰ－18 所示。测评界面和搜索之后运行代码的界面一致，但是测评结果会记录在账户中。

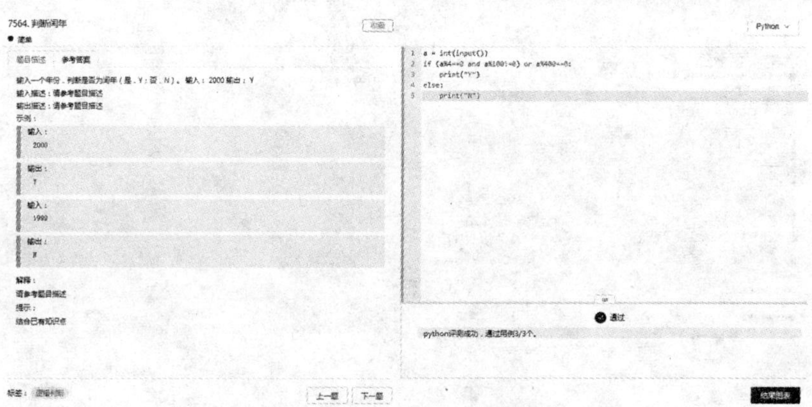


图Ⅰ－18　**题目测评界面**

点击测评界面最下方的结果图表，可以查看所有做过该题目完成情况的占比。同时下方也有与该题类似的题目推荐，如图Ⅰ－19 所示。

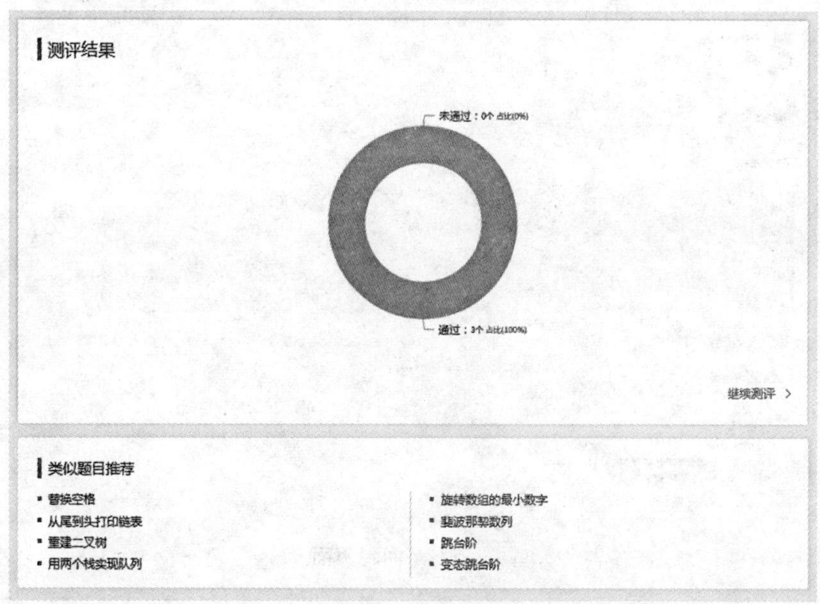


图Ⅰ-19　结果图表页面

(4) 问答社区。

点击菜单栏中的问答即可进入问答社区，问答社区页面上方可以进行筛选，页面右方也可以进行问题知识点筛选，还可以点击“我要提问”按钮进行提问，如图Ⅰ-20 所示。

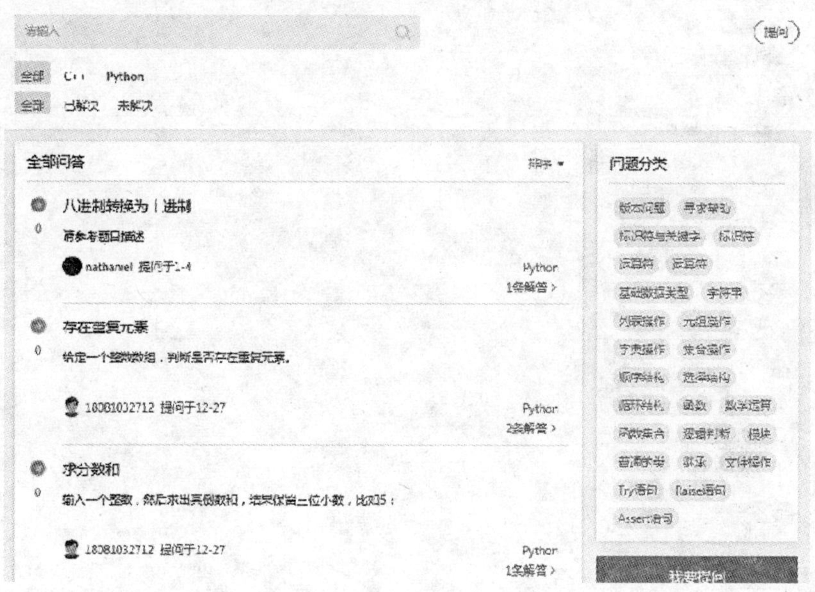


图Ⅰ-20　问答社区首页

点击相应的话题，可以看到该提问以及相应的回答。如果提问人设置了悬赏，则可以支付相应悬赏金来查看答案，也可以回答别人的悬赏问题以收获相应的赏金，如图Ⅰ-21 所示。

八进制转换为十进制

语言：Python 0叮币

nathaniel 提问于1-4

请参考题目描述

评判标准一

输入

122

输出

82

1条采纳回答

```
data = input()
cnt = 0
for k, v in enumerate(data[::-1]):
    cnt += int(v)*8**k
print(cnt)
```

图Ⅰ－21 问题页面

回答的代码可以直接点击运行测试结果。最下方还有相似的提问推荐，可以自己进行回答之后再选择类似的问题进行回答。

点击我要提问按钮之后，可以进行想要的提问编辑，如图Ⅰ－22所示，可以设置悬赏，也可以设置相应的测试样例。

提问

标题

请输入您的问题题目

描述

请输入您的问题或代码

语言

Python C++

输入值/输出值

请填写输入值

请填写输出值

悬赏

0叮币 5叮币 10叮币 20叮币 50叮币 其他：0

图Ⅰ－22 提问编辑页面

（5）新闻资讯。

点击资讯即可进入新闻资讯界面，可以从这里获得平台推送的与编程相关的最新资讯，如图Ⅰ－23所示。

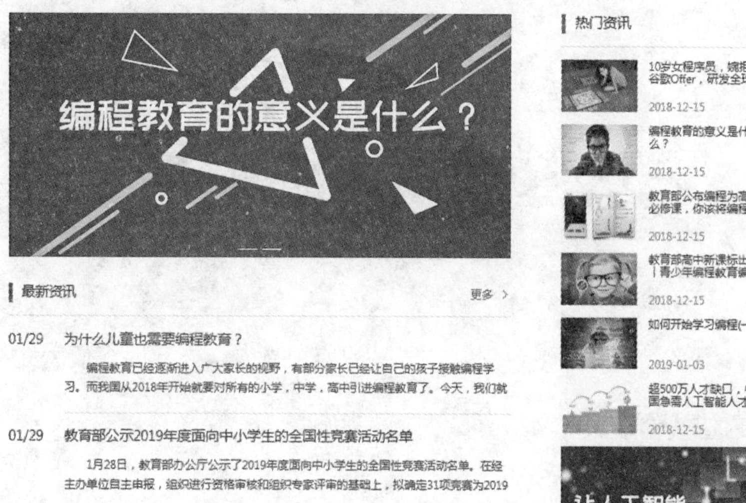
编程教育的意义是什么？
最新资讯
更多 >
01/29
为什么儿童也需要编程教育？
编程教育已经逐渐进入广大家长的视野，有部分家长已经让自己的孩子接触编程学
习。而我国从2018年开始就要对所有的小学，中学，高中引进编程教育了。今天，我们就
01/29
教育部公示2019年度面向中小学生的全国性竞赛活动名单
1月28日，教育部办公厅公示了2019年度面向中小学生的全国性竞赛活动名单。在经
主办单位自主申报，组织进行资格审核和组织专家评审的基础上，拟确定31项竞赛为2019
01/28
又有一门学科被纳入中高考
热门资讯
10岁女程序员，婉拒
谷歌Offer，研发全球
2018-12-15
编程教育的意义是什
么？
2018-12-15
教育部公布编程为高中
必修课，你该将编程教
2018-12-15
教育部高中新课标出台
丨青少年编程教育编入
2018-12-15
如何开始学习编程(一)
2019-01-03
超500万人才缺口，中
国急需人工智能人才！
2018-12-15
让人工智能
开启智慧时代

图Ⅰ－23　新闻资讯页面

# 附录Ⅱ 叮当码智能教学平台（高校版）使用指南

附录Ⅱ是叮当码智能教学平台（高校版）的使用指南，介绍叮当码智能教学平台（高校版）的使用方法。分为教师端指南和学生端指南。

## 教师端

1. 登录

（1）登录。

在浏览器中打开网址 https://uni-teach.dingdangcode.com/，即可看到叮当码智能教学平台（高校版）的首页，如图Ⅱ-1所示。

图Ⅱ-1 叮当码智能教学平台（高校版）首页

点击立即登录按钮，弹出登录框，输入账号密码，如图Ⅱ-2所示。根据账号信息自动判定账号角色登录到对应的系统（教师端或学生端）。

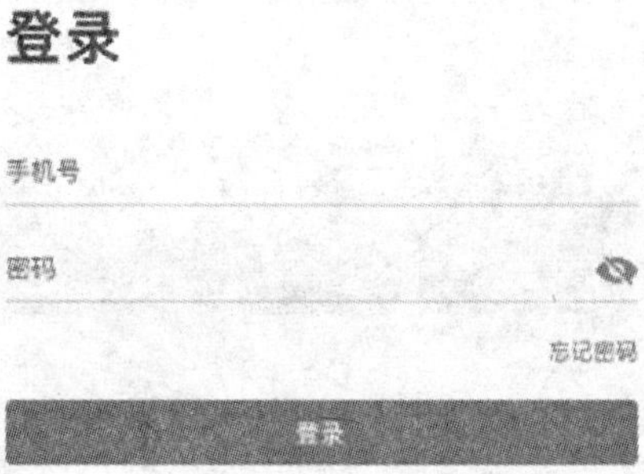

登录

手机号

密码

忘记密码

登录

图Ⅱ－2　登录框

（2）重置密码。

图Ⅱ－3为登录成功信息，但是教师在首次登录之后，需要对账号进行重设密码操作。密码重设框如图Ⅱ－4所示，输入新密码即可完成密码重设。

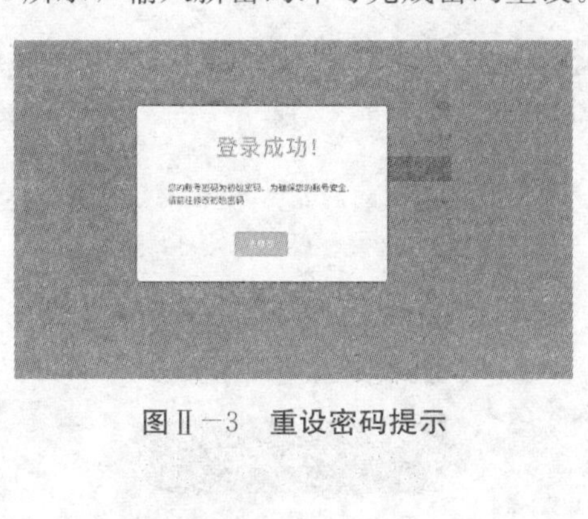


图Ⅱ－3　重设密码提示

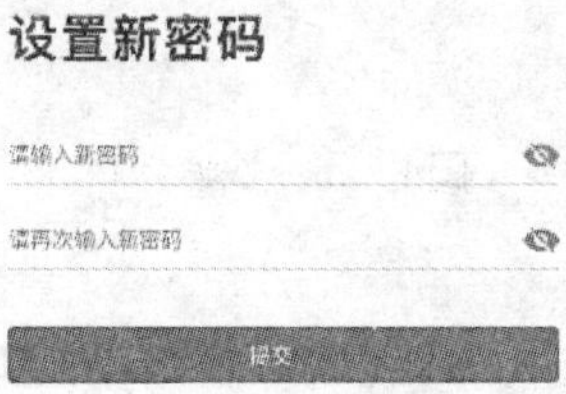

设置新密码

请输入新密码

请再次输入新密码

提交

图Ⅱ－4　密码设置框

2．首页

（1）总览。

如图Ⅱ－5所示，老师可以查看已发布教案、待发布教案，已发布作业、待发布作业，最近七天、一个月、一学期或全部的作业完成率以及作业完成质量，还可以查看学生浏览数量、下载数量、浏览记录和下载记录。

老师可以在页面上方进行所有班级和所管辖班级的切换。选择所有班级时，仅能查看数据及进行作业完成情况和时间切换；切换到指定班级时，下方数据相应改变，已发布教案、未发布教案、已发布作业及未发布作业按钮均可点击，点击后跳转到相应页面，显示其详细信息。

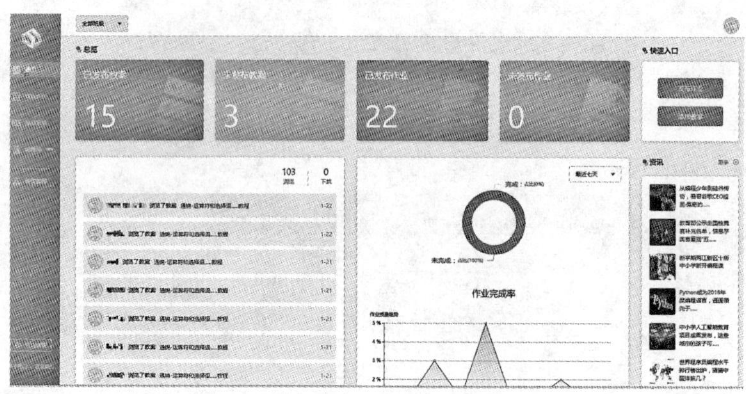


图Ⅱ-5　首页

（2）快速入口。

如图Ⅱ-6 所示，快速入口提供一些快捷操作，包含发布作业、添加教案等快捷功能。快速入口在首页的右上角处。

图Ⅱ-6　快速入口

（3）资讯。

在首页显示有一些活动和资讯，内容为叮当码资讯推荐，点击后跳转到叮当码资讯详情。如图Ⅱ-7 所示，在首页的右下方即是资讯栏。

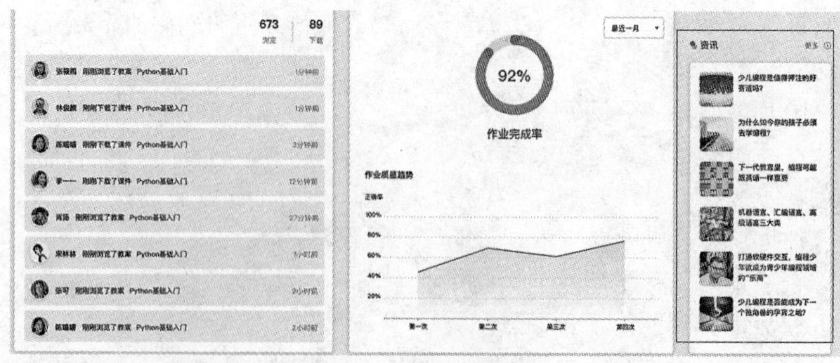


图Ⅱ-7　首页资讯栏

（4）个人设置。

①个人信息。

展示老师的基本信息，仅可以修改并保存头像，如图Ⅱ－8所示。

图Ⅱ－8　个人基本信息

②账号设置。

老师在账号设置中，可以对密码、手机号码以及绑定邮箱进行更换，如图Ⅱ－9所示。

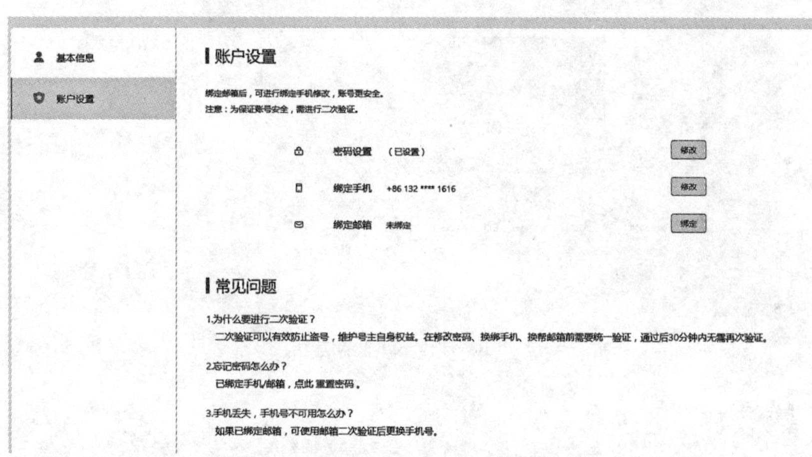


图Ⅱ－9　账号设置

在进行密码、手机和邮箱修改时，需要先进行身份验证，身份验证可以通过手机号和邮箱进行，验证通过后30分钟内，可以进行手机、邮箱和密码的修改。

3. 课程系统

如图Ⅱ－10所示，用户在页面上方可以选择指定班级进行查看，教案卡片上显示教案发布时间、在线浏览数量和下载人数。

老师可以查看班级已发布教案和未发布教案以及全部的教案，可以根据关键词和教案发布时间进行筛选。

教案的状态有两种：已发布和待发布。已发布的教案学生可见，可预览和下载；待发布的教案学生不可见，不可预览和下载。

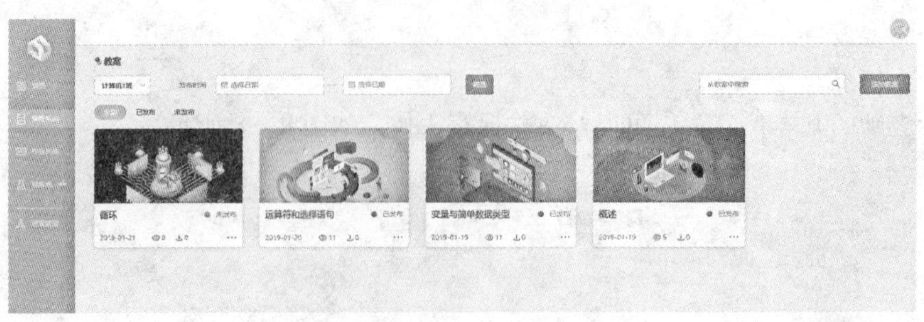

图Ⅱ－10　课程系统首页

（1）添加教案。

如图Ⅱ－11 所示，点击课程系统右上角添加教案按钮，进入教案添加页面，可根据语言和知识点来选取需要的教案进行添加。

添加教案时，如果选择添加不发布，则教案只是添加成功处于未发布状态，需要手动发布；如果选择直接发布，则教案添加成功并处于已发布状态。

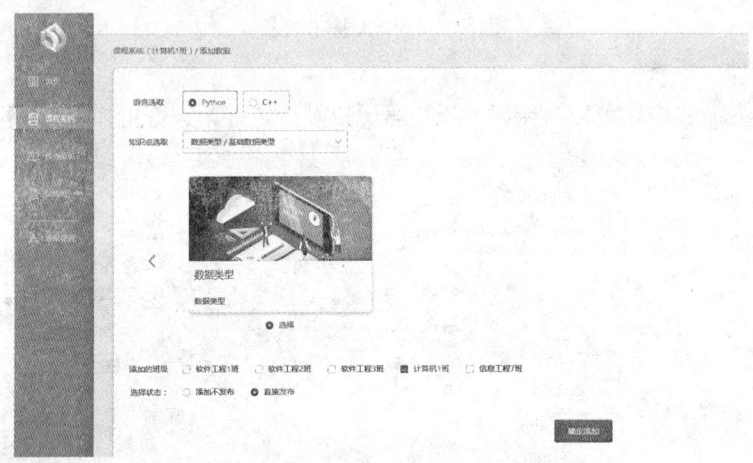

图Ⅱ－11　添加教案

（2）发布教案。

如图Ⅱ－12 所示，在课程系统中选择待发布的教案，将待发布的教案状态变为已发布。

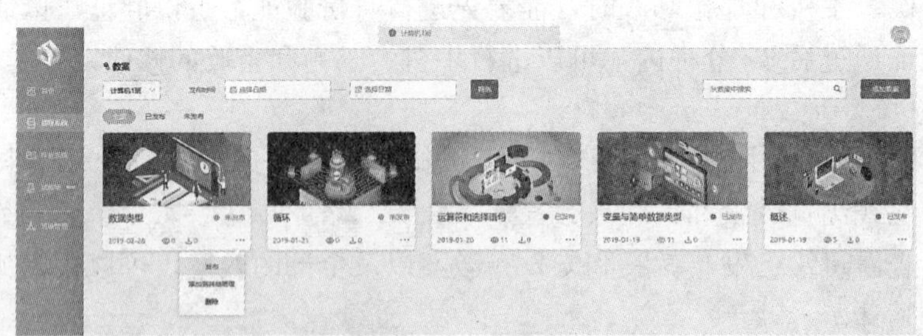

图Ⅱ－12　发布教案

4. 作业系统

如图Ⅱ－13 所示，教师可以查看班级已发布作业和未发布作业以及全部的作业，可以根据关键词和作业发布时间进行筛选。

图Ⅱ－13　作业系统

（1）发布作业。

老师可根据教学情况为学生布置相应的作业，作业的状态有两种：已发布和待发布，已发布的作业学生可见，待发布的作业学生不可见。

发布作业有以下两种方式：

①采用定时发布作业的方式，在设定时间之前作业状态均为待发布，如图Ⅱ－14 所示。

②采用立即发布的方式发布作业，操作完成后作业的状态均为已发布。添加教案后也可发布作业，如图Ⅱ－15 所示。

发布作业时可以设置是否显示参考答案，若选择“是”，则学生在作业截止时间后可以查看参考答案；若选择“否”，则学生在任何时候都无法查看参考答案，如图Ⅱ－15 所示。教师可以在“作业—再次编辑”中调整此选项，如图Ⅱ－16 所示。

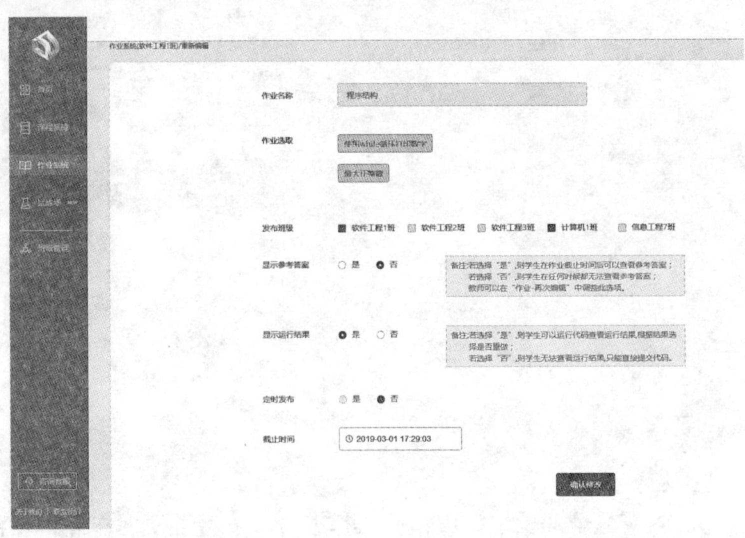


图Ⅱ－14　定时发布作业及作业设置

图Ⅱ－15　教案添加后直接跳转布置作业

图Ⅱ－16　重新编辑按钮

还可以设置是否显示运行结果，若选择“是”，则学生可以运行代码查看运行结果，根据结果选择是否重做；若选择“否”，则学生无法查看运行结果，只能直接提交代码，如图Ⅱ－17 所示。

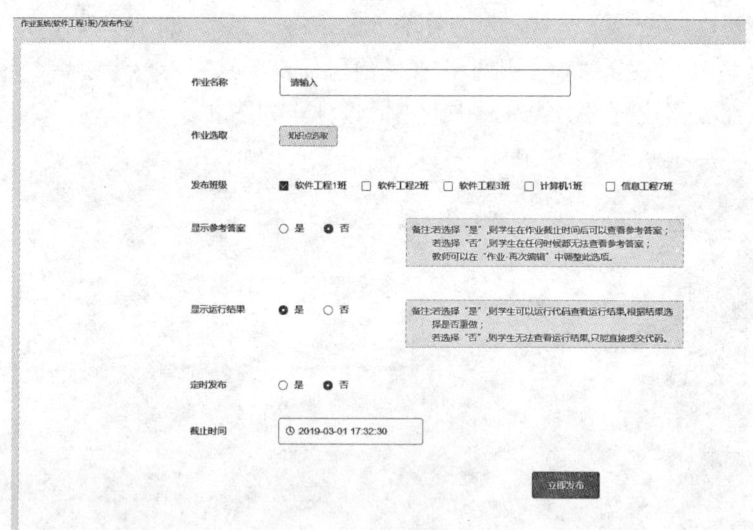


图Ⅱ－17　作业设置

（2）查看作业。

点击作业卡片可以查看全部学生完成作业的基本情况。可以根据作业状态和完成情况进行搜索，可导出学生完成情况的 Excel 表格以及展示学生的错题情况，如图Ⅱ－18 所示。

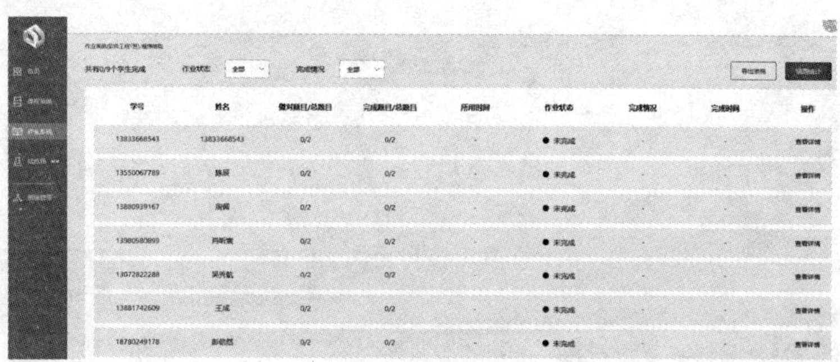

图Ⅱ－18　查看作业情况

进入查看详情，可以看到学生完成作业的具体情况，如图Ⅱ－19所示。

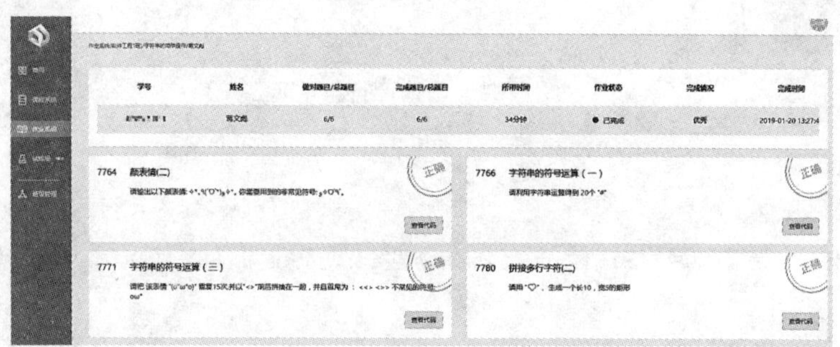

图Ⅱ－19　学生完成作业的具体情况

5. 试炼场

试炼场主要给老师提供一个在线编程练习的功能。试炼场功能如图Ⅱ－20所示。

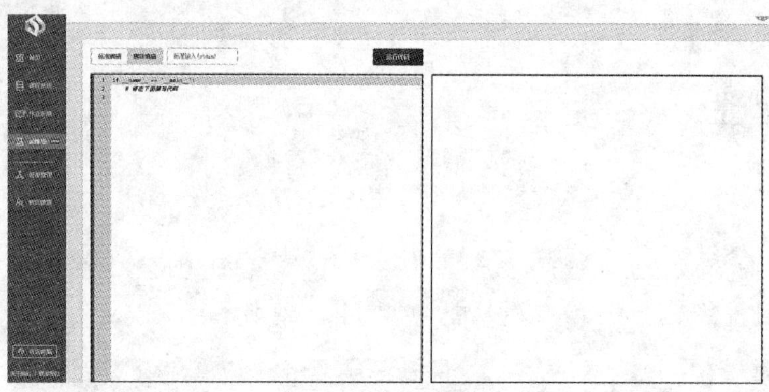

图Ⅱ－20　试炼场

（1）标准编辑。

在代码编辑框中编写代码，给定一个标准输入值点击运行代码后，如果代码正确，则输出框中可以正常展示输出值，如图Ⅱ－21所示；如果代码有误，则输出框中会出现准确的错误提示信息，如图Ⅱ－22所示。

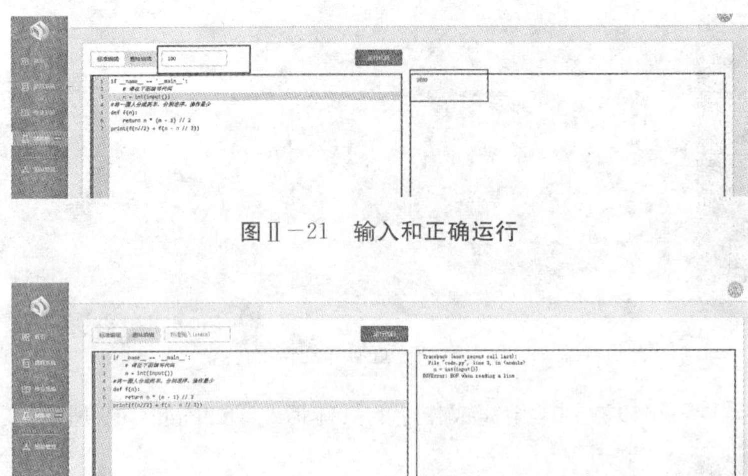

图Ⅱ－21　输入和正确运行

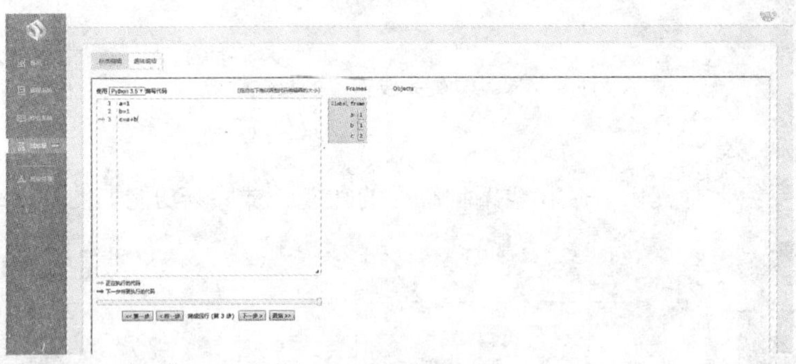

图Ⅱ－22　错误运行与提示

（2）趣味编辑。

趣味编辑可以在编写代码的过程中执行每一步骤的代码，展示每一步骤代码的结果，使编程更具趣味性且提高编写代码的准确性，趣味编辑页面如图Ⅱ－23所示。

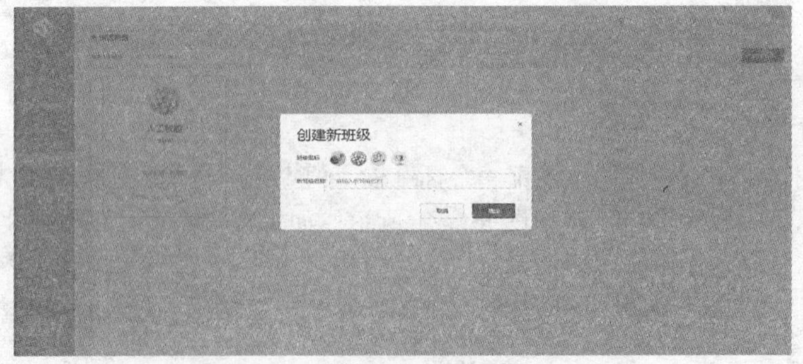

图Ⅱ－23　趣味编辑页面

6. 班级管理

班级管理中老师可以创建班级（如图Ⅱ－24所示）和管理班级、学生信息（如图Ⅱ－25所示），并且具备批量导入学生的功能（如图Ⅱ－26所示）。



图Ⅱ－24　创建班级

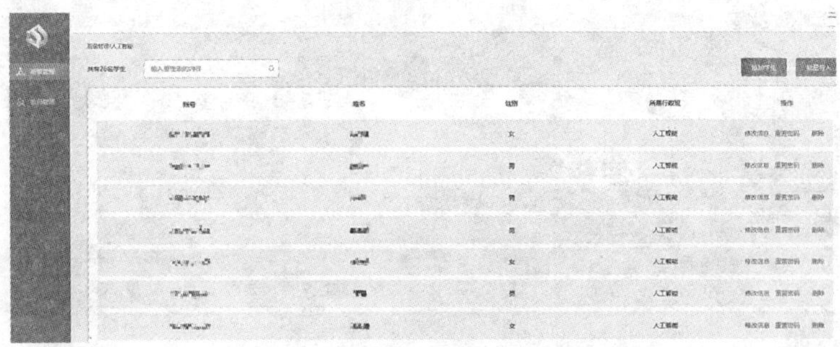

图Ⅱ－25 管理班级、学生信息

图Ⅱ－26 批量导入

管理员角色的班级管理系统可以管理所有的行政班级，如图Ⅱ－27 所示。

图Ⅱ－27 管理所有行政班级

7. 教师管理

教师管理系统是只有管理员才具备的功能，管理员可以管理教师的基本信息（如图Ⅱ－28所示）、添加教师（如图Ⅱ－29 所示），并且具备批量导入教师信息的功能。

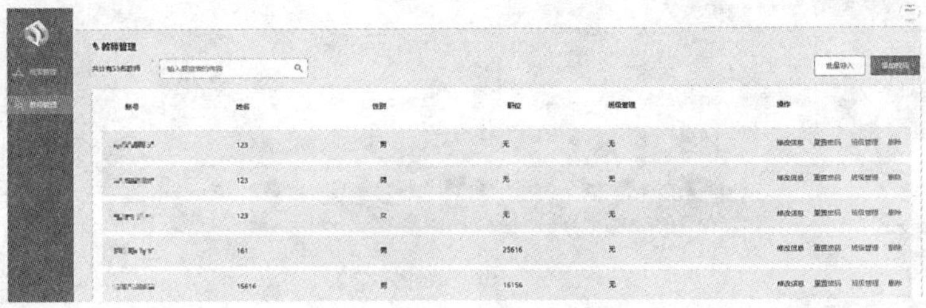

图Ⅱ－28 管理教师信息

图Ⅱ－29　添加教师

## 学生端

1. 登录

(1) 登录。

在浏览器中打开网址 https://uni-teach.dingdangcode.com/，如图Ⅱ－30 所示，学生点击立即登录按钮，弹出登录框（如图Ⅱ－31 所示），输入账号密码，根据账号信息自动登录系统。

图Ⅱ－30　平台首页

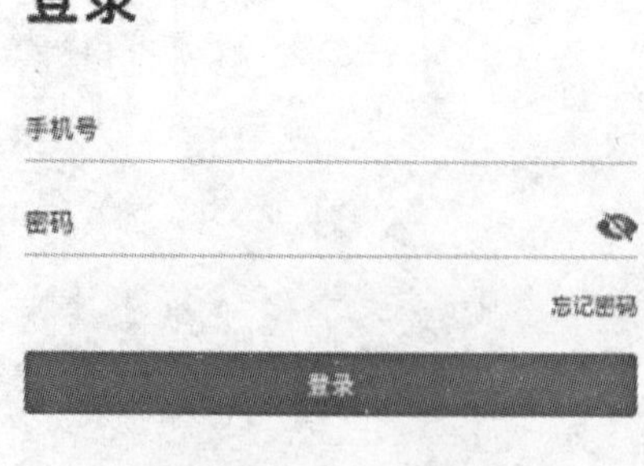


图Ⅱ－31　登录框

（2）重置密码。

图Ⅱ－32 为登录成功信息，但是学生在首次登录之后，需要对账号进行重设密码操作。密码重设框如图Ⅱ－33 所示，输入新密码即可完成密码重设。

图Ⅱ－32　重设密码提示

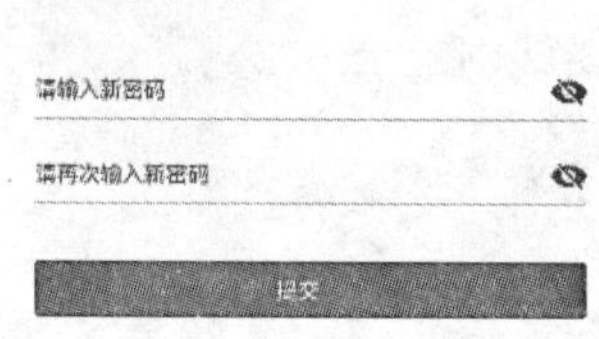


图Ⅱ－33　密码框

2. 首页

（1）总览。

如图Ⅱ－34 所示，学生可以查看已完成作业、待完成作业，最近七天、一个月、一学期或全部的作业完成质量。

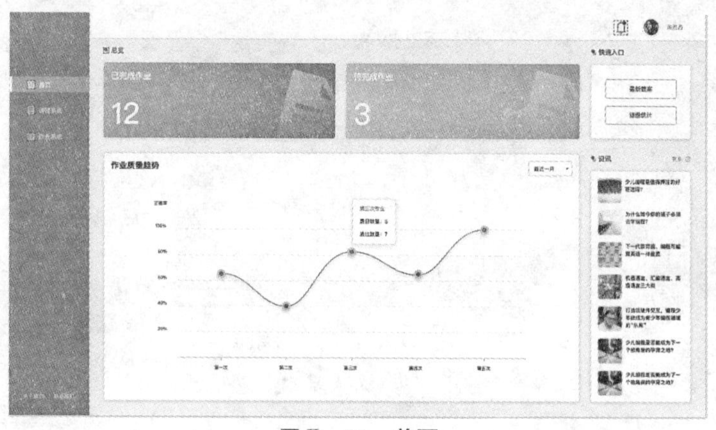


图Ⅱ－34　首页

（2）快速入口。

如图Ⅱ－35 所示，快速入口提供一些快捷操作，包含最新教案、错题统计等快捷功能。快速入口在首页的右上角处。

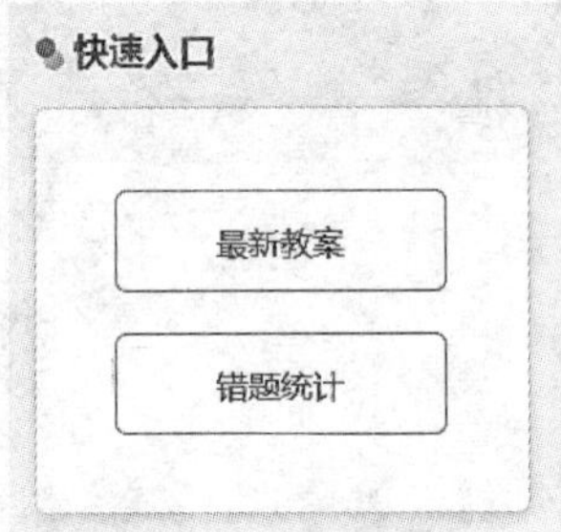


图Ⅱ－35　快速入口

（3）资讯。

在首页显示有一些活动和资讯，内容为叮当码资讯推荐，点击后跳转到叮当码资讯详情。如图Ⅱ－36 所示，在首页的右下方即是资讯栏。

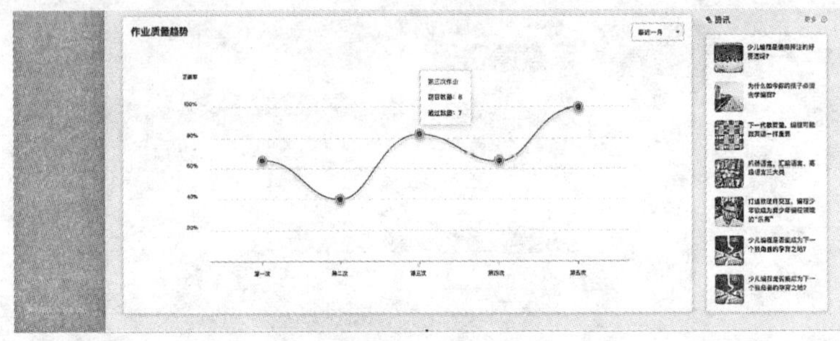


图Ⅱ－36　资讯栏

（4）个人设置。

①个人信息。

展示学生的基本信息，仅可以修改并保存头像，如图Ⅱ－37 所示。

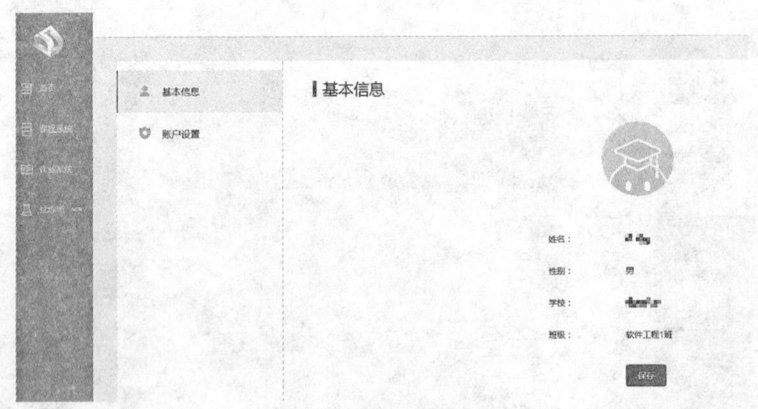


图Ⅱ－37　个人基本信息

②账号设置。

在账号设置中，学生可以对密码、手机号码以及绑定邮箱进行更换，如图Ⅱ－38所示。

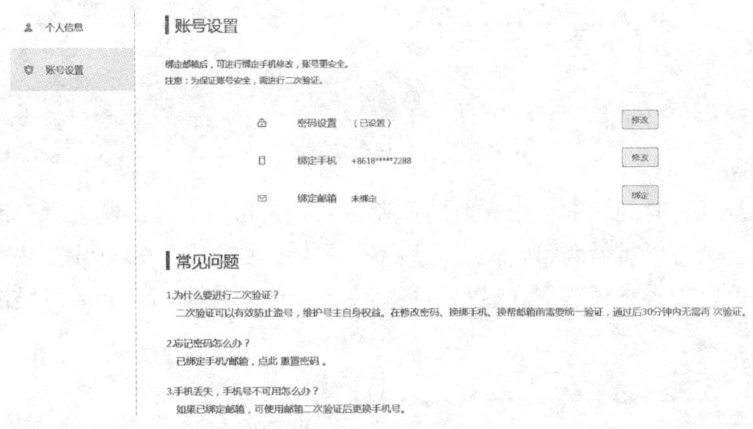


图Ⅱ－38　账号设置

在进行密码、手机和邮箱修改时，需要先进行身份验证，身份验证可以通过手机号和邮箱进行，验证通过后30分钟内，可以进行手机、邮箱和密码的修改。

3. 课程系统

如图Ⅱ－39所示，学生可以根据时间对教案进行筛选查看，还可以在页面右上角根据教案名称进行搜索。

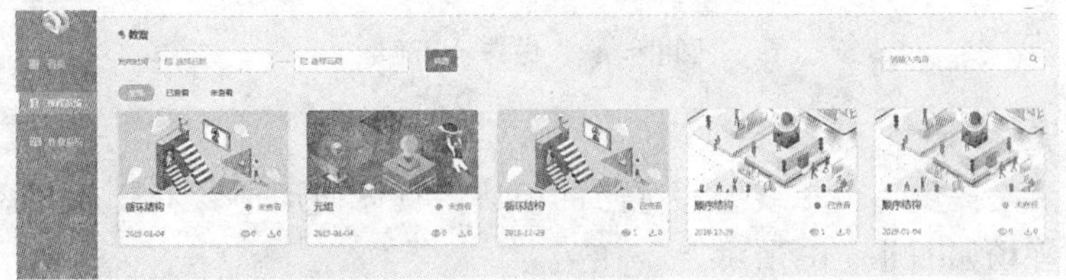

图Ⅱ－39　课程系统

4. 作业系统

在作业系统中，学生可根据发布时间、作业语言和完成状态进行作业搜索，如图Ⅱ－40所示。

已经完成的作业点击作业卡片，可以查看本次作业的详情并选择提交作业，如图Ⅱ－41所示。

图Ⅱ－40　作业系统首页

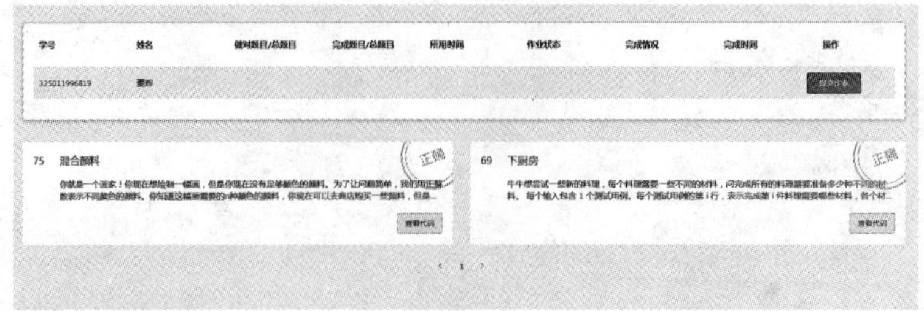

图Ⅱ-41　已做完的作业

在作业提交截止时间之前，未完成的作业可以点击作业卡片继续答题，答题过程中若题目没有提交，则可以重做题目，提交之后不能重做，如图Ⅱ-42 所示。

学生是否可以查看参考答案和显示运行结果均由老师在发布作业的时候设置。

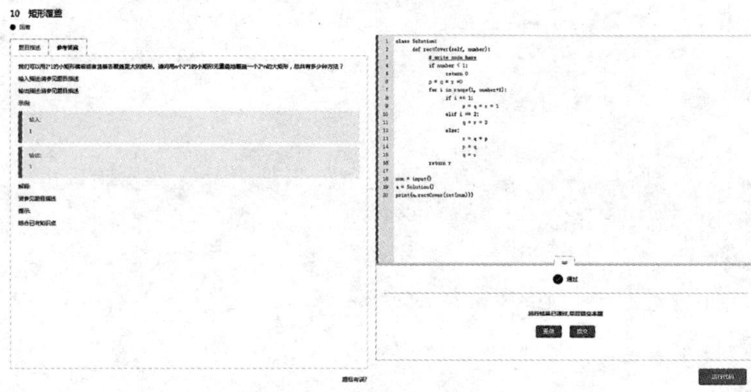

图Ⅱ-42　做作业页面

5. 试炼场

试炼场主要是提供一个在线编程练习的模块，具体使用请参考教师端试炼场功能介绍，学生端试炼场如图Ⅱ-43 所示。

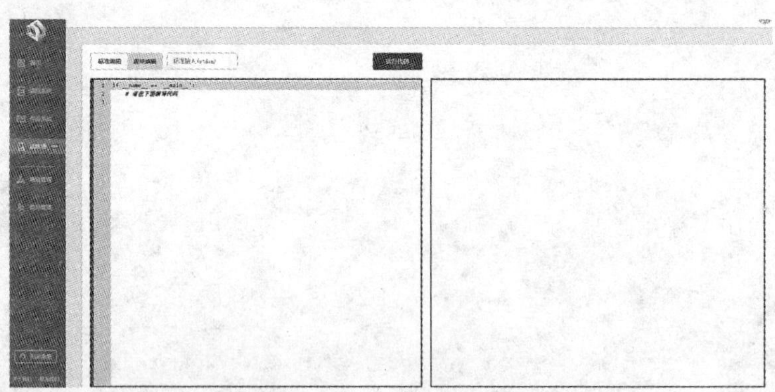

图Ⅱ-43　学生端试炼场